I0476780

Erde In Gefahr

Geheimakte Mars 02

Umschlagsfoto: Mit Lizenz

Paperback: ISBN: 9781514104583
Imprint: Independently published

Hardcover: ISBN: 9798831504088
Imprint: Independently published

ISBN-e-Book: ebenfalls erhältlich:

D.W. McGillen, 23.05.2022

Inhaltsverzeichnis

Sirius

Major Travis und Prinzessin Sirin standen auf dem Promenadendeck der Termar 1 und schauten in den dunklen Weltraum hinaus. Ihr Kopf lag an der Schulter von Marc gelehnt. Mit glitzernden Augen blickte sie zu ihm auf.

»Wann werden wir unser nächstes Reiseziel erreichen? «, flüsterte sie. «

Major Travis antwortete schnell.
»Ich denke, es wird wohl drei Tage dauern. Wir laden derzeit unsere Konverter neu auf. Dem letzten Kampf haben wir sehr viel Energie geopfert. Unser nächstes Ziel ist Sirius. Ich habe dir einige Informationen zu Sirius herausgesucht und auf den Schirm gelegt. Das können wir uns gerne einmal anschauen. «

Der Major nahm Sirin an die Hand und schritt auf den Terminal zu.

»Ich habe von Noel interessante Koordinaten von unterschiedlichen Systemen und Planeten in der Sirius-Enklave erhalten, die zu den Zeiten des natradischen Kaiserreiches eine Vormachtstellung in der Erzförderung besaßen«, teilte er mit.

Sirin überlegte einen Augenblick.
»In meinen Erinnerungen finde ich auch nur unwichtige Hinweise auf das Doppel-Sonnensystem und auf eine

reguläre Erzförderung des kaiserlichen Imperiums. Ich kenne keine geheimen Hinweise der kaiserlichen Führung, dass sich hier ein besonderes Geheimnis des Imperiums befunden haben muss? «

Beide schauten wieder in den Weltraum hinaus, auf die langsamen Lichtreflexe von Planeten und die kleineren Sonnensysteme, die an ihnen vorbeizogen.

»Welch eine Ruhe, wenn man hier in die Dunkelheit schaut«, bemerkte Major Travis. »Keinerlei Hinweise auf die vergangenen 100.000 Jahre und das große Leid sind zu finden, dass die Sauroiden über das ganze Sonnensystem gebracht haben. Keine Spur mehr von diesem ganzen Elend und den nicht zu vergessenden Geschehnissen. «

»Mir kommt es wie gestern vor«, antwortete Sirin. »Natürlich nur durch die Kälteschlaf-Perioden begünstigt.«

Sie schaute Major Travis mit ihren grünen Augen an. »Du kannst froh sein, dass unsere Stasis-Kammern bereits so ausgereift und perfekt gearbeitet haben, ansonsten hätten wir uns niemals kennengelernt. «

»Dann hätte ich garantiert das wichtigste Ereignis in meinem Leben verpasst«, konterte er. »Lass uns zu den Aufenthaltsräumen gehen.

Die kurze Stille wurde spürbar, als Major Travis und Sirin in den Lounge-Bereich eintraten. Der Befehlshaber schaute in die Runde und suchte Commander Brenzby. Er erblickte ihn an einem runden Tisch, mit einigen Offizieren des Schiffes sitzend. Freudig winkte der Commander, als er die Eintretenden erkannte. Major Travis und Sirin gingen auf den großen Tisch zu, an dem Commander Brenzby und einige der Schiffs-Offiziere saßen und diskutierten.

»Stören wir, meine Herren? «, fragte Major Travis.

»Der Major sucht seine Offiziere? «, fragte Commander Brenzby. » Nein, sie stören nicht. Bitte setzen sie sich zu uns. Wir besprechen gerade den Einsatzfall nach Eintritt in das Sirius-System. «

Sergeant Hardin, Befehlsführer der Marines-Truppe der Termar 1, blickte seinen Vorgesetzten an.

»Wir wollen uns für alle Eventualitäten wappnen, Herr Major«, teilte er mit. »Nach so vielen Erlebnissen können wir fast sagen, dass bei keiner natradischen Hypertronic-KI die Aktivierung problemlos möglich war. Von daher empfehle ich äußerste Wachsamkeit und natürlich auch den Einbezug meiner Marines in geplante Aktionen. «

Major Travis nickte.
»Sie haben Recht«, erwiderte er. »Alle bisherigen Einsätze zeigen uns, dass die natradischen Hypertronic-KIs ein spezielles Eigenleben entwickelt haben und sich

nur schwer unterordnen können. Ich denke, das hat ausschließlich mit der künstlichen Intelligenz dieser KI's zu tun. Neben ihren Maschinen-Gehirnen wurden diesen künstlichen Intelligenzen meist noch Teile eines modifizierten natradischen Kunstgehirnes eingesetzt. Dieses sollte einer absoluten Sicherheit dienen. Bei dem Ausfall der KI, konnte das Kunstgehirn alle wichtigen Fragen entscheiden. «

Sergeant Konza, blickte Major Travis an.
»Wie heißt der Planet, der die zentrale Steuerung der kleineren Förder-Planeten durchführt? Wird das unser erstes Ziel werden? «

»Den ersten Planeten, den wir anfliegen, wird auf natradischen Karten ''Katras'' benannt. Er besitzt die doppelte Größe der Erde und wird von dem Doppel-Sonnen-System gut mit Energie versorgt. Sein Abstand zu den Sonnen ist ideal. Es haben sich Vegetationen und tierische Lebensformen entwickelt. Er befindet sich in einem kleinen System, mit weiteren 6 Planeten, die aber mehr als kahle Gesteins-Brocken bezeichnet werden müssen. Vermutlich sind sie daher nachhaltig für die Erzförderung interessant. Auf diesen Gesteinsbrocken haben die Natrader die ersten Energie-Kristalle gefunden und abgebaut. Da es mehrere Erzplaneten sind, wurde auf Katras die Steuerung der Einzelsysteme unter der kaiserlichen Verwaltung zentriert. Der Abbau dieser umfänglichen Energie-Kristalle dient ja bekanntermaßen als Grundlage für unsere Raumschiff-Antriebe. Es gibt nur wenige Planeten, die diese besonderen Erzmineralien hervorbringen könnten. Diese Energie-Kristalle werden in einem Geheim-Verfahren von Noel auf Natrid modifiziert. Das Verfahren selbst wurde uns noch nicht offengelegt. Ich denke, das wird erst in der Zukunft erfolgen. «

Major Travis schaute in die Runde.
»Meine Herren, es ist besonders wichtig, dass wir in drei Tagen völlig konzentriert sind«, empfahl der Major. » Wir wissen nicht, was uns erwartet. «

Er blickte Commander Brenzby an.
»Ich möchte noch im Hyperraum, vor dem Eintritt in den Normalraum den Tarnmodus aller Schiffe aktiviert wissen. Die 500 Robot-Schiffe, die Modul 6 uns mitgegeben hat, werden im Hyperraum versteckt warten. « Commander Brenzby nickte kurz.

»Hieran habe ich auch bereits gedacht«, antwortete er. »Wir werden rechtzeitig in den Tarnmodus schalten und unsichtbar für unsere Gegner sein. Erwarten sie irgendwelche Probleme? «

Major Travis Gesicht trübte sich.
»Es sollte keine Probleme geben, zumal dies nicht aus den Unterlagen von Noel hervorgeht. Dieses System wurde zu keiner Zeit von den Sauroiden oder deren Hilfsvölker entdeckt oder angegriffen. «

»Wissen wir, ob die damaligen Feindvölker ihre Technik mittlerweile auch modifiziert und weiterentwickelt haben? «, fragte Commander Brenzby. » Sind sie vielleicht heute sogar stärker als die von uns so hochgelobte Natrid-Technik? Zeit genug haben sie gehabt. «

»Dies ist ein ganz wichtiger Punkt zu dem Thema«, entgegnete der Major. »Wir werden uns vorsichtig herantasten müssen, ohne ein Höllenfeuer zu entfachen. Hier brauchen wir einfach die besten Werkzeuge. Wir werden ausprobieren müssen, wie der Stand der Dinge ist. Moturel 6 konnte nicht alle seine Geheimnisse offenlegen. Hierzu scheinen neue Befehle von Noel nötig zu sein. Er verfügt über geheime Ressourcen, die er uns aber nicht mitteilen konnte. Ansonsten ist es nicht zu erklären, dass er uns 500 schwere Robot-Schiffe der Königs-Klasse zum Schutz mitgegeben hat. Diese Einheiten sind zwar nicht so modern, wie die von Noel entwickelten Schiffe, trotzdem verfügen sie aber über eine enorme Kampfkraft. «

Commander Brenzby nickte.
»Ja, es ist ein sicheres Gefühl, wenn eine kleine Armee im Verborgenen steckt und uns im Bedarfsfall Hilfe leisten kann. «

Major Travis lächelte.
»Ist unsere Schiffs-KI über einen möglichen Einsatz der Schiffe informiert? Kann unsere KI alle Schiffe ohne Probleme koordinieren? «, fragte er.

Commander Brenzby nickte.
»Ich denke, unsere KI ist leistungsfähiger als wir es annehmen«, antwortete er. »Diese Möglichkeiten

werden wohl von der kaiserlichen Kaste geplant worden sein. «

Major Travis dachte kurz nach. Er wusste durch seine natradische Wissens-Implantierung, dass die Koordination von reinen Robot-Schiffen für eine moderne KI eine leichte Übung war.

»Sie werden wohl recht haben, Commander«, erwiderte er. »Seien wir auf der Hut. Ich rechne mit Problemen. Bei einer Konzentration von so vielen Erzplaneten, ist es einfach Sabotage zu begehen, oder eine Falle aufzubauen. «

Sirin drehte sich um und schaute in den Aufenthaltsraum. Es war laut, stickig und es roch nach unterschiedlichen Düften. Die Besatzung liebte die Geschwindigkeit bei Unterlicht. Bei dieser Gelegenheit durften sie ihre Aufgaben etwas vernachlässigen und der Hypertronic-KI die Steuerung der programmierten Reise überlassen. Die Bar des Aufenthalts-Raumes war gut besucht. Die Mannschaft liebte ein natradisches Kunstgetränk. Es wurde nicht aus Alkohol hergestellt und doch schmeckte es sehr erfrischend und vitalisierend. Mit einem Getränk von der guten alten Erde war es in keiner Weise vergleichbar.

»Commander Brenzby informieren sie bitte unsere Begleit-Schiffe, damit sie synchron mit uns den Hyperraum verlassen«, befahl der Major. »Der Tarnmodus ist einzuschalten und die Waffenbänke sind hochzufahren, so dass wir für alle Überraschungen gewappnet sind. «

Commander Brenzby sprang von seinem Stuhl auf und salutierte.

»Sofort, Herr Major«, bestätigte er. »Ich kümmere mich sofort hierum. «

Zackig drehte er auf dem Absatz um und lief in die Richtung der Kommando-Zentrale davon. Major Travis schaute schmunzelnd hinter ihm her.

»Ich hatte schon lange keinen so zuverlässigen Mitarbeiter mehr, wie Commander Brenzby«, bemerkte er. »Zusätzlich entwickelt sich noch eine persönliche Freundschaft. Auf den Commander konnte ich mich bislang sehr gut verlassen. «

Major Travis blickte auf Sirin.
»Warum bist du die ganze Zeit so ruhig? «, fragte er. »Hast du keine Meinung zu diesem Thema? «

Sirin schmunzelte ihn verführerisch an.
»Was soll ich noch sagen, wenn bereits alles gesagt wurde«, entgegnete sie. »Ich bin sowieso sehr erstaunt, dass du alles so problemlos im Griff hast und auch noch an die Zukunft denken kannst. Eine Eigenschaft, die bei uns auf Natrid leider nicht so ausgeprägt war. «

Major Travis stutzte. Sirin legte wieder ein Geheimnis ihres alten natradischen Volkes offen.

»Es sieht fast so aus, als ob sie sich in ihrer neuen Umgebung wohl fühlt und sich versucht anzupassen«, dachte er.

»Lass uns kurz einmal bei Heinze vorbeischauen«, entgegnete der Major. »Ich bin gespannt, wie seine Ausbildung voranschreitet. «

Major Travis und Sirin standen von dem runden Tisch auf. »Meine Herren, wir lassen sie jetzt allein«, sagte der Major. «

Er blickte auf Sirin.
»Wir werden uns jetzt einmal um unseren außerirdischen Gast kümmern. «

Heinze saß auf der Liege in seiner Kabine und hatte sich mental auf Leutnant Jennifer Carney eingestellt. Er konnte simultan Daten verarbeiten, musste sich aber dabei auf Jennifer konzentrieren und ihre Gedanken lesen. Hinter ihm lief das aktuelle Nachrichten-Programm der Erde auf einem Terminal ab. Aktuelle Themen aus der Kultur, Religion und aktuellen Ereignissen von dem Mond und von Natrid, rundeten die Informationen ab. Heinze war bereits mit seinem Lehrmaterial sehr weit fortgeschritten.

Major Travis und Sirin traten ein und salutierten vorschriftsmäßig. Er schaute die beiden Personen an.

»Wie geht es unserem Verbündeten, Sergeant? «, fragte er Leutnant Carney.

Jennifer stand auf und salutierte.
»Unser Freund lernt für unsere Verhältnisse unwahrscheinlich schnell«, antwortete sie. »Er ist ein Naturtalent. «

Heinze wusste schon lange, dass Major Travis auf dem Weg zu ihm war. Er stand bereits auf den Füßen und salutierte ebenfalls vorschriftsmäßig.

»Hallo, Herr Major, schön sie und Frau Sirin zu sehen«, gurrte er. »Wie geht es ihnen? «

Die Stimme von Heinze klang dunkel und angenehm. »Sehr gut, danke für die Nachfrage«, entgegnete Major Travis.

Sirin schaute indes ungläubig in die Richtung von Heinze. »Ich sehe schon, du sprichst unsere Sprache bereits perfekt«, lächelte sie.

»Nicht nur dies«, betonte Sergeant Jennifer Carney. »Er schreibt auch bereits alles fehlerfrei nieder und rechnet wie ein alter Professor. Wie ich schon sagte, der pelzige Bube ist sehr interessiert. «

Major Travis schaute Heinze in die Augen.

»Ich weiß von deinen Fähigkeiten«, sagte er. »Möchtest du mit uns gehen und uns unterstützen, Ungerechtigkeiten und Leid zu beheben? Nach all den vielen Jahren, nach dem Zusammenbruch des Hoheits-Gebietes von Natrid, wird es Zeit die Trümmer zu beseitigen und das Vorhandene wiederzufinden und zu ordnen. Wir möchten das alte Imperium wieder aufbauen und mit neuen Ideen beleben. Unser Ziel ist es, dass sich alle Rassen hierin frei bewegen und sich ohne Angst entwickeln können. Keine Unterdrückung, keine Bevormundung und keine Knechtschaft sollen mehr existieren. Alle Rassen sollten ihre eigene Persönlichkeit entfalten können. «

»Schöne Worte«, grunzte Heinze. »Es wird sich zeigen, ob sich dies auch umsetzen lässt. Sie haben es an meinem Volke gesehen. Viele Jahrtausende musste es die Wünsche des Robot-Verwalters ausführen. Ich denke, auf anderen Planeten wird es ähnlich sein. Die ehemaligen, mächtigen Planeten-Verwalter, oder wie ihr sie nennt, die Hypertronic-KI's, werden einen Weg gefunden haben das Territorium für sich zu sichern. Solange sie auf dem Pfad ihrer Worte wandeln, solange bin ich auch bei ihnen und unterstütze sie. Falls sie von dem Pfad abweichen sollten, werden sie ab diesem Zeitpunkt auch meine Unterstützung verlieren. «

Major Travis war erstaunt über die vorgetragenen Gedanken von Heinze. Noch nie war ihm vorher ein so intelligenter Außerirdischer begegnet.

Der Major schaute Heinze ohne Regung an.

»Dafür stehen wir Menschen ein«, sagte er. »Wir alle haben Gefühle und können zwischen Gut und Böse sehr genau unterscheiden. Wir möchten keine Rasse zwingen, sich gegen ihren Willen uns anzuschließen. Jedoch ist ein Bündnis vieler Rassen immer stärker, als wenn wir allein gegen eine Übermacht kämpfen müssen. Alle Rassen sollen von Anderen lernen. Als gleichberechtigte Partner an einem zu bestimmenden Ort sitzen und gemeinsam über ihre Zukunft abstimmen. Jede Rasse entsendet eine Vertretung, nutzt ihr Mitspracherecht. Es kann ein freier Handel entstehen, eine blühende Wirtschaft und ein bedarfsorientierter Warenaustausch. «

Heinze blickte in das Gesicht von Major Travis.

»Das ist mir bewusst«, antwortete er. »Ich habe mir erlaubt, einige Gedanken der Menschen zu lesen. Sie glauben an das Gute. Ich weiß jetzt, dass ich noch viel zu lernen habe, aber auf der richtigen Seite stehe. Ich bin neugierig und möchte mit dir und den Menschen für das Gute eintreten. Als einzige Vertretung meiner Rasse.«

Major Travis lächelte.

»Das ist erfreulich«, entgegnete er. »Partner von deiner Sorte können wir noch mehr gebrauchen. Willkommen an Bord. «

Major Travis wollte sich abdrehen, jedoch hielt Heinze ihn an dem Ärmel seines Uniformhemdes fest.

»Ich habe noch eine Info, Herr Major«, ergänzte er.
Major Travis zog die Augenbrauen hoch.

»Hast du noch einen Wunsch?«, fragte er.

»Nein, Leutnant Carney genügt mir«, antwortete der Ro.

»Der Ausspruch soll wohl einen Scherz darstellen«, lachte Jennifer Carney.

»Obwohl unser Ziel noch drei Tage entfernt ist, kann ich Emotionen auffangen«, sprach Heinze weiter. »Diese sind voller Zorn und Hass auf alles, das nicht dem eigenen Ursprung entspricht. Wir werden auf Widerstand stoßen. Es ist fast so, als ob dort Wesen existieren, die sich auf irgendetwas Wichtiges konzentrieren. Vielleicht beschützen sie etwas, oder sie planen einen Angriff auf etwas Bedeutendes. Für uns heißt dies, Vorsicht walten zu lassen. Ich kann auf diese Entfernung zwar keine klaren Gedanken auffangen, aber die Emotionen sprechen ebenfalls eine deutliche Sprache.«

»Danke«, sagte Major Travis. »Du bekommst noch genug Arbeit. Jede Information ist hilfreich. Behalte sie im Auge. Bei der kleinsten Veränderung, oder einer neuen Information, melde dich bitte sofort.«

Er nickte Heinze zu und verließ mit Sirin das Gemach.
Sirin schaute den Major an.

»Ich gehe in meine Kabine«, sagte sie.

»Mach das«, entgegnete er. »Ich gehe noch einmal in die Kommando-Zentrale und stimme mich mit Commander Brenzby ab. Ich werde einige Notfallpläne besprechen.«

Prinzessin Sirin drückte ihm einen Kuss auf die Wange. Vorher hatte sie schnell geschaut, ob jemand in dem Gang zu sehen war. Sie wusste, dass der Major dies tagsüber nicht so gerne mochte. Sie hatte trotzdem ihren eigenen Willen. Flugs drehte sie auf dem Absatz um und ging flotten Schrittes in die entgegengesetzte Richtung. Major Travis schaute ihr noch eine kurze Zeit nach und schritt dann in die Richtung der Kommando-Zentrale weiter.

Commander Brenzby saß in seinem Kommando-Sessel und schaute auf den Bildschirm.

»Hallo, Herr Major«, sagte er. »Es ist alles ruhig.«

»So habe ich es am liebsten«, entgegnete Major Travis. »Bitte stelle mir eine Konferenz-Schaltung mit den anderen Schiffs-Kommandeuren her. Schalte bitte die Hypertronic-KI's der Robot-Schiffe dazu, sie sollen mithören und den Befehl bestätigen.«

»Es dauert einen Augenblick«, entgegnete der Commander. »Danke«, sagte Major Travis.

»Die Leitung steht jetzt«, sagte Sergeant Farmer. »Sie können sprechen.«

»Hier spricht Major Travis, Erbfolgeberechtigter Oberbefehlshaber der vereinigten Natrid & Tarid Streitkräfte. Erhobener im Gefüge der Kaiserkaste mit Rang 1 bestätigt und eingesetzt von Noel von Natrid im Rahmen der Nachfolge-Programmierung von Admiral Tarin. Wir werden in Kürze wieder in den Hyperraum springen und unseren Flug fortsetzen. Ab diesem Zeitpunkt werden wir noch 2 Tage Flug vor uns haben. Es ist mit einem Hinterhalt zu rechnen. Wir haben Informationen, dass der Planet Katras, von einer großen Flotte unbekannter Wesen gesichert wird. Wir treten daher im Tarnmodus in den Normalraum ein. Ich hoffe, dass unser Tarnmodus ausgereift ist und der Gegner uns nicht entdecken und neutralisieren kann. Wir werden uns die Situation erst genau ansehen. Vielleicht erhalten wir aus der Bauart der Schiffe Rückschlüsse auf die Gegner, mit denen wir es zu tun haben. Wir empfangen negative feindselige Gedanken. Die Fremden werden wohl nicht freiwillig bereit sein, das Feld zu räumen, oder sich zurückzuziehen. «

Major Travis ließ eine kurze Pause verstreichen, ehe er fortfuhr.

»Ich denke, wir werden keine andere Wahl haben, als die Wirksamkeit unserer Waffen zu testen«, teilte er mit. »Noel hat in den vielen Jahrhunderten einiges verbessert und die Effizienz fast verzehnfacht. Die Commander Rosenblatt, Fontana, Haught, Cottle und Maley werden mit mir getarnt am Zielpunkt materialisieren und die Lage sondieren. Wir greifen in Gruppen zu je zwei Schiffen an.

Commander Rosenblatt mit der Termar 7, hilft in brenzligen Situationen aus und unterstützt je nach Bedarf diese Gruppen. Erst nach der Feststellung der gegnerischen Flottenstärke greifen die 500 Robot-Schiffe von Moturel 6 in den Kampf ein. Dies erfolgt jedoch ausschließlich in Geschwadern zu je 5 Schiffen. Sofort nach einem erfolgreichen Abschuss, oder der Feststellung der Kampfunfähigkeit des Gegners, springt das Geschwader wieder in den Hyperraum, um hiernach an einer neuen Position zu materialisieren. Dies wird untereinander mit der Hypertronic-KI der Termar 1 synchronisiert. Es darf keine Verluste an Material und an Personal geben. Hierzu wird der Manöverschlüssel MT 134 A angewendet. Bitte bestätigen sie meine Befehle. Sofort registrierte Commander Brenzby erste eingehende Bestätigungen der Robot-Raumer. Er nickte dem Major zu.

»Die Bestätigungen kommen rein«, meldete er. »Auch die Commander der Termar Schiffe haben verstanden. « »Termar 1 ist befehlsgebend«, ergänzte Major Travis. » Ich möchte keine Zuwiderhandlungen feststellen müssen. Wir brauchen keine Helden, sondern ich möchte eine klare Gefechtslinie vorfinden. Ich hoffe, ich habe mich klar ausgedrückt, meine Damen und Herren. Bereiten sie sich vor. Ich wünsche ihnen viel Erfolg. «

Ein scharfer Blick auf seine Commander beendete die Konferenz-Schaltung. Jeder wusste, was zu tun war Die zwei Tage vergingen recht schnell, ohne dass etwas Wesentliches passierte. Alle Abteilungen der Schiffe waren mit Vorbereitungen beschäftig. Notwendige Maschinen wurden auf die positive Bereitschaft hin überprüft, Waffen-Magazine geordnet und für den bevorstehenden Kampf optimiert. Alle Abteilungen waren mit einer gefühlten Spannung belegt. Major Travis stand neben Commander Brenzby in der Zentrale.

»Sind alle bereit, wir treten gleich in den Normalraum ein«, fragte er.

Die Offiziere nickten beiläufig.

»Achtung, Rückfall in den Normalraum«, befahl der Commander.

Das Bild wechselte und auf dem Schirm wurden wieder Sterne in ihren bekannten Konstellationen angezeigt.

Der Ortung-Offizier meldete sich.
»Kontakt, Katras ist angepeilt und liegt exakt 400.000 Kilometer vor uns«, sagte er.

»Schleichflug einleiten«, befahl Major Travis. »Sind unbekannte Schiffe festzustellen? «

»Moment noch, Herr Major«, erwiderte Sergeant Dantow. »Das Display pendelt sich ein und aktualisiert sich neu. «

Der Ortungs-Offizier blickte auf seine Anzeigen.

»Vorsicht, es wird eine starke Schiffs-Präsenz angezeigt. « Die Aussagen von Heinze wurden bestätigt. Die fremden Schiffs-Kontakte wurden als rote Zeichen auf dem CIC sichtbar.

»Ich vermute, es sind Kampf-Schiffe«, sagte Commander Brenzby. »Es werden immer mehr Kampf-Schiffe angezeigt. Derzeit lokalisieren wir 3.700 Feindkontakte. Die Zahl steigt weiter an. «

Die Anzeige stabilisiert sich.
»Es handelt sich exakt um 5.000 Schiffe unbekannter Herkunft«, bestätigte Dore Dantow, der Ortungs-Offizier. »Sie alle haben sich um Katras positioniert. Die anderen 6 Planeten in diesem System haben nicht die Ehre einer solchen Bewachung erhalten. Vermutlich sind sie unseren unbekannten Feinden nicht so wichtig. «

Major Travis schüttelte einfach den Kopf.
»Ich denke, die Angreifer wissen um die Wichtigkeit der zentralen Steuerung«, sagte er. »Wir werden warten und schauen, ob etwas passiert. Commander melden sie mir bitte, wenn etwas ...«

»Achtung, Herr Major«, warnte Commander Brenzby. »Es erfolgt ein Beschuss der gegnerischen Raumschiffe vom Planeten aus. «

Dore Dantow zeigte auf den großen Bildschirm. Mit Spannung verfolgte die Crew das Geschehen auf dem Bildschirm. Sie registrierte, wie dicke Laserlanzen vom

Planeten aufstiegen und in die Schirme der gegnerische Schiffe schlugen. Diese fielen schlagartig aus. Sekunden später vergingen die Schiffe in gewaltigen Detonationen. Der Gegenschlag erfolgte prompt. Die vorderste Front der belagernden Schiffe feuerte Salven von Energiestrahlen auf den Planeten. Bevor diese jedoch ihr Ziel fanden, leuchte ein Energieschirm auf, der sich um den ganzen Planeten Katras legte. Es schien diesem nichts auszumachen, die Energie der gegnerischen Schiffe zu absorbieren. Nicht einmal eine minimale Überlastung des Schirms wurde von den hochsensiblen Detektoren der Termar Schiffe registriert.

»Der Schirm scheint eine Neuentwicklung zu sein? «, bemerkte der Major. » Ich kenne keine so massive Neutralisierung von Energie. Die vorderste Front der Schiffe beschießt den Schirm pausenlos mit Laser-Strahlen. Ich sehe keine Überlastung. Nicht einmal die kleinste Rotfärbung ist festzustellen. Daran werden sich die Gegner die Zähne ausbeißen. «

Hein-Ze-Sa-Ro war in Begleitung von Jennifer Carney in die Zentrale gekommen. Er salutierte vor Major Travis. »Das ist der Zorn, den ich festgestellt habe«, sagte er.

»Die Gegner beschießen den Schirm schon eine ganze Weile und kommen nicht weiter. Es handelt sich um Kaltblüter, Nachkommen eines Echsen-Geschlechtes mit schuppiger Haut. Es können aber auch indirekte Nachkommen der Rigo-Sauroiden des ersten Krieges sein. Wir brauchen mehr Informationen über sie. «

In diesem Moment materialisierten 500 weitere Raumschiffe der Belagerer. Major Travis sah, wie die Angreifer eine Formation einnahmen und im synchronen Rhythmus Laser-Lanzen auf den Schirm des Planeten abschossen. Alle 5.500 Schiffe entluden gleichzeitig ihre Waffen. Der Schirm zeigte jetzt an einigen Punkten eine leichte rote Färbung. Ein Anzeichen für eine massive Dauerbelastung der Schutz-Leistung.

Als direkte Gegenwehr stiegen vom Planeten diesmal fünf baumstammdicke Energie-Strahlen auf, wieder gezielt auf ausgewählte Schiffe gerichtet waren. Wie erwartet, vergingen auch diese getroffenen Schiffe in gewaltigen Explosionen. So ging es pausenlos weiter. Die Crew der Termar-Schiffe bemerkte, dass Katras seine Abwehr-Aktivitäten verstärkte. Jetzt stiegen 20 starke Energie-Lanzen auf, die anscheinend problemlos alle Schirme der gegnerischen Schiffe durchschlagen konnten. Sie detonierten in grellen Atompilzen.

»Wie viele Geschütze kann der Planet Katras noch zum Einsatz bringen? «, fragte Major Travis.

»Ich frage bei unserer Hypertronic-KI nach«, antwortete Commander Brenzby.

Kurze Zeit später lag die Antwort vor.
»Es sollten maximal 152 Geschütze auf dem Planeten installiert sein«, meldete er. » Das scheint eine magische Zahl bei den Natradern gewesen zu sein. «

»Die Frage ist ja auch noch, ob für die Waffen genug Energie verbleibt «, ergänzte Major Travis. » Der Schutz-Schirm wird eine Menge für sich beanspruchen. «

In diesem Moment materialisierten wieder neue Schiffe des Gegners.

»Es scheint, als ob jetzt eine Entscheidung herbeigeführt werden soll«, bemerkte Heinze. » Die Echsen haben keine Geduld mehr. «

»Sollen wir eingreifen Herr Major? «, erkundigte sich Commander Brenzby.

»Der Befehl lautet, in Wartestellung zu bleiben und zu beobachten«, antwortete Major Travis. »Wir analysieren die Feuerkraft der Angreifer. Ich erkenne, dass sie unserer Technik unterlegen sind. Die Angreifer versuchen sich mit einer massiven Dauer-Feuerkraft über die Zeit zu retten.

Eine kleinere Flotte würde hier nichts ausrichten können. Nur der massive Beschuss der ganzen Armada kann den Schutzschirm über kurz oder lang eventuell aufbrechen. Zu der Hochzeit des natradischen Kaiser-Reiches wären längst Schiffs-Verbände herbeigeeilt, um die lästigen Belagerer zu vertreiben. Diese fehlen jetzt. Hierdurch werden die Überreste der natradischen Technik zerschossen und vernichtet, oder von nicht nachwachsenden Rassen missbraucht. «

»So wie hier«, bemerkte Heinze. »Die Echsen wollen unbedingt den Planeten knacken. Vielleicht wissen sie gar nicht, was sie dort vorfinden. Aber sie fühlen sich als einzige Macht in diesem Universum. Sie möchten bestimmen was passiert. Koste es, was es wolle. «

Jetzt hatte Katras seine komplette Technik und seine Logistik aktiviert. Pausenlos feuerten alle 152 bodenstationierten Abwehr-Geschütze ihre todbringenden Strahlen in den Orbit. Die meisten Laser-Lanzen fanden ein Ziel. Diese Schiffe vergingen in grellen Explosionen.

Major Travis sah auf seine Crew.
»Weitere 35 Schiffe wurden mit gezielten Schüssen vernichtet«, bemerkte er.

»Die Besatzungen und das Material wurde gnadenlos vernichtet. «

Die Crew spürte förmlich den Aufschrei der Wut durch die Reihen der Gegner fließen.

Kopfschüttelnd sahen sie zu, wie alle Schiffe pausenlos ihre Waffen entluden und den Schutzschirm beschossen. Die Wirkung ließ nicht auf sich warten. Erstmalig färbte sich der Schirm an einer größeren Stelle rot. Ein Anzeichen dafür, dass an diesem Punkt in Kürze Instabilitäten und Strukturlöcher entstehen würden. Durch diese Instabilität konnte dann der ungeschützte Planet bombardiert werden.

»Hier ist wieder ein Beispiel dafür, dass trotz der besten Technik, die Menge der Angreifer einen Vorteil für sich erlangen können«, sagte Major Travis. »Wir lernen hieraus, nicht überheblich zu werden und uns nicht in eine aussichtslose Lage zu begeben. Hier wäre ein Rückzug die bessere Variante gewesen. Wir greifen unterstützend ein.«

Der Major schaute in die Runde.
»Hat jemand Bedenken?«, fragte er.

Niemand der Offizier antwortete etwas. Alle überlegten, ob die fünf Termar-Schiffe den Gegnern Paroli bieten konnten.

»Ich hebe als erstes Schiff meine Tarnung auf und versuche mit den Angreifern zu kommunizieren. Falls mir dieses nicht gelingt, gebe ich ein Zeichen und die restlichen 4 Termar-Schiffe greifen ein. Falls es zu einem Angriff kommt, werden wir die 500 Schiffe der Königs-Klasse aktivieren. Geben sie dieses bitte durch, Sergeant Farmer.«

»Der Befehl ist durch, Herr Major«, antwortete der Funk-Offizier.

»Das Schiff bitte enttarnen und näher an die Angreifer heranfliegen«, befahl Major Travis. »Schilde auf das Maximum. Bitte einen Kanal für die Verständigung offenhalten.«

Commander Brenzby gab das Zeichen.
»Kanal ist offen. Sie können sprechen«, teilte er mit.

»Hier spricht Major Travis, Oberbefehlshaber der vereinigten Natrid & Tarid Streitkräfte"«, sprach er in seinen Communicator. Ich fordere sie auf, den Beschuss des Eigentums von Natrid sofort zu beenden. Falls sie dies nicht akzeptieren, werden wir unweigerlich in den Kampf eingreifen und sie vernichten. «

Es waren bislang nur Überladungen und ein Knistern in dem geöffneten Kanal zu empfangen. Dann endlich kam eine Antwort. Bei den ersten Worten der fremden Rasse, schaltete das schiffseigene Translations-Modul automatisch hinzu und übersetzte die Worte in die natradische Sprache.

»Mein Name ist Razz Zarass, Befehlshaber der angreifenden Flotte«, tönte es aus den Lautsprechern. Ich bin der Gebiets-Kontrolleur des von uns annektierten Quadranten. Sie befinden sich in unserem Hoheits-Gebiet. Mischen sie sich nicht ein. Es handelt sich um eine Strafmaßnahme. Kehren sie um, solange sie noch können. «
»Sie haben nicht verstanden, Befehlshaber Razz Zarass«, erwiderte Major Travis. » Sie vergreifen sich an unserem Eigentum. Ich verlange ihren sofortigen Rückzug und die Einstellung des Planeten-Beschusses. Wir werden nicht über unsere Erzplaneten verhandeln. «

Ein Aufschrei kam durch den offenen Kanal.

»Sie können uns gar nichts vorschreiben«, antwortete der Flotten-Befehlshaber. »Natrid wurde vernichtet und die Güter des Imperiums sind für alle Rassen frei zugänglich. Mögliche Nachkommen von Natrid gibt es nicht. Unsere entfernten Vorfahren haben die ganze Arbeit geleistet und nicht nur den Planeten, sondern auch die natradischen Lebewesen und die Flüchtlinge verfolgt und vernichtet. Es können keine Nachkommen mehr existieren, schon gar nicht welche, die mir Anweisungen geben können. Alle Humanoiden müssen vernichtet werden. Sie sind Tiere und gehören nicht ins Universum. Nur den Rigo's und deren Artverwandten ist dies gestattet. Wir reinigen das Universum von Tieren, wie sie welche sind. «

Die Hyperkomm-Funkverbindung brach ab.

Alle Anwesenden auf der Brücke schauten stumm auf den Schirm. So viel Hass hatten sie nicht vermutet.

»Achtung, Herr Major«, warnte Sergeant Dantow. »Die Flotte der Echsen wendet und nimmt Kurs auf uns. Sie gehen auf einen direkten Kollisionskurs. Ihre Triebwerkleistung nimmt zu. Eine Kollision ist in 17:58 Minuten wahrscheinlich. Sie scheinen den Flotten-Kommandeur Razz Zarass sehr verärgert zu haben. «

Major Travis verzog das Gesicht.

»Ich muss unbedingt mit Dore reden«, dachte er. »Die Mitteilung seiner eigenen Meinung ist nicht gefragt. «

Major Travis stand von seinem Kommando-Sessel auf. »Geschütze klar, Schutzschirm auf volle Leistung«, befahl er. »Die Leitung öffnen für die Termar-Schiffe 3 bis7. Materialisierung einleiten, Position neben Termar 1 beziehen, Angriffsmuster MT 23 A durchführen. «

»Ihr Befehl wurde weitergeleitet«, antwortete Funk-Offizier Farmer.

»Moturel 6 Raumer, bitte in den Angriff eingreifen und Stellung beziehen«, ergänzte der Major seinen Befehl. »Das Angriffsmuster MT 134 A durchführen. «

»Genug der Worte«, sagte Major Travis. »Ich bitte um äußerste Konzentration auf jedem Platz «

Überall materialisierten die gewaltigen Schiffe der Königs-Klasse. Allein der erste Eindruck war überwältigend. Spätestens jetzt bemerkte die gegnerische Flotte ihre völlig falsche Einschätzung der Situation. Obwohl ihre Schiffe noch nicht in Reichweite waren, eröffneten sie das Feuer auf die neu angekommene Flotte von Tarid und Natrid.

»Sie können ihren Fehler nicht eingestehen. Sie rücken nicht zurück«, sagte Major Travis. » Feuer frei. «

Ein dumpfes Grollen zog sich durch die Termar 1. Das Licht in der Zentrale schaltete sich automatisch in ein dezentes Rot. Auf dem Bildschirm erschienen erste gelbe

Lichtblitze, die allesamt Explosionen der getroffen Schiffe des Gegners darstellten. Es schien so, als ob ein einzelner Lasertreffer das Schiff des Gegners zerplatzen ließ. Es war ein Abschlachten. Das Gefecht

konnte nicht mehr als Kampf bezeichnet werden. Es war eine Demütigung, eine Klarstellung der bezogenen Position und der Einforderung des alten Eigentums. Die ursprünglich so ansehnliche Streitmacht des Gegners wurde immer weiter dezimiert und vernichtet. Bereits 600 Schiffe des Gegners waren zerstört oder unbrauchbar.

Katras unterstützte die Aktion mit einer reduzierten Abwehrleistung. Nicht alle 152 Geschütze waren noch aktiv. Lediglich 83 Geschütze zielten mit Erfolg auf die Schiffe der Echsen. In einer beispiellosen Art und Dank der ungeheuren Präzision der alten starken Natrid-Geschütze, konnte die Streitmacht des Gegners weiter dezimiert werden. Die Hypertronic-KI des Planeten hatte längst die unterstützenden Schiffe registriert und als Naada-Kreuzer der 500-Meter-Klasse und als Zerstörer der 1.500-Meter Königs-Klasse eingestuft. Sie wurden von Roboterbesatzungen geflogen.

Der Angriffsplan MT 134 A griff immer fester zu. Der Stellungswechsel funktionierte und überforderte die Logistik der Echsen. Sie konnten der Natrid-Technik nichts entgegensetzen. Es wurde ein Feuerwerk auf dem zentralen Bildschirm der Termar 1 angezeigt. Die Zahl der als rote Punkte auf dem CIC dargestellten Angreifer schmolz in sich zusammen. Knapp 3.000 Schiffe der Gegner wurden noch verzeichnet. Immer wieder explodierten Geschwader von Schiffen. Schiffswracks, geborstene Teile, defekte Einrichtungen und tote Gegner in Raumanzügen, trudelten durch das Weltall.

Teilweise schlugen starke Laser-Salven in Schutz-Schirme der nachrückenden Schiffe ein. Sie verglühten förmlich während des Intensivbeschusses. Die Schutz-Schirme der Termar-Schiffe, aber auch die der Zerstörer der Königs-Klasse, wurden nur mit 23 Prozent ihrer Belastungsstufe geprüft. Der Kampf mit einer so übermächtigen Armada schien zu einer leichten Waffentest-Übung für die natradischen Schiffe zu werden. Keine Überladungen von Waffen, keine Ausfälle von Schiffen und Besatzungen, keine noch so kleinen Vorfälle mussten auf der Seite der Sirius-Expedition registriert werden.

»Ich rufe Razz Zarazz, Befehlshaber der Angreifer-Flotte«, sprach Major Travis in seinen Communicator. » Melden sie sich. «

Ein kurzes Knistern folgte.
»Was wollen sie noch, sterben sie endlich«, kam als Antwort zurück. «

»Den Gefallen kann ich ihnen leider nicht gewähren«, antwortete Major Travis. »Sie sind hoffnungslos unterlegen. Geben sie auf und wir verschonen sie. Akzeptieren sie unseren Anspruch auf unser Territorium.

Ziehen sie sich zurück. Hier können sie nur noch Verluste erzielen. «

Die Antwort kam prompt zurück.
»Wir ziehen uns niemals zurück«, antwortete der Flottenführer. »Dies liegt nicht in unserer Art. Wir nehmen uns, was wir wollen. Der Kampf geht bis zum bitteren Ende weiter. «

Major Travis schüttelte den Kopf.
»Sie sind unverbesserlich, Major Travis Ende«, antwortete er.

Die Verbindung brach ab.
Major Travis blickte Sergeant Farmer an.

»Geben sie einen Funkspruch an alle Schiffe durch«, befahl er. »Wir brauchen einige Offiziere der Echsen zum Verhör. Bitte einen Teil der Schiffe antriebslos schießen und die Besatzung arretieren. «

Wieder entflammte ein energisches Feuerwerk auf. Der dauernde Stellungswechsel der großen Zerstörer der Königs-Klasse in Verbindung mit dem anschließenden Laserfeuer, dünnten die Schiffe der Verbände der Echsen-Schiffe immens aus.

Das Dauerfeuer der Termar-Schiffe erledigte den Rest. Die Raketen schlugen in das von der Bord-KI errechnete Ziel ein. Wie Seifenblasen platzten die gegnerischen

Schiffe auf und entluden sich in heißen Explosionen. Die Laser-Geschütze feuerten im Sekundentakt.

»Sie schleusen keine Rettungs-Boote aus«, erkannte Commander Brenzby leise. »Sie wollen alle mit ihren Schiffen untergehen. Wissen wir, wie viel Wesen auf so einem Schiff nötig sind? «
Monoton antwortete die Maschinenstimme der Hypertronic-KI.

»Es liegen derzeit nicht genügend Informationen über den Gegner vor, um die Frage beantworten zu können«, teilte sie blechern mit. »Es sollte ein Schiff untersucht und die Wesen analysiert werden. «

»Danke, das wissen wir selbst«, ergänzte Major Travis. »Wie viele Schiffe des Gegners greifen uns noch an? «

»Mir liegt soeben die aktuelle Zählung vor«, antwortete Sergeant Dantow. »Es handelt sich noch um 1.463 Schiffe, jedoch sinkt die Zahl kontinuierlich. «

»Was ist jetzt? «, fragte Commander Brenzby. » Es sieht so aus, als ob die Schiffe wenden und fliehen wollen? «

»Funkspruch an alle Termar-Schiffe, das Feuer ist einzustellen«, entgegnete Major Travis. » Nur noch Schutzfeuer auf direkt angreifende Schiffe. Den Rest der Angreifer-Flotte sollen sich die Robot-Schiffe vornehmen.«

»Der Funkspruch ist durch«, Sergeant Farmer.

»Öffnen sie mir bitte einen Kanal an Katras und dessen Verwaltungs-KI«, sagte Major Travis.

Sergeant Farmer nickte dem Major zu.
» Sie können jetzt sprechen Herr Major«, antwortete er.

»Hier spricht Major Travis, Erbfolgeberechtigter Oberbefehlshaber der vereinigten Natrid & Tarid Streitkräfte, Erhobener im Gefüge der Kaiserkaste mit Rang 1, bestätigt und eingesetzt von Noel von Natrid im Rahmen der Nachfolge-Programmierung von Admiral Tarin«, sprach er in den Communicator. »Ich fordere dich zur Unterwerfung und zur Neuaktivierung auf, im Rahmen meiner Befehlsgewalt. «

Major Travis drückte zur Unterstützung seinen Neolrith, der unter der Haut seines Handgelenkes implantiert war. Er wusste, dass die Befehle in Licht-Geschwindigkeit an den Empfänger weitergeleitet wurden. Die Antwort kam mit der gleichen Geschwindigkeit zurück.

»Katras begrüßt Major Travis und freut sich auf neue Aufgaben im Rahmen der Nachfolgeprogrammierung von Noel. Ich bedanke mich für die Unterstützung in dem Kampf gegen die Green-Lizards. Diese haben in den letzten Monaten immer mehr Schiffe zusammengezogen und meine Erz-Planeten angegriffen. Nur dank neuer Schutz-Schirme, die uns der mächtige Beschützer Aritron zukommen ließ, konnten wir unsere Erzplaneten für das Imperium noch sichern. «

Major Travis wurde sofort hellhörig.
»Welcher Beschützer war das? «, fragte er. » Kannst du mir mehr Informationen geben. «

»Das ist möglich, jedoch möchte ich schnell mit den aktuellen Daten versorgt werden«, antwortete die KI. »Mir ist die Aktivierung meines kompletten Aufgaben-Bereiches sehr wichtig. Sie werden verstehen, dass ich nach den vielen Tausenden der Abschaltung sofort einen Wartungsstau beheben muss. Ihre Fragen können wir später bei mir auf festem Boden besprechen. Ich bereite einen standesgemäßen Empfang für sie vor und erwarte sie zu einem Besuch in meiner Leitstelle. «

Die Leitung wurde getrennt. Sergeant Farmer blickte Major Travis an.

»Die Robot-Schiffe fragen, ob sie die letzten 67 Schiffe vernichten sollen? «

Major Travis schloss die Augen.
»Lassen wir sie entkommen«, flüsterte er. »Ich vermute, dass wir noch öfter auf sie stoßen werden. Geben wir ihnen noch einen Funkspruch mit auf den Weg. «

»Die Leitung steht«, antwortete Sergeant Farmer.
»Ich rufe die flüchtenden Schiffe«, sprach der Major in seinen Communicator. »Ihre Flotte ist in das

Hoheitsgebiet von Natrid eingedrungen. Sie wurden durch eine kleine Patrouille unserer Imperiums-Flotte vernichtet. Wir werden jeden neuen Angriff vereiteln. Nehmen sie das mit auf ihren Weg nach Hause. Kommen sie nicht mehr hierher zurück und überfallen sie keine weiteren Sektoren mehr von uns. Hier spricht Major Travis, Oberbefehlshaber der vereinigten Natrid & Tarid Streitkräfte. «

Eine Antwort erreichte die Termar1 nicht mehr. Die fliehende Flotte ging in den Hyperraum über. Die Crew der Termar 1 verfolgte gespannt die Entmaterialisierung auf dem großen Bildschirm.

»Eingehender Funkspruch von Commander Fontana für sie, Herr Major«, teilte Commander Brenzby mit.

»Danke«, entgegnete Major Travis.

»Hallo, Commander Fontana, hier ist Major Travis«, sprach er in den Communicator. «

»Hallo Herr Major«, tönte die Antwort aus den Lautsprechern. »Wir haben den Flotten-Befehlshaber Razz Zarass ergreifen können. Wir haben die Antriebe seines Schiffes zerstören können. Er befindet sich bei uns in Arrest, bis sie ihn überstellt haben möchten. «

»Gut gemacht, Commander Fontana«, erwiderte der Major. »Ich habe wichtige Fragen an ihn. Wir sagen ihnen rechtzeitig Bescheid, wenn wir mit dem Verhör beginnen möchten. Major Travis, Ende der Übertragung. «

Major Travis drehte seinen Kopf von der Funk-Konsole ab und schaute zu Commander Brenzby.

»Bitte weisen unsere Flotte an, eine Wachposition im Orbit des Erz-Abbau-Planeten Planeten einnehmen«, sagte er. »Die Commander der Schiffe sollen auf weitere Befehle warten. «

»Verstanden«, bestätigte der Commander. »Ich lasse ihre Befehle weitergeben. «

»Danke«, antwortete der Major. »Ich ziehe mich für zwei Stunden zurück. In der Zwischenzeit gehört die Brücke ihnen, Commander Brenzby. Dann plane ich die Einladung von Katras anzunehmen. Wir werden mit der Termar 1 landen und in die Verwaltung gehen. Bereiten sie bitte unsere Außenteam vor. «

»Natürlich, Sir«, nickte der Commander. »Ich kümmere mich um alles. «

Ohne weitere Worte verlies Major Travis die Brücke der Termar 1. Er musste soeben miterleben, wie Tausende von Lebewesen nur durch den Tatbestand, dass sie ihrer verhassten Lebenseinstellung gefolgt waren, in den Tod getrieben wurden. Diese Gedanken würden ihn noch eine lange Zeit beschäftigen.

Seine Miene erhellte sich, als er Sirin in seiner Unterkunft vorfand. Sie nahm ihn in ihre Arme und küsste Marc auf den Mund.

»Du hast gerade einen Angriff der Green-Lizards, so nennen sich die indirekten Nachkommen eurer Rigo-Sauroiden, verpasst«, erklärte der Major. »Durch ihre Sturheit hättest du ihren Untergang miterleben können. Sie dulden keine anderen Lebewesen neben ihnen. Du weißt selbst, das Universum ist voller Leben. Die Frage nach dem Überleben einer Spezies ist auch gleichzeitig die Frage nach der Stärke ihrer Verteidigung. «

Major Travis teilte Sirin die Geschehnisse mit und bemerkte die Trauer in ihrem Gesicht. Auch sie war des Krieges überdrüssig.

»Gut, dass ich nicht dabei war«, antwortete sie.
An sie ihn anblickte, bemerkte sie, dass Marc eingeschlafen war.

Tart 1 und Tart 2 warteten bereits vor der Kabine, als Sirin und Major Travis heraustraten. Die Panzerung der Roboter glänzte in poliertem schwarzen Natrid-Stahl. Die Embleme der besonders geschulten Personen-Schutz-Roboter hoben sich dezent in den Farben Silber und Blau von dem Metall ab. Die waffenstarrenden Boliden in der Größe von 2,20 Meter, flößten bereits durch ihren Anblick Furcht ein. Einige metallische Geräusche bezeugten die respektvolle Aufmerksamkeit, die sie Major Travis einräumten. Die Roboteraugen leuchteten in dunkelblauer Farbe, ein Zeichen dafür, dass sie neue Befehle erwarteten.

»Irgendetwas Verdächtiges bemerkt? «, fragte Major Travis.

»Nein«, kam kurz monoton die Antwort.

»Wir gehen zur Jet-Schleuse«, ergänzte der Major. »Ihr freut euch bestimmt auf den Ausflug nach Katras. Die zuständige Hypertronic-KI hat uns zu einem Besuch eingeladen. Bitte seid äußerst wachsam. Die Zusage kam für mein Verständnis etwas zu schnell. «

Im Hangar warteten bereits Leutnant Carney und Heinze auf ihren ersten Einsatz. Beide trugen solide natradische Kampf-Anzüge neuster Generation. Für Heinze musste der Anzug speziell angefertigt werden. Die Konstruktions-Roboter hatten ganze Arbeit geleistet. Der Anzug saß wie angegossen.

»Wir fliegen mit vier Jets nach Katras«, befahl Major Travis. »Sergeant Hardin wird mit seinen Marines die Jets drei und vier belegen. Leutnant Carney, Heinze, Sirin, Tart 1 und Tart 2 und ich starten mit Jet eins. Commander Brenzby und fünf Kampfroboter nehmen Jet zwei. «

Er blickte in die Runde des Teams.
»Ich hoffe, ihr seid für alle Eventualitäten gewappnet«, fragte er. Trotzdem werden wir die Anlage vorsichtig betreten. Ich weiß nicht, welche Überraschungen die

zentrale Verwaltungs-KI für uns bereithält. Wir starten in 5 Minuten. Steigen sie bitte ihre Jets ein. «

Die Kommandobrücke der Termar 1 gab den Flug frei.

Nacheinander starteten die vier Jets und bildeten außerhalb des Naada-Kreuzers eine keilförmige Formation in Richtung Katras.

»Die Einflugschneise wird auf dem Monitor markiert«, teilte der Major per Flottenfunk mit. »Katras sendet uns die Koordinaten. Bitte halten sie sich hieran. «

Commander Brenzby hatte die Mitteilung empfangen und gab die Anweisung unaufgefordert an die weiteren Jets per Flotten-Funk durch. Schnell näherten sich die Jäger dem Planeten. Obwohl die Gefahr durch die Echsen-Raum-Schiffe gebannt war, spannte sich immer noch ein bläulicher Schutz-Schirm um den Planeten. Gerade wollte Major Travis zum Funkgerät greifen, da öffnete sich in dem Schutz-Schirm ein quadratisches Einflugfenster. Gerade groß genug, um als Einflugschneise für die anfliegenden Jets zu dienen.

Es gab keine Probleme. Der Flug verlief reibungslos. Major Travis steuerte seinen Jet nach den gemäß den programmierten Koordinaten. Das Eintauchen in die Atmosphäre mit dem anschließenden Sinkflug, meisterten die Jets bravourös. Major Travis gab Anweisung, die Geschwindigkeit zu reduzieren. Die vier Maschinen steuerten auf eine große Bergkette zu.

»Soll das unser Endziel sein? «, fragte sich Major Travis.

Die vier Jets flogen weiter auf den Bergrücken zu. Rechtzeitig öffnete sich ein massives großes Tor, das für die Landung von Transport-Raumschiffen konzipiert war. Lichter flammten auf und erleuchteten den Innenraum des Berg-Hangars grell. Major Travis bemerkte, dass die Landung der 4 Jets jetzt automatisch durch den Leitstrahl von Katras übernommen wurde. Präzise setzten die Fluggeräte am Boden auf. Der Major stand auf und ging zu dem Schott. Er bestätigte den Öffnungsmechanismus. Der Ausstieg des Jets öffnete sich geräuschlos. Der Major steckte vorsichtig den Kopf ins Freie. Natradische Arbeits-Roboter standen Spalier, um die ankommenden Gäste zu begrüßen. Er konnte sie nicht alle zählen. Es mussten Tausende sein. Rechts und links des Weges, der vermutlich zur zentralen Hypertronic-KI führte, standen die Roboter, geschmückt mit den imperialen Umhängen, Schleifen und Ehrenabzeichen behangen.

Tart 1 und Tart 2 sicherten vorsichtshalber Major Travis und Sirin.

»Das ist eine ehrenvolle Begrüßung nach altem natradischem Stil«, freute sich Prinzessin Sirin. » Kampf-Roboter sind hier nicht anwesend. Ich glaube, hier läuft alles nach dem alten Zeremonienplan ab. Es ist eine Ehrenbezeugung für wichtige Gäste. Dies wurde nur den allerhöchsten Personen des Imperiums zuteil. Die Hypertronic-KI muss bereits einige Informationen von unserem Raumschiff übermittelt bekommen haben. Die KI's arbeiten in der Regel Hand in Hand. « Major Travis und Sirin warteten, bis Leutnant Carney und Heinze aufgeschlossen hatten. Die Marines, unter dem Kommando von Sergeant Hardin, nahmen die gewohnte Schutz-Position ein. Die Kampf-Roboter wurden von Tart 1 und Tart 2 positioniert. Langsam setzte sich der Tross durch die aufmarschierten Reihen der Katras-Roboter in Bewegung.

»Ich sehe keine aufmarschierten Shy-Ha-Narde, aber jede Menge Arbeits-Roboter«, sagte Sirin. » Die schwerbewaffneten Kampf-Roboter sind nicht zu sehen. « Major Travis konnte zum jetzigen Zeitpunkt nicht sagen, ob er sich durch die Aussage erleichtert fühlen sollte, oder nicht. Aus den Augenwinkeln heraus vernahm er eine Bewegung und blieb stehen. Fast wie in einer einzigen Bewegung, drehten alle Roboter ihren Kopf nach links und stampften mit dem linken Bein auf den metallischen Boden auf. Ein lautes Donnern dröhnte durch den Hangar. Heinze zupfte an der Uniformjacke von Major Travis.

»Machen sie sich keine Sorgen«, äußerte er sich. »Ich empfange nur positive Gedanken. «

Ganz weit am Ende der Halle wurde eine kleine Gestalt sichtbar. Sie stand auf einer Anti-Gravitation-Plattform und kam schnell näher. Es handelte sich um ein personifiziertes Abbild der alten natradischen Rasse. Nach dem ersten Eindruck, handelte es sich um eine humanoide Lebensform. Sie war fast 1,60 Meter groß, untersetzt und mit roten Haaren. Die waren eindeutigen Merkmale eines typischen Natraders.

»Er ist eine künstliche Person«, bemerkte Sirin. »Nach meiner Meinung ist er ein Klon. Möglicherweise kann er auch ein Cyborg sein. Ich erkenne sehr viel synthetische Haut. «

Die Gestalt kam näher und stoppte kurz vor der Besuchergruppe.

»Mein Name ist Katras«, stelle sich die Person vor. »Ich heiße sie in meinen Verwaltungs-Bereich willkommen. Ihre Sprache habe ich mir bereits zu eigen gemacht«, lächelte die Gestalt. »Ich hoffe, sie haben nichts dagegen einzuwenden, dass mir ihre Schiffs-KI diese vorab übermittelt hat. Es ist persönlicher, wenn man sich direkt anreden kann. Sie sind mir nicht fremd. Vor vielen Jahrtausenden waren bereits einmal Menschen ihrer Welt auf meinem Planeten. Es waren Kontrolleure und Hilfstruppen der Natrader. Ich bin ein Roboter, die personifizierte Gestalt von Katras, Kommunikator und Ansprechpartner für sie auf dieser Welt. Senken sie ihre Waffen, ich bin froh wieder für das Imperium arbeiten zu dürfen. Entschuldigen sie bitte, für das Neue-Imperium arbeiten zu dürfen. Endlich hört die lange Zeit der Improvisationen auf. «

»Das ist schön zu hören«, sagte Major Travis. »Ich bin Major Travis, Erbfolgeberechtigter Oberbefehlshaber der vereinigten Natrid & Tarid Streitkräfte. Erhobener im

Gefüge der Kaiserkaste mit Rang 1, bestätigt und eingesetzt von Noel von Natrid im Rahmen der Nachfolge-Programmierung von Admiral Tarin. Sie können sich mit uns auch in reinem Natradisch unterhalten. Diese Sprache haben wir uns zu Eigen gemacht. Viele Völker der Milchstraße sind es gewohnt, diese zu sprechen. «

Katras nickte freudig.
»Dann kennen wir uns jetzt bereits ein wenig«, bemerkte er.

Sein Blick erfasste Tart 1 und Tart 2, sowie die aktivierten Kampfroboter.

»Sie haben Sondermodelle der Shy-Ha-Narde mitgebracht«, fragte er verwundert. »Diese Modelle sind unseren Kampf-Robotern weit überlegen. Ich möchte sie nochmals bitten, ihre Waffen zu deaktivieren. Falls ich sie in eine Falle hätte locken wollen, wäre das längst passiert. Zu diesem Zweck hätte ich andere Roboter und Maschinen aufmarschieren lassen. «

Heinze nickte zu Major Travis.
»Er sagt die Wahrheit«, flüsterte der Ro. »Wir können ihm vertrauen. «

Major Travis gab seinen Begleitern ein Zeichen. Die Marines und die begleitenden Kampf-Roboter senkten ihre Waffen.

Wie aus dem Nichts tauchte ein moderner Anti-Grav.-Schlitten auf.

»Bitte folgen sie mir«, bot der Roboter an. Katras und seine Besucher stiegen auf das Gefährt. Langsam setzte es sich in Bewegung und schwebte in das Innere des Berges. Das erste Tor schloss sich hinter ihnen. Im selben Moment öffnete ein neues Tor und gab den Blick in eine noch größere Halle frei. Hier standen lauter Maschinen, die für den Erzabbau nötig waren. Abbau-Maschinen, Schaufel-Maschinen, Verladeanlagen, Transport-Einheiten waren zu sehen, ebenfalls abgebautes Rohgestein. Berge von Erzen, die sich in aufgeschütteten Halden bis zur nicht sichtbaren Decke der Höhle auftürmten.

Konstalarosa

Sie fuhren in die nächste Halle ein. Hier war die zentrale Versandstelle der Mineralien. Förderbänder endeten jeweils in entsprechende Transmitter-Stationen. Diese verrichteten aber zurzeit keine Dienste. Die nächste Halle konnte als Laborbereich deklariert werden. Vermutlich war sie die wichtigste Abteilung in der natradischen Anlage. Apparatur an Apparatur füllte die Halle. Technik, wohin das Auge sah.

Mitten in der Halle sahen die Besucher auf eine 16 Meter durchmessende Energiekugel, die energetisch strahlte. Diese schien mit voller Leistung zu arbeiten. Major Travis wunderte sich darüber, da die Anlage von Katras als deaktiviert galt. Eine Frage hob er sich für später auf. Die Transport-Plattform bog nach rechts ab. Sie durchquerten jetzt den heiligen Bereich der Anlage. Die Plattform erreichte die zentrale Steuerung des Erzabbau-Planeten. Voll gestopft mit Technik, Anlagen, die alle noch näher spezifiziert werden mussten, waren in dieser Halle installiert. Bildschirme und Bedienungselemente für alle möglichen Bereiche waren zu erkennen.

»Von hier aus wird der Erzabbau auf meinen Planeten koordiniert«, erklärte Katras. »Wir sind hier auf einem sehr effizienten Planeten-System. Auf allen meinen Planeten kann wertvolles Natarith gefördert und abgebaut werden. Sie werden so eine Konstellation nirgends mehr im Universum finden. Von daher ist dieses kleine System für uns so wichtig. Alle unsere Raumschiffe werden mit diesen Energie-Kristallen angetrieben. «

Die Gruppe erreichte die Mannschafts-Quartiere und einen Aufenthaltsraum, der vermutlich erst später in einen Konferenzraum umgebaut wurde. Hier endete die Fahrt der Transport-Plattform.

»Darf ich sie bitten auszusteigen«, sagte Katras. »Jetzt kommt der gemütliche Teil der Zusammenkunft. So sagen sie doch auf der Erde? «

Major Travis horchte auf.
»Sie wissen schon einiges von uns«, bemerkte er. »Woher haben sie die Informationen? «

Katras gab hierauf keine Antwort.
»Machen wir es uns hier gemütlich«, sagte er.

Der Katras-Roboter drückte auf einige Knöpfe auf seinem mobilen Steuer-Modul, das er aus seiner Uniform zog. Aus dem Boden formten sich ein Tisch und passende Sitzmöglichkeiten, abgezählt für jeden Besucher. Drei Roboter trugen Karaffen mit Wasser herbei und verteilten sie auf dem Tisch.

Der Robot blickte seine Gäste an.
»Sie haben bestimmt viele Fragen? «, bemerkte Katras. » Welche wäre die erste und die Wichtigste? «

Major Travis meldete sich zu Wort.

»Bevor wir die Fragen stellen, möchte ich dir die Daten von Noel übergeben«, entschied der Major. »Bist du empfangsbereit? Kannst du diese Daten in deinen Speicher integrieren? «

Katras nickte eifrig.
»Ich bin die Anlage, der Empfänger und der Zugang«, erwiderte er. »Bitte senden sie mir die Daten zu. Ich nehme sie direkt auf und integriere sie in meinen Hauptspeicher, als einen Befehl meiner übergeordneten Kommandantur. «

Major Travis nickte.
»Das sollte funktionieren«, sagte er. »Achtung, die Übertragung läuft jetzt. «

Es dauerte nicht lange, bis Katras die Besucher wieder anblickte.

»Jetzt wird alles verständlich«, antwortete er. »Ich stehe zu ihrer Verfügung und unterstütze sie bei allen weiteren Vorhaben. Ich habe die Befehle von Noel akzeptiert und werde mich hiernach richten. Ich habe die Daten vollständig erhalten und geprüft. Sie tragen das Siegel des natradischen Imperiums. Ich habe sie bereits in meinen Speicher integriert. Vielen Dank für die Übermittlung, ich werde zu gegebener Zeit mit Noel direkt Kontakt aufnehmen. Sie hören, dass bereits alle Maschinen wieder anlaufen. Trotzdem wird es noch Tage dauern, bis ich meine Anlage wieder auf die volle Leistung bringen kann. «

Tatsächlich konnte die Besucher-Crew ein leichtes Dröhnen und Vibrieren bemerken. Es schien so, als unter dem Boden viele Atommeiler zum Leben erweckt wurden, die sich ihren Aufgaben widmen durften.

»Erzähle uns bitte deine Geschichte«, bat Major Travis. »Wieso wurdest du von den Echsen-Schiffen angegriffen? Weshalb konnte eine so große Armada vor deiner Haustür auftauchen. Woher kannten sie deine Position im All? Hast du etwas verborgen? «

»Das mache ich gerne«, sagte Katras. »Bitte entschuldigt, wenn ich meine Geschichte etwas detaillierter umschreibe. Ich war und bin Katras, eine wichtige Hypertronic-KI des kaiserlichen Imperiums von Natrid. Über viele Jahrtausende durfte ich eine bedeutende Position im Weltall, nahe der Sonne Sirius einnehmen. Mir wurde die Aufgabe zu Teil, Natarith Erz-Minen zu erschließen, diese abzubauen und hieraus reinste Natarith -Energieträger-Kristalle herzustellen. Natürlich musste ich das Erz veredeln, um es als Energieträger und Speicher brauchbar zu machen. Nur so konnte der Energie-Kristall später für unsere Raumschiffe eingesetzt werden. Dies funktionierte eine sehr lange Zeit gut. Die Verteilung, ihr habt die Transportabteilung gesehen, erfolgte per Transmitter nach Natrid.

Aber auch Raumschiffe transportierten das Mineral zu vielen unterschiedlichen Sternen-Systemen, Werften und Raumschiff-Basen, die über keinen Transmitter erreichbar waren. Irgendwann brach dann der große Krieg im Universum aus. Wir förderten weiter und verteilten das Natarith auf den uns vorgegebenen Transmitter-Routen. Transport-Schiffe kamen immer weniger, bis irgendwann der Krieg keine Schiffs-Transporte mehr zuließ. Doch Katras war ein Förder-Planet. Der Krieg dauerte weiter an. Zwischendurch bemerkten wir Unregelmäßigkeiten. «

Der Robot schaute Major Travis und seine Begleiter an. »Bitte entschuldigen sie, dass ich in der Mehrzahl spreche«, erklärte er. »Ich rede gerne von mir und meinen Robotern. Wir bemerkten, dass immer mehr Transporte über angewählte Transmitter-Strecken nicht mehr ihre Empfänger fanden. Unsere Transporte verschwanden spurlos in der Leere des Alls. Wir erkannten, dass die uns bekannten Empfangs-Stationen nicht mehr existierten. Zur Sicherheit sandten Anfragen an die uns vorliegenden Empfänger, jedoch es kamen keine Bestätigungen mehr an uns zurück. Wir mussten von dem Schlimmsten ausgehen, von der Eliminierung der Transmitter-Basis, oder sogar von der Zerstörung des ganzen Planeten. Nach und nach fielen immer mehr Transmitter-Verbindungen aus und die Transporte unserer Mineralien verebbte. Hierdurch musste ich den Abbau der Erze verringern. «

Katras erzählte weiter.
»Dann kam der Krieg auch in unser Gebiet«, erklärte der Robot. Eine große Flotte von Rigo-Sauroiden stoppte in unserem System und verlangte die Herausgabe von

Energie-Kristallen. Woher sie wussten, dass bei uns die wichtigen Natarith-Erze abgebaut wurden, entzieht sich bis heute meiner Kenntnis. Ich weigerte mich und drohte dem Angreifer eine massive Gegenwehr an. Ich besaß ein umfangreiches Abwehr-System gewaltigen Ausmaßes. Die angreifenden Schiffe konnte ich vernichten, die ausgesendeten Bomben mit meinen 50 Abwehr-Anlagen zerstören. So bin ich meiner Zerstörung zunächst entgangen. Die Sauroiden schienen sehr nachtragend zu sein. Eine Niederlage konnten sie nicht verkraften. Sie sandten Suchflotten aus und registrierten die Vernichtung ihrer Angriffs-Flotte durch mich. Ihre weiteren Versuche mich in die Knie zu zwingen, scheiterten ebenfalls kläglich. Doch dann entwickelten sie einen neuen Plan. Die weiter entfernten Mineral-Planeten meines Netzwerkes wurden von dem kaiserlichen Imperium nicht mit entsprechenden Abwehrwaffen ausgestattet.

Es kam, wie es kommen musste. Ganze 36 wichtige Planeten meines Erz-Abbau-Verbundes, wurden von den Sauroiden-Schiffen glutflüssig geschossen. Ein großer Teil hiervon verging in einer atomaren Kernexplosion. Mir selbst und meinen engsten 5 Planeten wurde ein Ultimatum von 4 Wochen gestellt, um alle Mineralien herauszugeben. Ich bat um Bedenkzeit, um eine unterstützende Schutz-Flotte anzufordern. Leider wurde mein Wunsch von der kaiserlichen Führung ignoriert und nicht beantwortet. Ich ging davon aus, dass alle Schiffe im Einsatz gegen die Sauroiden kämpften, oder vielleicht sogar von ihnen vernichtet worden waren. «

Katras blickte Major Travis an.

»Zu diesem Zeitpunkt meldete sich Aritron bei mir«, ergänzte er. Er nannte sich selbst „Der Allmächtige" und informierte mich, dass er die Geschehnisse in meiner Enklave beobachtet habe und diese nicht gutheißen konnte. Er informierte mich, dass er meinen Notruf aufgefangen hatte. Aritron wollte mir helfen. Er teilte mir mit, dass diese Anlage in der Zukunft noch gebraucht würde. Er gab mir diesen neuen speziellen Schutzschirm, den ihr bei dem Angriff der Echsen kennenlernen durftet. Er teilte mit, dass es noch keiner Rasse gelungen sei, diesen Schirm zum Kollabieren zu bringen. Er war sehr von sich und seiner Technik überzeugt. Wie sich später herausstellte, auch mit Recht. Sein Schutzschirm ist der natradischen Ausführung um ein Vielfaches überlegen. Auch die Konstruktions-Pläne übergab er mir. Ich ließ direkt 6 neue Schirme bauen und habe diese auf allen Erz- und Mineral-Planeten, die noch unter meiner Kontrolle standen, installieren lassen.

Dieser Schutzschirm hat bis heute gehalten und ist von keiner angreifenden Flotte je durchbrochen worden. Die Konstruktions-Pläne habe ich ihnen auf diesen Speichermodul zur Weitergabe an Noel aufgezogen. Ich denke, es wäre auch für die Heimat-Verteidigung von Natrid ein wichtiges Instrument. Aber mehr noch, Aritron hat in meiner zentralen Veredlungshalle ein neues System installiert. Hierdurch ist es möglich, die Effizienz der Natarith-Kristalle als Energie-Träger um das 3-fache zu steigern. Ich spreche von der Energiekugel, die sie bei der

Durchfahrt gesehen haben. Eine Technik, die unserer um Jahrtausende voraus scheint. «

Major Travis und sein Team hatten gespannt zugehört. Prinzessin Sirin blickte ihn an.

»Katras«, fragte sie. »Haben sie je wieder etwas von Aritron gehört? «

»Es freut mich, eine lebende Natraderin des ehemaligen Kaisergeschlechtes in meinen Hallen begrüßen zu dürfen«, antwortete er. Wie geht es ihrem Volk? Ich habe lange nichts mehr gehört? Ihre Frage beantworte ich besonders gerne. Nein, ich habe Aritron danach nie mehr gesehen. Er ist gegangen mit der Bitte, falls er einmal auf die Energie-Erze zurückgreifen müsste, dass ich dann meinen Dank einlösen könnte, um meine Schuld zu begleichen. Meine Frage, wohin er gehe und was er vorhabe, wollte er nicht beantworten. Er ließ mich wissen, dass seine Antworten über unser Verständnis hinausgehen würden.

Er sei der Allmächtige und für dieses Universum zuständig. Leider müsse er sich jetzt aber um seine Feinde kümmern, die wir noch nie gesehen hätten und sehr gefährlich für die Milchstraße sein würden. Sein Volk strebe ein gutes Miteinander aller Rassen an und er möchte nicht, dass humanoide Rassen mit entwickelter Intelligenz von niederen Wesen ausgerottet werden. Er übergab mir die Schutz-Schirme und die verbesserte Technik für die Aufarbeitung der Energie-Minerale. Dann ließ er mich wissen, dass zu gegebener Zeit die mir übergebene Technik der Schutzschirme und die wesentlich effektiveren Natarith-Kristalle eine ganz wichtige Rolle bei der Friedensfindung im All spielen würden. Mit diesen Worten verabschiedete er sich. Er ist niemals mehr zurückgekommen. «

Commander Brenzby ergriff das Wort.
»Können sie uns mitteilen, zu welcher Zeit der Kontakt stattfand? «, fragte er.

Katras nickte.
»Ich war ja deaktiviert und durfte nur ein Teil meines Selbst in Funktion halten, als Schutz für das Erz-Planeten-System«, erklärte der Robot. »Es kommt mir wie gestern vor. Es war exakt auf den Tag genau, heute vor 98.000 Jahren. «

Major Travis, Sirin und Commander Brenzby schauten sich an.

»Seit dieser Zeit ist kein weiterer Kontakt erfolgt? «, erkundigte sich der Major.

»Nein«, erwiderte Katras. »Ab diesem Zeitpunkt wurde Aritron nicht mehr gesehen. Er sagte noch, dass er keine Zeit habe. Aritron deutete an, dass alles aus dem Ruder laufen würde und dass er vermutlich auch noch die Zeit korrigieren müsse. «

»Was wollten die Echsen-Schiffe von dir? «, fragte Sirin. »Wir haben den Flotten-Kommandeur Razz Zarass festgenommen und werden ihn bald verhören. «

»Das ist gut«, antwortete der Katras-Roboter. »Dann sollten wir endlich neue Informationen erhalten. Es sind selbst ernannte Nachkommen von den Rigo-Sauroiden. Sie haben vermutlich die Geschichte ihrer Vorfahren studiert und ergötzen sich hieran. Nachdem die Sauroiden alle in den Suizid gegangen waren, muss sich eine neue Brut reptiler Nachkommen entwickelt haben. Sie spielen sich als Nachkommen der Sauroiden auf und haben sich ihrer Denkweise bemächtigt. Sie dulden keine Andersartigen in ihrem kontrollierten Weltraum und weiten sich kontinuierlich aus. Irgendwann trafen sie dann auch mich.

Obwohl ich alle Energie-Verbraucher deaktiviert hatte, haben sie mich gefunden. Mir blieb nur noch die Wahl die Schutzschirme zu aktivieren, um so ein Eindringen ihrer Schiffe zu verhindern. So richtig ärgerlich wurden sie erst, als sie feststellten, dass sie meine Schutzschirme nicht durchdringen konnten. Ab diesem Zeitpunkt fingen sie an, auf die globalen Schirme meiner Planeten zu feuern. Sie versuchten diese zu überlasten. Doch meine Gegenwehr fruchtete. Die natradischen Abwehrstrahlen meiner Geschütztürme dünnten reihenweise ihre Angriffs-Linien aus. Leider stehen mir keine Schiffe mehr zur Verfügung. Ich hätte dann einen entsprechenden Gegenangriff eingeleitet und wäre der Sache auf den Grund gegangen, von welchem Heimat-Planeten sie ihre Überfälle aus gegen mich starteten.

Admiral Tarin hatte alle verfügbaren Schiffe bei mir abgezogen, um die Evakuierung seines Heimats-Systems Natrid durchzuführen. Danach sind nie mehr neue Hilfs-Schiffe bei mir angekommen. Ich war auf mich allein gestellt. Die Echsen-Angreifer forderten von mir kontinuierlich die Herausgabe der Koordinaten der Flotten-Kampfstation Konstalarosa. «

Sirin und Major Travis horchten auf.
»Was ist die Flotten-Kampfstation Konstalarosa«, fragte Sirin. »Hierüber liegen mir keine Informationen vor.

»Hierbei handelt es sich um eine von 10 Geheimwaffen, die Admiral Tarin in den letzten Kriegsjahren bauen ließ«, erklärte Katras. » Diese mächtigen Bollwerke wurden alle mit einer hochgezüchteten Hypertronic-KI und einer weiblichen Cyborg ausgestattet. Sie sollten eigenmächtig gegen die Flotten der sauroiden Angreifer eingesetzt werden. Selbst Noel wurde über diese Pläne nicht informiert. Mir stehen diese Informationen nur zur Verfügung, weil ich einen Funkspruch mitschneiden und diesen anschließend dechiffrieren konnte. Aber die genauen Koordinaten der Standorte dieser Flotten-Kampfstationen habe ich natürlich nicht. Es ist möglich, dass sie im großen Krieg vernichtet wurden. «

Katras ließ einen Augenblick verstreichen. Dann fuhr er mit seinen Ausführungen fort.

»Aus dem Funkspruch ging hervor, dass an zehn wichtigen Koordinaten des kaiserlichen Imperiums diese gigantischen Kampfstationen gebaut und stationiert wurden. Ihre Aufgabe war es, mit allen ihnen zur Verfügung stehenden Möglichkeiten den Vormarsch der Flotten-Verbände der Rigo-Sauroiden aufzuhalten. Die Kampfstationen waren auf eine Material-Schlacht ausgelegt. Sie wurden mit einer Höhe von 35.000 Metern geplant und mit einer Breite von 12.000 Metern konstruiert.

Die Stationen selbst wurden als feuerspeiende Drachen tituliert. Die Techniker von Admiral Tarin haben nicht an Abwehr-Geschützen gespart. Als Besatzungs-Personal wurden pro Station 15.000 Offiziere, 90.000 Personen für die Bedienung und Wartung vorgesehen. Selbst Zivilisten durften diese Stationen anfliegen und auf ihnen Schutz suchen. Die maximale Aufnahme wurde jedoch auf 420.000 Personen beschränkt. Jede Station sollte 1.000 Raumschiffe der neusten Technologie und in unterschiedlicher Größe aufnehmen können. Sie waren zur Vernichtung der großen Feind-Flotte konzipiert worden. Die Informationen, die ich zum Schluss auffangen konnte, sprachen immer von einer weitgehenden Unversehrtheit der Stationen und von ihrer erfolgreichen Arbeit. Hyperkomm-Funksprüche, die auf große Verluste der Stationen hinwiesen, erreichten mich in der langen Zeit keine mehr. «

Katras blickte Major Travis an.

»Erzähle weiter«, bat dieser. »Welche Informationen liegen dir noch vor? «

Erst sehr spät gelang es dem kaiserlichen Geheimdienst des Imperiums, Informationen über die Nachschub-Organisation der Rigo-Sauroiden zu erhalten. Aufgrund dieser Informationen wurde bekannt, dass diese durch riesige Materie-Duplikatoren gesichert wurde. Die kaiserliche Führung erkannte das Problem. Admiral Tarin registrierte, dass immer mehr gegnerische Schiffe auf uns gehetzt wurden, weil der Nachschub für die Sauroiden bis ins Unendliche gesteigert werden konnte. Der Admiral erkannte die Aussichtslosigkeit der Situation. Ab diesem Zeitpunkt plante er mit seinem Stab einen Großangriff auf die Heimatwelt der Sauroiden, mit dem Ziel, den Materie-Duplikator zu vernichten. Diese Maschine produzierte ununterbrochen Raumschiffe. Eine Übermacht von Schiffen der Rigo-Sauroiden sollte die Flotten-Verbände von Natrid erdrücken. Admiral Tarin befürchtete, dass es den eigenen Schiffe irgendwann nicht mehr gelang, die große Anzahl der feindlichen Verbände aufhalten. Dann brechen meine Informationen ab. Es wurde im Imperium Funkstille eingehalten. Die neuen Geschehnisse habe ich jetzt erst durch ihr Update erhalten. «

Major Travis und Sirin nickten.
»Die Geschichte kennen wir bereits«, antwortete er. »Der Plan von Admiral Tarin scheint funktioniert zu haben. Die Konstruktions-Pläne für den Bau von Duplikatoren sind in unserer Hand. Die Technik werden wir in Kürze beherrschen. «

Der Katras-Roboter schaute Major Travis emotionslos an. »Dann bricht ein neues Zeitalter für unser Universum an, bemerkte er. »Ich möchte wieder dabei sein? «

»Genug der langen Reden«, sagte Major Travis. »Wir brauchen deine Informationen bezüglich der Kampf-Stationen. Sende alle deine Informationen und die Koordinaten der Funksprüche an unsere Hypertronic-KI der Termar 1. «

Der Robot bestätigte gehorsam.
»Alle weiteren Informationen wirst du von Noel erhalten«, ergänzte Major Travis. »Er wird dir auch mitteilen, wohin du zukünftig das Natarith senden darfst. Wir werden die Gegenstelle entsprechend aktivieren. Brauchst du noch etwas von uns? «

Der Robot dachte nach.
»Ich würde gerne 250 Schiffe der Königs-Klasse hierbehalten«, antwortete er. »Sie können im Orbit patrouillieren und im System zusätzlich für Stabilität sorgen. Die große Anzahl der Echsenschiffe konnte zwar meinem Schirm nichts ausmachen, aber es gelang ihnen leider, ihn an einigen Stellen zum Aufglühen zu bringen. Dem möchte ich zukünftig aus dem Wege gehen. Aritron hatte zwar gesagt, der Schirm lässt sich nicht überlasten, aber die Anzeige informierte mich über einige kritische Stellen. «

Major Travis überlegte kurz.

»Sirin, bitte informiere Moturel 6«, sagte er. »Er möchte eine Armada von 250 Schiffen hierher verlegen und sich mit Katras über die Verwaltung einigen. Im Gegenzug kann Katras an Moturel 6 Natarith-Kristalle liefern. Damit wäre die Energie-Versorgung auch für Moturel 6 zunächst gesichert. «

Major Travis wandte sich Katras zu.
»Ist das in deinem Sinn? «, fragte er.

Katras verneigte sich.
»Alle meine Wünsche wurden erfüllt«, antwortete der Roboter. »Die Koordinaten von Moturel 6 sind mir bekannt. Ich denke, seine Schiffe werden wohl in den nächsten drei Tagen in meinen Sektor einfliegen. Falls die Schiffe von den Echsen angegriffen werden sollten, dann werde ich sie zeitweise unter meinen Schirm nehmen. Aber allein die Anwesenheit der Schiffe wird die Angreifer veranlassen, mich nicht mehr anzugreifen. Ich bedanke mich bei ihnen, Major Travis und dem Neuen-Imperium von Natrid und Tarid. Ich bin es immer gewesen und werde es immer sein, ein Baustein im Gefüge des Imperiums. «

Major Travis verzog das Gesicht.
»Ein philosophischer Roboter ist mir auch noch nicht begegnet«, lächelte er. » Ich freue mich über deine Kooperation. Alles Weitere wird sich ergeben. «

Die Besucher standen auf und gingen zur Transport-Plattform. Katras ließ es sich nicht nehmen, seine Gäste zu verabschieden. In dem Hangar stiegen die Besucher in ihre Jets. Der Reihe nach verließen sie die Oberfläche von Katras, in Richtung der Termar 1.

Major Travis saß in einer großen Runde mit seinen engsten Mitarbeitern zusammen. Sirin, Heinze, Commander Brenzby, Commander Rosenblatt, Lindsey Fontana, Jed Cottle, Manfred Haug, Ollie Maley nahmen an dem Gespräch teil. Man wollte sich über das weitere Vorgehen austauschen.

Major Travis schaute seine Commander an.
»Mir gehen diese Kampfstationen nicht mehr aus dem Kopf«, teilte er mit. »Speziell die Konstalarosa muss etwas Gewaltiges darstellen. Katras hat mir bei unserem Abflug die technischen Daten mitgeteilt. Admiral Tarin wollte laut seinem Plan 10 Stück hiervon produzieren lassen und an geheimen wichtigen Koordinaten des Imperiums stationieren. Diese Kampfstationen wurden nach einem natradischen Sondermaß konzipiert. Jede Station sollte eine Höhe von 35 Kilometern und eine Breite von 12 Kilometern besitzen. Die Aufnahme von jeweils 1.000 Raumschiffen unterschiedlicher Modellreihen war vorgesehen.

Laut Katras wurden sie als feuerspeiende Drachen tituliert. Die Flotten-Kampfstationen wurden mit Abwehr-Geschützen neuster Konstruktion ausgestattet. Wir haben diese im Einsatz gesehen. Die neusten Entwicklungen werden noch massivere Schäden anrichten können. Als Besatzung wurden 15.000 Offiziere,

50.000 Personen als Dienstpersonal und 90.000 Personen als Wartungs- und Basis-Personal eingeplant. Die maximale Aufnahme wurde auf 420.000 Personen beschränkt. Die wichtigste Information ist jedoch, es sollen insgesamt 10 Stück von diesen besonderen Kampfstationen existieren? «

Major Travis schaute wieder in die Gesichter seiner Offiziere.

»Wir machen uns auf den Weg zu der Kampf-Station Konstalarosa«, sagte er. »Durch den von Katras empfangen Funkspruch, kennen wir die ungefähre Position dieser Super-Station. Katras konnte zwar keine Schiffe entsenden, um nach dem Rechten zu schauen, aber dieser Funkspruch konnte von ihm zurückverfolgt werden. Nach seinen Informationen waren diese Stationen in der Lage, sich selbst helfen zu können. Daher denke ich, dass sie noch im Verborgenen existieren werden. Wir wissen nicht, welche neue natradische Technik die Stationen besitzen.

Es geht darum, sie wieder unserem Imperium anzuschließen. »Sie waren natradisches Eigentum und das sollen sie auch bleiben. Man erkennt an diesem Beispiel, dass sich einige Dinge im Laufe von vielen Jahrtausenden ändern können. Die lange Zeit der Abwesenheit ihrer Erbauer nutzten die KIs, um sich getarnt an sichere Koordinaten zu begeben. Auch sie mussten den Deaktivierungsbefehl von Admiral Tarin erhalten haben. Sie wollten ihre eigenen Interessen schützen. Vermutlich dachten sie, ihr Imperium würde zu gegebener Zeit wieder auferstehen. «

Bedächtige Ruhe war zu spüren. Der Major blickte die Gäste an.

»Wir begeben uns auf die Suche nach den Stationen«, sagte der Major. »Ich betrachte sie als äußerst wichtig für uns. Vielleicht gelingt es uns eine, oder mehrere Stationen unversehrt vorzufinden. Die Schiffe Termar 1, 3, 4, 5, 6 und 7 werden sich im Unterlichtflug den Koordinaten nähern. Zwischenzeitlich sollte dann auch die Verstärkung von Moturel 6 für Katras eingetroffen sein. Unsere Flotte von 500 Robot-Schiffen folgt uns in einem entsprechenden Abstand im Normalraum. Ich möchte sie etwas auf Abstand belassen, so dass wir nicht direkt mit einer ganzen Armada an den registrierten Koordinaten einfallen und die Station zu nicht vorhersehbaren Aktionen zwingen. Unsere Schiffs-Kennungen sollten ihr zumindest bekannt sein. Irgendwelche Einwände?«

»Commander Brenzby wird ihnen den exakten Abflugtermin noch mitteilen«, ergänzte der Major. »Ich danke ihnen für ihre Mithilfe. «

Die Runde löste sich auf.
Sirin und Major Travis standen auf, als die Offiziere bereits den Konferenzraum verlassen hatten. Sie gingen in Richtung ihrer Kabine.

Der Major blickte die Prinzessin an.

»Darf ich dir eine Frage stellen? «, fragte er vorsichtig. Sirin nickte nur, immer noch in Gedanken an die Flotten-Kampfstationen versunken, die sie nicht kannte.

»Habt ihr im Rahmen eurer Einsatz-Kommandos jemals etwas von dem Allmächtigen Aritron gehört? «, erkundigte er sich. » Er geht mir ebenfalls nicht mehr aus dem Kopf. «

Sirin überlegte kurz, schüttelte aber schnell ihren Kopf. »Nein, das habe ich nicht«, antwortete sie. »Ich kann mich nicht hieran erinnern. Es ist auch möglich, dass diese Information als Geheim und als kaiserliche Verschlusssache eingestuft wurde. Wir Angehörige der Flotte haben keine Informationen hierüber erhalten. Ich hätte dir diese Information schon längst gegeben, wenn diese durchgesickert wären. «

Major Travis wusste dies. Auf Sirin konnte er sich mittlerweile verlassen. Sie war sichtlich froh, ein neues viel interessanteres Leben genießen zu dürfen. In der Kabine angekommen legte Sirin ein seltsames Lächeln auf und schubste Marc auf das Bett. Er wusste, was auf ihn wartete.

»Keine Zeit, um etwas Ruhe zu finden«, dachte er. Tart 1 und Tart 2 haben sich außerhalb von Kabinentür positioniert. Sie würden keine Personen ohne eine besondere Aufforderung hineinlassen.

»Der Stern trug den historischen Eigennamen Wezen. Dieser Name stammte aus dem arabischen Wortschatz und wurde von „Al-Wazn" abgeleitet. Dieses Wort bedeutete wiederum "Das Gewicht". Ein gelber Riese der Spektralklasse F8, mit einer Oberflächentemperatur von 6.200 Kelvin. Er strahlte 50.000-mal stärker als Sol und besaß den ca. 200-fachen Sonnenradius.

»Der Stern ist etwa 1.600 Lichtjahre von unserem System entfernt«, erklärte Major Travis.

Commander Brenzby schaute Major Travis an.
»Wir haben den Ausgang des Funkspruches dort lokalisiert«, erwiderte er. » Das Universum ist sehr groß. Man kann sich sehr gut verstecken. «

»Jedoch glaube ich, dass die Natrader mit ihrer ausgefeilten Technik das nicht nötig hatten«, entgegnete Major Travis. »Ich möchte diese Kampfstationen haben oder zumindest eine von denen, die seinerzeit hier im All für Ordnung gesorgt haben. Diese grandiose Technik gehört zu dem Neuen-Imperium. «

»Wir haben unser Ziel bald erreicht«, sagte Sergeant Dantow.

»Danke«, erwiderte Major Travis.

Er blickte seinen Funk-Offizier an.

»Sergeant Farmer, bitte geben sie einen Funkspruch an unsere Begleit-Schiffe durch«, befahl er. »Alle Schiffe möchten die Geschwindigkeit reduzieren, ihre Sensoren einschalten und alles Ungewöhnliche aufzeichnen. Den Bildschirm bitte auf volle Reichweite stellen, bitte auch Tiefen-Scans durchführen. «

Gespannt schauten Major Travis und seine Crew auf den großen Bildschirm. Blinkende Sterne leuchteten in der Dunkelheit. Die große Sonne Wezen, strahlte ihr Licht in die Dunkelheit. Asteroiden, Geröllhaufen, kosmische Nebel, Gase und kleine Planeten-Systeme wurden angezeigt.

»Kontakt«, teilte plötzlich Sergeant Dantow von der Ortung. »Es handelt sich wieder um ein Echsen-Schiff, vermutlich um einen Langstrecken-Aufklärer. Sie scheinen auch hier in diesem Gebiet zu patrouillieren. «

Major Travis blickte auf das CIC.
»Wir können leider keine Rücksicht hierauf nehmen«, antwortete er. »Wir suchen nach unserem Eigentum. «

Er drehte sich zu Sergeant Farmer um.
»Bitte senden sie einen Heimatimpuls aus«, befahl er. Bitte rufen sie nach den Stationen. Bitte sie um exakte Standort-Koordinaten. Hoffen wir, dass die Stationen noch existieren. «

»Der Impuls geht raus «, antwortete Sergeant Farmer. Er blickte intensiv auf seine Geräte.

»Wir empfangen nichts, es kommt keine Antwort rein«, ergänzte er resigniert.

»Unsere Ortungsgeräte sind die Neusten im Universum«, bemerkte Commander Brenzby. »Wenn die Stationen nicht antworten, werden wir keine Chance haben sie zu finden. Sie scheint sich sehr gut getarnt zu haben. «

Zur Unterstützung setzte Major Travis noch den überlichtschnellen Impuls seines Neolrith-Chips ab, der unter der Haut seines Handgelenkes implantiert war. Dieser Impuls, mit befehlsgebender natradischer Identitätsanerkennung, konnte in der natradischen Befehls-Hierarchie nur noch vom ehemaligen Kaiser überlagert werden.

»Ich vermute, dass der Aufklärer einen entsprechenden Funkimpuls abstrahlen konnte und dass wir in Kürze Gesellschaft bekommen werden«, erklärte der Major. »Es wird sicher nicht lange dauern, bis die Echsen wieder mit einer Armada auftauchen und versuchen werden, ihr annektiertes Gebiet zu verteidigen. Sie scheinen es nicht zu verstehen. Wir sollten in diesem Fall auf alle Eventualitäten gewappnet sein. Geben sie eine erhöhte Alarmbereitschaft an alle Schiffe aus. «

Einige Minuten vergingen.
»Wie sieht es aus? «, fragte Major Travis. » Ist eine Antwort eingegangen? «

Sergeant Farmer schüttelte den Kopf.
»Ich habe ein Knistern registriert, als ob jemand zuhört, aber keine Antwort senden möchte«, antwortete er.

»Gehen sie diesmal energischer vor«, befahl Major Travis. »Senden sie bitte meine ID-Info mit. «

Sergeant Farmer nickte.
Der Text war eingespeichert und musste nur abgerufen werden.

»Ihre ID-Kennung wurde übermittelt«, bestätigte der Funk-Offizier.

Der Major griff nach dem Communicator.
»Hier spricht Major Travis, Erbfolgeberechtigter Oberbefehlshaber der vereinigten Natrid & Tarid Streitkräfte. Erhobener im Gefüge der Kaiserkaste mit Rang 1, bestätigt und eingesetzt von Noel von Natrid im Rahmen der Nachfolge-Programmierung von Admiral Tarin. Ich fordere die Konstalarosa zum Gehorsam auf und zur Wiedereingliederung in die imperiale Hierarchie. «

Ein Knistern breitete sich über die Lautsprecher aus. Verdutzt vernahm die Brücken-Crew eine Antwort.

»Konstalarosa an Major Travis«, hallte es blechern aus den Lautsprechern. »Erbfolgeberechtigter Oberbefehlshaber der vereinigten Natrid & Tarid Streitkräfte. Erhobener im Gefüge der Kaiserkaste mit Rang 1, bestätigt und eingesetzt von Noel von Natrid im

Rahmen der Nachfolge-Programmierung von Admiral Tarin. Meine selbsterhaltende Programmierung SH-238 verbietet mit mir die sofortige Ausführung des Befehls. Es steht ein Angriff der Green-Lizards bevor. Eine weitere Tarnung meiner Station ist dringend erforderlich. Meine Langstrecken-Sensoren haben eine Flotte von 30.000 Schiffen registriert, die in Kürze in den Normalraum eintauchen. Ich empfehle äußerste Funkstille. «

Weitere Informationen erhielt die Termar 1 nicht. Die Konstalarosa hatte abgeschaltet.

»Es geht wieder los«, sagte Major Travis. »Achtung Alarmstufe Rot. Waffen hochfahren, den Schutzschirm verstärken, Tarnung beibehalten. Bitte Funkspruch an die restlichen Termar Schiffe senden. Wir führen die gleiche Angriffs-Strategie durch, wie bei dem letzten Angriff der Echsen. Sofortiger Hyperkomm-Funkspruch an die Roboter-Raumer. Bitte verschlüsseln sie den Wortlaut. «

Sergeant Farmer handelte sofort und sprach den Befehl in das Mikro.

»An alle Schiffe, bitte Fahrt aufnehmen und aufschließen, Wartestellung im Hyperraum einnehmen und den Angriffsbefehl abwarten. Dieser erfolgt durch Termar 1 und Major Travis. «

Auf der Kommandobrücke der Termar 1 konnte man eine Stecknadel fallen lassen hören. Das ganze Personal der Brücken-Crew schaute gespannt auf den großen

Bildschirm. Nichts wurde angezeigt, lediglich die Positionen der eigenen Schiffe. Alles sah völlig normal aus. Bislang war es auch für natradische Technik nur schwer möglich, Angreifer bereits im Hyperraum zu orten. Zu viele Ungenauigkeiten, Störimpulse, Sonnenwinde und kosmische Wellen, beeinflussten eine exakte Messung.

»Wie konnte die Konstalarosa das Wissen? «, fragte Commander Brenzby. » Sollten auch hier die technischen Errungenschaften von Natrid weiterentwickelt worden sein? «

Major Travis wusste es auch nicht genau.
»Die Hypertronic-KI's der letzten natradischen Generation wurden aufgerüstet und durften im Notfall eigene Lösungsmöglichkeiten suchen. Das war eine spezielle Programmierung zur Selbsterhaltung, die Admiral Tarin in den letzten Monaten des Krieges einbauen ließ. Er befahl ausgesuchten Hypertronic-KIs zu forschen, zu entwickeln und sich im Rahmen des großen Endzieles weiterzuentwickeln. Seine Absicht war es, den Krieg zu gewinnen. «

Major Travis blickte Commander Brenzby an.
»Wie viel Zeit ist vergangen, seit der Aufklärer der Green-Lizards sich in den Hyperraum verabschiedet hat? «, fragte Major Travis.

Der Commander schaute auf sein Display.
»Es sind exakt 45 Minuten vergangen«, antwortete er. »Wir sehen also, dass in kurzer Zeit die Echsen eine

Möglichkeit haben, eine große Armada zu einem Brandherd zu senden. Umso wichtiger ist es, dass die Koordinaten der Erde und von Natrid nicht bekannt werden. Derzeit sind wir noch weitgehend wehrlos. Ihnen ist klar, dass wir es gegen eine Armada von 300.000 Schiffen, nicht aufnehmen können. Wir werden unsere Werft-Anlagen und Duplikationsshallen schnell fertig stellen müssen. Falls wir nicht vorbereitet sind, wenn die Green-Lizards in das Sol-System einfallen, dann werden wir schlechte Karten haben. «

Die anwesenden Crew-Mitglieder nickten.
»Es ist viel wichtiger zu erforschen, wie die Echsen an so eine Menge Schiffe kommen und wie es mit ihrem Nachschub bestellt ist«, teilte Sirin mit. »Sie müssen irgendwo eine Basis haben, oder einen Sammelpunkt. Hier stellt sich die Frage, ob wir nicht jemanden losschicken sollten, der ihre Flotte verfolgt und uns nähere Informationen über den Planeten und ihre Versorgungs-Anlagen geben kann. «

 Alle anwesenden Personen schauten auf den großen Bildschirm der Termar 1.

»Wir haben Ortungen«, teilte Sergeant Dore Dantow mit. »Es geht los. Ich registriere viele Resonanzkontakte. Die Green-Lizards materialisieren. «

»Wie viele Schiffe sind es? «, erkundigte sich Major Travis. » Das kann ich noch nicht exakt bestimmen, das Display aktualisiert sich jede Sekunde neu«, antwortete Sergeant

Dantow. « Warten sie bitte einen Augenblick. Die Zahlen kommen jetzt herein. Es handelt sich um 15.000, 19.000, jetzt 22.000 Einheiten. Das Display stabilisiert sich bei exakt 30.000 Schiffen. Exakt die Angabe, die uns die Station Konstalarosa mitgeteilt hat. Es handelt sich um Schiffe einer unbekannten 250-Meter und einer 400 Meter Klasse. «

»Die Stationen können exakte Messungen der Angreifer im Hyperraum vornehmen«, staunte Major Travis. »Das werden wir später nochmals aufnehmen. Die Technik brauchen wir auch für uns. Was machen die Schiffe? «

»Wir scannen die Schiffe der Echsen«, teilte Sergeant Dantow mit. »Sie haben sich in dem ganzen Quadranten verteilt und tasten jede Ecke ab, scannen hinter jeden Asteroiden. Unsere Tarnung hält, kein Anzeichen für eine Ortung ist erkennbar. «

Die Termar 1 konnte die Scans der Echsen-Schiffe exakt anmessen. Sie blieben erfolglos und konnten die Tarnung der natradischen Schiffe nicht ausheben.

»Die ersten Schiffe springen wieder aus dem System«, sagte Sergeant Dantow. »Es scheint so, als ob wir es überstanden haben. «

»Freuen sie sich nicht zu früh«, sagte Major Travis, »Ich habe bereits andere Situationen erlebt. Irgendwie kommt es immer anders als geplant. «

Kaum ausgesprochen, da materialisierten unter den Angreifern die 500 Roboter-Raumer von Moturel 6. Sofort wurde mit dem Beschuss der gegnerischen Echsen-Schiffe begonnen. Ein Feuerwerk entzündete sich unter den Schiffen der Green-Lizards. Panik brach aus. Die Schiffe der Echsen waren mit der Situation überfordert. Auf dem großen Bildschirm der Termar 1 entstanden zahlreiche gelbliche Explosionen, die sich rund um die Schiffe Königs-Klasse verteilten.

»Wer hat diesen Befehl gegeben? «, fragte Major Travis. »Die Roboter-Schiffe sollten doch ausdrücklich im Hyperraum auf einen Einsatzbefehl warten. «

Sirin war zwischenzeitlich in die Zentrale gekommen und stand schon eine ganze Weile hinter dem Einsatz-Team auf der Brücke.

»Es wird einer der letzten Kriegsbefehle von Admiral Tarin gewesen sein«, erklärte sie. »Er befahl den Schiffen mit Roboterbesatzungen, alle imperialen Gegner gnadenlos zu eliminieren. Die KIs der Zerstörer müssen von uns umprogrammiert werden. Erst dann können sie zuverlässig eingesetzt werden. «

Major Travis hatte den Kopf gedreht und schaute Sirin an.

»Das hätten wir wissen müssen«, monierte er. »In meinem Wissen von Noel habe ich hierüber keine Informationen. «

Prinzessin Sirin blieb gelassen und ruhig. Dies hatte sie bereits gelernt.

»Es wurde nie behauptet, dass deine Informationen vollständig sind«, erwiderte sie. »Bei der Menge von Daten, über die das natradische Imperium verfügte, kann es immer wieder zu ergänzenden Informationen kommen. Es wird eine Programmierung der letzten Kriegstage gewesen sein, kurz vor der Evakuierung meines Volkes. «

Major Travis sah das längst ein und beruhigte sich.
»Funk-Spruch an alle Termar-Schiffe, bitte sofort in den Kampf eingreifen«, befahl er. »Nach Muster MT 23 A vorgehen, sofort enttarnen und angreifen. Wir unterstützen unsere Schiffe und die Kampf-Station. «

Er blickte Funk-Offizier Farmer an.
»Öffnen sie mir bitte einen Kanal«, befahl der Major.
Der Funkoffizier nickte und bestätigte die Leitung.

»Hier spricht Major Travis«, sprach er in das Gerät. »Ich rufe alle Robot-Schiffe. Die Ursprungs-Programmierung von Admiral Tarin wird aufgehoben. Die zukünftige neue Vorgehensweise wird nur noch durch mich, als autorisierter Befehlsgeber und durch Noel modifiziert. Führen sie den Angriff mit Manöver-Schlüssel MT 134 A durch. Verluste sind unbedingt zu vermeiden. Der Gegner ist zu dezimieren und zu eliminieren. Bitte um sofortige Bestätigung.«

Es dauerte keine Sekunde, da bestätigten die KIs monoton den Befehl. Die 500 Schiffe des Robot-Verbandes nahmen kontrolliert den Kampf auf. Das bewährte Manöver MT 23 A funktionierte weiterhin. Es bildeten sich Gruppen zu fünf Schiffen. Diese setzten den Dauerbeschuss auf die vorderste Frontlinie des Gegners fort. Stolze 120 Robot-Schiffe der Königs-Klasse näherten sich von der Rückseite der angreifenden Formation. Wie ein Hurrikan wurde eine Schneise in den Angriff der Green-Lizards geschlagen. Überall entstanden Explosionen und kleine Atomexplosionen im Weltall. Diese wiesen auf sterbende Schiffe und Besatzungen der Feinde hin.

Die Echsen waren der natradischen Technik weit unterlegen. Sofort wechselten die natradischen Schiffe ihren Standort, um an anderer Stelle weiterzukämpfen. Dieses versetzte Kämpfen, an vorher nicht registrierten Koordinaten, bereitete den Green-Lizards extreme Probleme. Die gewaltigen Schiffe der Königs-Klasse drehten ihre Steuerbord-Seiten dem Gegner zu. Die 20 Waffen-Türme pro Schiffe verschickten ihre tödliche Fracht im Sekunden-Rhythmus. Die Breitseiten der Zerstörer feuerten ihre Laserlanzen die feindlichen Ziele. Die Termar-Schiffe griffen die seitlichen Flanken der gegnerischen Armada an. Die Laserstrahlen der modernen Termar-Schiffe und ließen die Schutzschirme der kleinen Schiffe der Green-Lizards sofort kollabieren. Die nachfolgenden Treffer beendeten das Dasein der beschädigten Schiffe.

Der Boden der Termar 1 vibrierte unter dem Dauerfeuer der schweren Geschütz-Türme. Major Travis erkannte auf den großen Bildschirm, dass seine Anweisungen erfolgreich umgesetzt wurden. Er registrierte, dass die Gegner keine Chance hatten.

»Bitte stellen sie mir einen Funkkontakt zur Termar 5, her«, befahl Major Travis.

»Die Leitung steht«, meldete Sergeant Farmer. »Sie können sprechen. «

»Commander Haught «, sprach Major Travis in seinen Communicator. »Hören sie mich? «

Die Leitung knisterte seltsam. Dann meldete sich Commander Haught.

»Ich empfange sie mit einigen energetischen Differenzen«, antwortete der Commander.

»Ich habe eine gefährliche Aufgabe für sie«, sagte Major Travis. »Wir lassen einige Schiffe der Green-Lizards entkommen. Bereiten sie sich vor, dem Tross der fliehenden Schiffe zu folgen. Entmaterialisieren sie im Tarnmodus und folgen sie den Echsen-Schiffen. Bleiben sie unerkannt und erkunden sie die Flotten-Basis der Echsen, oder vielmehr den Heimat-Planeten und das System von ihnen. Wir brauchen Angaben über ihren Nachschub, Versorgung und Größe der Flotte. Es kann nicht sein, dass die Green-Lizards diesen ganzen Teil des

Universums für sich beanspruchen wollen. Beobachten sie und zeichnen sie alles auf. Halten sie genügend Abstand. Falls sie auffallen und entdeckt werden, entscheiden sie unverzüglich die Aktion abzubrechen und den Rückflug anzutreten. Haben sie mich verstanden? «

»Ich habe verstanden Major«, erwiderte der Commander. »Wir gehen in den Tarnmodus und ziehen uns an den Rand der Rückzugslinie der Echsen zurück. Wir halten Funkstille und melden uns erst nach einem Vollzug der Mission. Commander Haught, Ende. «

Das Display der Termar 1 war übersät von unzähligen Informationen. Die Zahl der gegnerischen Raumschiffe wurde zusehends dezimiert. Die von Major Travis eingesetzten Angriff-Formationen funktionierten weiterhin. Vermutlich konnte kein Funk-Kontakt zwischen der Echsen-Flotte im Katras-System und der im Wezen-System hergestellt werden. Die natradischen Robot-Schiffe spielten das vorgegebene Angriffsschema emotionslos herunter.

Gnadenlos vernichteten sie Schiff um Schiff der Angreifer. Nach den erfolgten Angriffen transferierten sie sich sofort an eine neue, abgesprochene Position. Dort ging das Dauer-Bombardement weiter. Der lose Stellungswechsel zeigte Früchte. Wie auch im Katras-System erkennbar, war auch hier der Gegner hoffnungslos überfordert. Er verlor Schiff an Schiff. Von den ehemals 30.000 Schiffen der Echsen konnten 15 Minuten später nur noch 21.000

Schiffe auf dem Ortungs-Display der Termar 1 angezeigt werden.

»Eingehender Funkspruch, Herr Major«, teilte Sergeant Farmer mit. »Er kommt von der Flotten-Kampfstation Konstalarosa. «

»Bitte freischalten«, befahl Major Travis. »Auf die Lautsprecher legen. «

»Konstalarosa hat die natradische Heimat-Flotte identifiziert und akzeptiert«, hallte es blechern aus den Lautsprechern. Ich hebe den Tarnmodus auf und unterstütze die System-Flotte mit meinen Ressourcen. Ich greife in den Kampf ein und unterstelle mich dem Kommando von Major Travis. Erbfolge-berechtigter Oberbefehlshaber der vereinigten Natrid & Tarid Streitkräfte und Erhobener im Gefüge der Kaiserkaste mit Rang 1. Bestätigt und eingesetzt von Noel von Natrid im Rahmen der Nachfolge-Programmierung von Admiral Tarin.«

Die Crew der Termar 1 traute ihren Ohren nicht. Jubel setzte abrupt ein. Major Travis hob seine Hand und ließ die Jubelschreie abklingen.

Auf dem Display des Bildschirmes wurde etwas Gigantisches sichtbar. Erst jetzt konnte das Ausmaß der gesuchten Station auf dem Schirm angezeigt werden. Ein Gigant wurde sichtbar, eine Kampfstation mit einer Höhe von 35 Kilometern und einer Breite von 12 Kilometern.

Unzählige der bekannten schweren natradischen Abwehr-Geschütze wurden von der Station ausgefahren. Der feuerspeiende Drache war zum Leben erwacht. Aus 160 natradischen Abwehr-Geschützen schossen baumstammdicke Lanzen auf die Angreifer zu. Diese Feuerlanzen zischten von der Konstalarosa ins All und suchten ihr Ziel. Die Vernichtung der gegnerischen Schiffe war obligatorisch. So eine Entfesselung von Energien hatten die Green-Lizards noch nicht erlebt. Dem aber nicht genug. An der Flotten-Kampf-Station öffneten sich bisher nicht identifizierte Schotts. Sie gaben Buchten und Ausflugs-Hangar frei. Hieraus schossen in geordneter Formation unzählige natradische Schiffe unterschiedlicher Größe. Sie stürzten sich sofort auf die Gegner, die von den Abwehrgeschützen nicht erreicht wurden.

Die Crew der Termar 1 konnte in dem Kampfgetümmel noch nicht orten, um welche Schiffe es sich handelte.

»Wie viele Schiffe wurden von der Station ausgeschleust«, fragte Major Travis.

»Es sind exakt 1.000 Schiffe unterschiedlicher Größe«, sagte Sergeant Dantow freudig. » Die meisten hiervon werden als Naada-Schiffe registriert. «

»Die Laserstrahlen der Station müssen ebenfalls modifiziert arbeiten«, teilte der Ortungs-Offizier mit. »Es scheint ein Treffer zu genügen, um den Schirm der gegnerischen Schiffe kollabieren zu lassen. «

»Bitte Funkkontakt zur Station herstellen«, sagte Major Travis. »Bitte geben sie für die Schiffe der Station Konstalarosa meinen Manöver-Schlüssel MT 134 A durch. «Die Funkleitstelle unter Sergeant Farmer bestätigte die Weiterleitung des Befehls.

»Die Kampf-Station bestätigt ihren Befehl, Herr Major«, meldete Sergeant Farmer. »Angriffs Muster MT 123 A wird angewendet. «

»Gut«, nickte Major Travis.
Auf dem CIC der Termar 1 wurde ersichtlich, wie sich die Schiffe der Flotten-Kampfstation zu Gruppen von jeweils 5 Zerstörer formierten. Gemeinsam griffen sie feindliche Schiffe an. Genauso wie die Roboter-Schiffe von Katras, setzten sie die Angriffs-Formationen von Major Travis um. Die Schiffe der Green-Lizards waren hoffnungslos unterlegen. Sie konnten dieser massiven Kampfkraft nichts mehr entgegensetzen. Die Zahl der Angreifer verminderte sich weiter zusehends.

»Ich habe jetzt wieder die aktualisierten Daten vorliegen«, sagte Sergeant Dantow. »Viele Schiffe weisen eine Größe von 500 Metern auf. Einige Giganten in der 1.500 Meter-Klasse und der 2.000 Meter Klasse sind auch dabei. Ferner werden auch Schiffe in der Lord-Klasse eingesetzt. Es sind alle typische natradische Schiffe in der bevorzugten Dreiecksform, jedoch mit modifizierten Details. «

Major Travis nickte.

»Danke«, antwortete er. »Sie scheinen wendiger zu sein und eine größere Feuerkraft zu besitzen als die normalen Zerstörer der unserer Klasse. Sollte es sich auch hier wieder um Schiffsmodifikationen von Admiral Tarin handeln. Warum wurden diese neuen Schiffsentwicklungen nicht in das Zentralregister des kaiserlichen Reiches eingetragen? «

Prinzessin Sirin ergriff das Wort.

»Ich vermute, es wurde hierauf verzichtet, weil eben auch der Verdacht existierte, dass Spione Zugriff hierauf haben könnten«, erwiderte sie. »Zum Ende des Krieges hatte die kaiserliche Abwehr den starken Verdacht, dass sämtliche Daten des Geheimdienstes infiltriert werden konnten. Entsprechend wurden alle neuen Informationen extern unter Verschluss gehalten. Zu viele Verräter aus den eigenen Reihen wurden bereits erwischt. Die wichtigsten Entwickler unseres Reiches wurden zwangsweise unter die Leitung der natradischen Genies Marin und Gareck gestellt.

Es hielt sich lange das Gerücht, dass nur durch diese Zusammenstellung die wichtigsten Erfindungen für das Reich entwickelt und produziert worden waren. Leider wurde dann bei dem Zentralangriff der Rigo-Sauroiden der Mond Nors mit all seinen Entwicklungen und den ganzen glorreichen Erfinderteams vernichtet. Ich habe die Geschehnisse nur von außen mitbekommen. Zu dem Zeitpunkt war ich in dem anderen Teil des Alls tätig. Es gab Hinweise, dass die Wissenschaftler um Marin und Gareck mit einem Zeit-Experiment beschäftigt waren. Ihre Aufgabe bestand darin, eine Zeitmaschine zu entwickeln, mit der man den Zeitstrom korrigieren konnte. So wie ich das verstanden habe, forschten sie an einem Fluggerät, das in der Zeit zurückfliegen konnte, um Ereignisse in der Vergangenheit zu korrigieren. So wie wir es heute sehen, scheinen die Genies keinen Erfolg gehabt zu haben. Natrid ist immer noch eine tote Wüste. «

Major Travis nickte bedenklich.
»Ja«, antwortete er. »Ansonsten wäre die Menschheit wohl möglicherweise nicht mehr existent. Welche Aufgaben hatten Marvin und Gareck noch aufgetragen bekommen? «

»Ich kenne die Aufgabenstellung natürlich nicht im Detail«, erwiderte Sirin. »Aber als hoheitlichen Aufgaben wurden immer Waffen-Modifikationen und die Entwicklung eines Supergeschützes befohlen. «

»Was kann man sich hierunter vorstellen? «, fragte Major Travis.

Sirin antwortete sofort.
»Tut mir leid meine Herren, diese Informationen waren mir nicht bekannt«, antwortete sie. »Ich vermute, dass es zum Kriegsende auch schwierig wurde, diese Infos an die Schiffe im Fronteinsatz weiterzuleiten. «

Sie wandten sich wieder dem Bildschirm zu.

»Es sind nicht mehr viele Gegner übrig«, sagte Sergeant Dantow. »Zwischenzeitlich haben unsere Schiffe die Oberhand gewonnen«

Kaum ausgesprochen, da drehte am Ende des gegnerischen Flotten-Verbandes eine Einheit von 1.350 Schiffen ab. Die Menge der Schiffe kreuzten um ein größeres Schiff, das vermutlich der Flotten-Kommandeur befehligte. Die umkreisenden Schiffe stellten den Begleitschutz dar. Langsam beschleunigten die Schiffe.

»Bitte einen geheimen Funkspruch an Commander Haught absetzen «, befahl der Major. »Ihre Aufgabe beginnt jetzt. Viel Erfolg.«

Ein verschlüsselter Code wurde kurz hierauf empfangen. Dieser besagte kurz, dass Kommandant Haught den Funkspruch erhalten habe.

»Meine Damen und Herren«, bemerkte Major Travis. »Jetzt heißt es warten. Ich hoffe sehr, dass wir Erfolg haben werden und geeignete Informationen über den Heimat-Planeten, ihre Basis und über die Stärke ihrer Flotte erhalten werden. «

Die gegnerischen Schiffe kämpfen bis zum Letzten. Keiner der zurückgebliebenen Schiffe hatte den Kampf aufgegeben, vielmehr warfen sie sich todesmutig ins Getümmel.

»Sie müssen doch alle die Hoffnungslosigkeit der Lage erkannt haben? «, fragte Major Travis. » Warum greifen sie trotzdem weiter an«?

Sirin antwortete nicht direkt.
»Diese Vorgehensweise kennen wir bereits aus unserer Geschichte«, antwortete sie. »Die Echsen können einfach nicht aufgeben. Es widerspricht ihrer Mentalität. Vermutlich sind sie bisher noch nie auf einen Gegner getroffen, der eine Aufgabe ihres Angriffes nötig machte. Jetzt sind sie ganz verstört und verstehen nicht, dass ihre Waffen nichts ausrichten können. «

»Die letzten 125 Schiffe wollen fliehen«, sagte Dore Dantow. »Wir bekommen Anfragen über Funk von den Kampf-Schiffen herein, ob eine Flucht vereitelt werden soll. « Major Travis schüttelte den Kopf.

»Lassen wir sie ziehen«, antwortete er. »Es wird nicht das letzte Mal gewesen sein, dass wir auf diese Echsen treffen. Alle Schiffe sollen sich zurückziehen. Die Robot-Schiffe von Katras 6 möchten sich bitte in eine Formation hinter unseren Termar-Schiffen einreihen. «

Auf dem großen Bildschirm sah die Crew der Termar 1, wie die Schiffe der Konstalarosa wendeten und in Richtung ihrer Heimats-Basis abdrehten. Die Robot-Schiffe von Katras fanden sich hinter den Termar Schiffen ein. Gezielt steuerten die Schiffs-Giganten ihre Flotten-Kampfstation und speziell ihre Aufnahme-Buchten an. Das Andockverfahren ging geübt und schnell vor sich. Die

Kampfstation Konstalarosa war wieder komplett. Sie sah gewaltig aus. Eine überdimensionierte, große Kugel mit einem langen Griff. Der Kopf maß einen Durchmesser von 35 Kilometern, der Griff, auch Untersektion genannt, immer noch eine Breite von 12 Kilometern. Vermutlich konnte im Schadensfall die obere Einheit von der unteren Einheit abgetrennt werden.

Sirin kannte diese Kampf-Station nicht. Sie enthielt sich weiterer Kommentaren.

»Eingehender Funkspruch«, sagte Sergeant Dantow » Er kommt von der Kampfstation. «

»Legen sie ihn auf die Hauptleitung«, sagte Commander Brenzby.

»Hier spricht die zentrale Hypertronic-KI der Konstalarosa«, tönte es aus den Lautsprechern. »Wir danken der Heimat-Flotte und Major Travis für die große Unterstützung. Wir wissen, dass der Angriff uns galt, nicht ihrer Expedition. Seit vielen Jahrtausenden wehren wir uns gegen eine immer größer werdende Übermacht an Gegnern. Bisher funktionierte das recht gut. Jedoch langsam geht uns das Natarith als Energieträger aus. Ich möchte die weiteren Probleme nicht per Hyperkomm-Funkverbindung erörtern. Darf ich sie und ihr Team zu einem Besuch in meiner Zentrale einladen. Hier kann ich ihnen alle Fragen beantworten und die Möglichkeit einer weiteren Zusammenarbeit anbieten. Darf ich ihnen einen Gleiter schicken oder möchten sie direkt mit ihrem

Naada-Kreuzer bei mir andocken. In diesem Fall bereite ich die kaiserliche Andockbucht Nummer 1 vor. «

Major Travis schmunzelte.
»Wir nehmen die Einladung gerne an«, entgegnete er. »Erwarten sie uns bitte in 30 Minuten neuer Imperiumszeit. Wir docken mit der Termar 1 an. «

Die betreffende Andock-Bucht wurde per Leuchtfeuer gekennzeichnet. Sergeant Hausmann hatte keine Mühe das 500-Meter-Schiff in die angepasste Andockbucht zu manövrieren. Ein letzter Check-in der Zentrale der Termar 1 bestätigte, dass alle Andock-Verbindungen hergestellt worden waren.

»Andockverfahren abgeschlossen«, teilte Commander Brenzby mit. »Herr Major, wir können aussteigen. «

Major Travis schaute in die Runde.
»Ich möchte Sirin, Commander Brenzby, Heinze, Tart1 und Tart 2, sowie Sergeant Hardin und sechs seiner Marines mitnehmen. Ferner fordere ich noch 2 Techniker an, Spezialgebiet Natrid-Technik. Machen wir uns auf den Weg. Die Techniker sollen bitte zum Ausstiegsschott kommen. «
#
Sergeant Hausmann informierte die Marines und die Techniker der Crew.

Die Anzeige der Termar 1 zeigte im Schott eine im Außenbereich saubere Atmosphäre an. Commander

Brenzby öffnete es, Luft entwich in einem leichten Zischen. Eine angenehme würzige Luft strömte durch die Öffnung des Schotts ein. Die Gruppe schritt über die Energiebrücke des Kreuzers zum Boden der Station hinab.

Hier wurden sie von einem Protokoll-Roboter und einer Anti-Gravitation-Plattform erwartet.

»Bitte treten sie auf die Plattform«, sagte der Protokoll-Roboter in Natradisch. »Sie werden bereits erwartet. «

Alle Besucher hatten die Schwebe-Plattfirm bestiegen und saßen in den bequemen Sesseln. Lediglich Tart 1 und Tart 2 standen neben Major Travis. Die Kampfroboter von Sergeant Hardin hielten sich am Ende des Anti-Grav.-Schlittens auf. Der Protokoll-Roboter hantierte an den Konsolen und drehte sich kurz um.

»Achtung die Fahrt geht los «, teilte er mit.
Ein Energiedach schob sich automatisch über die Anti-Grav-Plattform. Von innen nach außen konnte man die Einrichtung der Station sehr gut erkennen. Die Fahrt wurde immer schneller und zügiger. Wie auf Schienen schnellte das Hochleistungs-Gefährt durch die breiten Gänge der Station. Der Major dachte daran, dass diese vermutlich für Material-Anlieferungen und Wartungen benötigt wurden.

»Hier ist eben alles etwas größer als auf normalen Raumschiffen«, dachte er.

Das Gefährt bremste ab. Im Innenraum merkte man die Verzögerung nur unmerklich. Verschiedene Absorber erfüllten ihren Dienst. Mit dem Anhalten des Gefährtes zog sich auch das Energiedach wieder zurück und gab den Blick nach außen wieder frei.

»Wir sind da«, bemerkte der Service-Roboter. »Kommen sie bitte mit, Konstalarosa erwartet sie. «

In dem Moment öffnete sich ein breiter Schott und ein weiblicher Robot erschien in der Öffnung.

»Ich möchte sie recht herzlich begrüßen«, sagte die weibliche Robot. »Mein Name ist Konstalarosa. Lange durfte ich keine Gäste mehr empfangen. Folgen sie mir bitte in die Zentrale. «

Die Worte waren kaum ausgesprochen, da drehte sich die weibliche Robot um und ging strammen Schrittes durch den Schott. Die Besuchergruppe folgte in einem gewissen Abstand. Das heilige Zentrum der Flotten-Kampf-Station lag vor ihnen. Die Besucher schauten sich um. Die Zentrale war mit gigantischer Natrid-Technik vollgestopft. Leuchtende Apparate, Armaturen, Bildschirme und Eingabeelemente und weitere Technik aus der neueren natradischen Fertigung vervollständigten das Bild. Wie aus dem Nichts entstand in der Mitte der Zentrale ein Tisch aus dem Boden, mit entsprechenden Sitz-Möglichkeiten.

»Nehmen sie Platz«, sagte Konstalarosa.

Der weibliche Roboter blickte über die Runde der Besucher. Dann blieb ihr Blick auf Major Travis hängen.

»Sie sind der Major Travis, Erbfolgeberechtigter Oberbefehlshaber der vereinigten Natrid & Tarid Streitkräfte«, sagte sie. »Erhobener im Gefüge der Kaiserkaste mit Rang 1, bestätigt und eingesetzt von Noel von Natrid im Rahmen der Nachfolgeprogrammierung von Admiral Tarin. Ich kann das alte natradische Gen in ihrem Körper erfassen. Daher ist mir auch klar, dass Noel sie als Hüter seiner Nachkommenschaft ausgewählt hat. Es scheint nicht mehr viele Überlebende des alten natradischen Geschlechtes zu geben? «

Ihr Blick wechselte zu Prinzessin Sirin.
»Sie natürlich ausgeschlossen, Prinzessin«, ergänzte sie. »Wenn ich sie so anschaue, dann haben sie die 100.000 Jahre recht gut überstanden. «

Sirin schaute trotzig drein.
»Ich werde das als Kompliment nehmen«, antwortete sie. »Sie scheinen die vielen Jahrtausende ebenfalls gut überdauert zu haben und sind noch nicht am Rosten. «

Sie wusste natürlich, dass der hochlegierte Natridstahl nicht rosten konnte. Es schien so, als ob der erste weibliche Roboter zu schmunzeln anfing.

»Ich wollte ihnen nicht zu nahetreten, Prinzessin«, sagte sie. »Mir ist vielleicht im Laufe der Jahrtausende etwas von meiner Umgangssprache verloren gegangen. Bitte verzeihen sie. «

Sirin machte eine abwinkende Geste. Für sie war der Fall bereits erledigt.

Major Travis ergriff das Wort.
»Wie dürfen wir sie ansprechen? «, erkundigte er sich.

Der Roboter überlegte einen Augenblick. Dann antwortete er kurz hierauf.

»Wie ihnen BD-597 bereits mitteilen konnte, nennen sie mich ganz einfach Konstalarosa«, teilte sie mit. »Das ist im Sinne meiner Hypertronic-KI. Erzählen sie mir, Major Travis, was gibt es Neues im Imperium? «

Major Travis zog sein rechtes Augenlid in die Höhe.

Dieser Robot war anders als die bisher bekannten Ausführungen. Selbst Tart 1 und Tart 2 wussten diese Art des weiblichen Roboters nicht einzuschätzen.

»Das kann ich gerne machen«, antwortete Major Travis, sein Gegenüber im Blick haltend.

»98.000 Jahre unserer Zeitrechnung sind vergangen, seit Admiral Tarin mit den restlichen Überlebenden des natradischen Volkes das uns bekannte Sonnen-System verlassen hat«, erklärte er. Wir wissen nicht wohin. Er ist niemals mehr zurückgekehrt. Entsprechend dieser

Tatsache wurde vor nicht langer Zeit ein von ihm programmiertes Nachfolge-Programm von der großen Natrid-KI gestartet. Es ist selbstständig angelaufen, um das alte Imperium von Natrid wieder zum Leben zu erwecken. Einen Teil der natradischen Bevölkerung ist bei ihrer Flucht auf unserem Planeten gelandet und hat sich mit der damaligen Bevölkerung vermischt.

Aus dieser Entwicklung heraus haben Teile unserer Bevölkerung noch das Marsgen in ihren Körpern und können uns als legitime Nachkommen des natradischen Imperiums angesehen werden. Wir sind von Noel, dem offiziellen Erblast-Verwalter als legitime Nachkommen anerkannt worden. Wir möchten Ordnung in das Chaos bringen. Mit einigen Rassen haben wir bereits einen positiven Kontakt aufgenommen. Diese Völker sind bereit uns zu unterstützen. Wir möchten die natradischen Hinterlassenschaft nicht verschenken, sondern sie zurück ins Imperium holen. Du gehörst auch dazu. Wir sind in einer Mission unterwegs, die KIs der unterschiedlichen Planeten und Systeme des ehemaligen kaiserlichen Imperiums wieder zu aktivieren. Auch du bist uns äußerst wichtig. Wir möchten auch deine Hilfe in der Zukunft nicht missen. Ist für dich der kaiserliche Aktivierungs-Impuls maßgebend? «

Konstalarosa dachte kurz nach.
»Ich war nie deaktiviert«, erwiderte sie. »Meine Flotten-Kampf-Station musste sich immer selbst durchschlagen. «
»Das ist jetzt vorbei«, antwortete Major Travis. » Ich weiß, dass sich viele Hypertronic-KIs des alten

kaiserlichen Imperiums selbst weiter programmiert haben. Mein Wunsch ist es, dass du wieder den Interessen unseres Imperiums dienst. Eine Unterstützung für dich ist jederzeit möglich, sowie auch eine neue Versorgung mit Natarith als Energieträger. «

»Ist das wahr? «, fragte Konstalarosa. » Mir geht langsam die Energie aus. «
»Ja«, sagte Major Travis. »Ich bestätige meine Aussage mit den mir übergebenen Befehlen von Admiral Tarin und von Noel. «

Er drückte auf seinen implantierten Chip, der unter der Haut seines Handgelenkes lag. Ein Zucken ging durch den Körper des weiblichen Roboters.

»Die Befehle werden akzeptiert«, hörte Major Travis den weiblichen Roboter antworten. Die Flotten-Kampfstation Konstalarosa steht ab sofort wieder zur Verfügung des Neuen-Imperiums. «

Major Travis war verblüfft. Auch hier funktionierte der befehlsüberlagernde Chip von Admiral Tarin. Trotz dieser selbstständig arbeitenden Hypertronic-KI war der Befehlsgeber noch überlagernd und konnte entsprechende, nicht gewünschte Ideen der KIs, problemlos abschalten. «

Major Travis sprach den weiblichen Roboter erneut an. »Warum bist du nicht deaktiviert worden? «, fragte er.

Die Robot schaute ihn mit blauen glitzernden Augen an.

»Weil ich kontinuierlichen Angriffen ausgesetzt war und mich wehren musste«, antwortete sie. »Nur durch eine Vernichtung der Angreifer-Flotten und durch eine zeitliche und räumliche Versetzung meines Standortes wurde ich Herr der Lage. «

Major Travis spitzte seine Ohren.

»Was heißt zeitliche Versetzung? «, erkundigte er sich.

»Das kann ich ihnen erklären«, antwortete Konstalarosa. »Alle Kampfstationen, die zum Ende des großen Krieges an unterschiedlichen Koordinaten installiert wurden, dienten nur dazu dem Gegner den Nachschub zu unterbinden. Durch eine neue gravierende Technik des Imperiums können wir uns 15 Minuten in die Zukunft, oder auch in die Vergangenheit versetzen lassen. Bei Bedarf lassen wir uns zurückfallen, um die Gegner zu überraschen und weitgehend zu vernichten. Die Zeit ist frei wählbar. Zusätzlich besitzen wir Kombi-Antriebe und können unsere Positionen verändern. Zusätzlich besteht die Möglichkeit, kleinere Hyperraum-Sprünge durchzuführen. Das ganze System fällt leider mit dem nicht mehr vorhanden Natarith-Energieträgern. «

Die weibliche Robot ließ eine kurze Pause vergehen. Dann fuhr sie fort.

»Unsere natradischen Techniker berücksichtigten leider nicht, dass immer wieder Versorgungs-Schiffe andocken mussten, um alle Stationen mit Natarith zu versorgen.

Dieses Mineral kann von uns Flotten-Kampf-Stationen nicht eigenständig hergestellt werden. «

»Warum wurden keine Transmitter-Stationen installiert? «, fragte Major Travis.

»Hierauf hat man bewusst verzichtet, da die Stationen auf diesem Weg hätten infiltriert werden könnten «, erwiderte Konstalarosa.

»Ich verstehe«, antwortete Major Travis. »Zum Ende des Krieges standen kaum noch Versorgungs-Schiffe zur Verfügung. Admiral Tarin benötigte alle zur Verfügung stehenden Schiffe, um Überlebende zu evakuieren. «

Major Travis schaute Konstalarosa an.
»So wie ihnen, ist es leider vielen Stationen, Planeten oder auch Verbündeten ergangen. Ich möchte sie mitnehmen zu Katras, zentraler Steuerungs-Planet im Sirius-System, zuständig für den Abbau von Natarith und deren Umwandlung. Wir haben dort schon eine wesentlich effizientere Energie-Umsetzung erzielt, als die sie von früher her kennen. Jetzt arbeiten wir bereits an einer Transmitter-Verbindung ins Heimat-System, um das von Katras produzierte Mineral entgegenzunehmen. Es ist äußerst wichtig für uns, dass dieser Aufbau problemlos vonstattengeht. Ich möchte dich dort gerne vorübergehend stationieren, damit du deine Nachschub Probleme bereinigen kannst. «

Konstalarosa überlegte nicht lange und antwortete.

»Akzeptiert«, entgegnete sie. »Ich muss meine Mineralien in jedem Fall auffüllen, von daher kommt mir ein Positionswechsel ganz recht. Durch die Vernichtung der Green-Lizards Schiffe wird hier in Kürze eine noch größere Kriegsflotte auftauchen. Ich stimme einem Standortwechsel gerne zu. «

»Welche Überraschungen hältst du noch für uns bereit? «, fragte Major Travis. » Was wurde aufgrund des großen Krieges nicht mehr in dem Zentralregister des natradischen Imperiums vermerkt? Sind bei dir neue Erfindungen installiert worden, die dem Zentralarchiv von Natrid nicht bekannt sind? «

Konstalarosa schaute Major Travis an.
»Es gibt schon einige Dinge, die sie nicht kennen werden«, antwortete die weibliche Robot. »Ich möchte diese Details jetzt nicht hier offerieren. Die Liste würde zu umfangreich werden. Seien sie aber beruhigt. Ich überlege mir einige Details und werde die Info an ihre Schiffs Hypertonic-KI senden. Sie kann dann eine entsprechende Liste in ihre Kabine transferieren. «

»Kennen sie Namen Marin und Gareck? «, fragte der Major.

»Natürlich kenne ich die natradischen Genies«, antwortete Konstalarosa. »Das waren die glorreichen Erfinder, die meine großartige Technik entwickelt haben. Sie nahmen einen besonderen Status im Imperium ein. Eigentlich konnten sie machen, was sie wollten. Keiner wusste genau, wo sie sich immer aufhielten. So ist es bis heute geblieben. «

Sirin ergriff das Wort.
»Sie sollen bei der letzten Entscheidungsschlacht um Natrid, in dem explodierenden Mond Nors umgekommen sein? «, teilte sie mit.

»So teilt es die Geschichte mit«, erwiderte die Robot. »Ich bin mir sicher, dass sie sich über das Zeitverschiebungs-Modul und über die Transport-Verbindungen rechtzeitig aus der Schusslinie haben katapultieren können. Mein Zeitverschiebungs-Modul wurde erst nach der Explosion des Nors-Mondes eingebaut. «

Sirin wurde sehr nachdenklich.
»Wie ist das möglich? «, dachte sie. » Hatte Konstalarosa möglicherweise Recht? «

Major Travis gingen ebenfalls einige Gedanken durch den Kopf.

»Die intelligentesten Köpfe des kaiserlichen Universums hatten bestimmt eine besondere Passage gebucht«, dachte er. »Wo können sie Unterschlupf gesucht haben? Es sind noch viele Fragen zu klären. «

Er blickte Sirin an.
»Sie können sich überall aufgehalten haben«, sagte er.
»Falls die Informationen von Konstalarosa der Tatsache entsprechen, dann werden sich die Genies rechtzeitig

abgesetzt haben. Ich benötige eine aktuelle Karte, falls es diese überhaupt noch gibt. Es sollten geheime Labor-Planeten, Entwicklungszentren und Fertigungsstätten verzeichnet sein. Alle möglichen Punkte und Orte, an denen Marvin und Gareck Forschungs-Zentren unterhielten. Ist so eine Karte in deinem Besitz? «

»Eine solche Karte kann ich anfertigen«, antwortete die weibliche Robot. Das benötigt nur wenige Minuten. «
Major Travis nickte.

Er blickte Commander Brenzby an.
»Haben sie einen Offizier, der General Poison Informationen überbringen kann? «, fragte er.

Der Commander überlegte kurz.
»Sergeant Meyer ist der Stellvertreter von Sergeant Hardin«, teilte er mit. »Wir können ihn mit einem Schiff nach Tarid fliegen lassen, um General Poison einen Zwischenbericht zu überbringen. «

»Einverstanden«, antwortete Major Travis.

Der Commander kümmerte sich um den Einsatzbefehl an den Sergeanten.

Marin & Gareck

General Poison saß in seinem Büro und schaute auf seinen Schreibtisch. Vor ihm lag der Aufbauplan des neuen Bündnisses von Natrid und Tarid, oder auch in gutem Englisch gesagt, zwischen der Erde und dem Mars.

»Die Technik von Natrid ist der Erde um Jahrhunderte voraus«, dachte er. »Unsere Aufgabe wird es sein, die Erde langsam an diese Technik heranzuführen und entsprechendes Personal zu schulen. Die EWK wird die Hinterlassenschaften von Natrid aufarbeiten. Major Travis ist mit seinem Team und dem Raumschiff Termar 1 schon einige Zeit im All unterwegs und führt notwendige Aufgaben durch, um die ehemaligen Planeten des natradischen Imperiums wieder zurück in den Verbund des Sol-Systems zu führen. «

Der General blickte auf das vor ihm liegende Kartenmaterial.

»Die Zusammenarbeit mit Noel dem Kunst-Klon, der in einer Person manifestierten Gestalt der Natrid Hypertronic-KI, hatte ich mir schwieriger vorgestellt«, dachte er. »Ich hoffe nicht, dass Noel gute Miene zum bösen Spiel macht und nur die Erde mit technischen Raffinessen versorgt, um an die Ressourcen und die Personalkraft zu kommen. «

General Poison überdachte die ganze Situation.

»Eigentlich sollte es Noel daran gelegen sein, das alte natradische Imperium wiederzubeleben«, erkannte er.

»Sein Ziel sollte sein, die ehemaligen Planeten des Imperiums wieder unserem Hoheitsgebiet einzuverleiben und danach eventuell Ausschau nach verschollenen Natradern zu halten. Ich weiß, dass Natrid sehr viele Feinde hatte. Ein sogenanntes reptiles Volk aus einer Nachbar-Galaxis, die sogenannten Rigo-Sauroiden, konnten in die Milchstraße eindringen und das so majestätisch technisch hochstehende Volk der Natrader vernichten. Natürlich war dies ebenfalls das Todesurteil für die Rigo-Sauroiden. Der bereits laufende Vernichtungs-Angriff der Natrader beendete das Leben der Rasse. Als letzte Option, aus der Vernichtung ihrer Heimatwelt, übten sie einen kompletten Rassen-Suizid aus.

Ich erkenne für keine der beiden Gruppen einen hieraus resultierenden Vorteil. Aus der heutigen Sicht war es ein sinnloses Unterfangen. Die Erde mit ihrer Bevölkerung und einem Teil der Menschen, die noch das natradische Gen in sich tragen, wie zum Beispiel Major Travis, wurden die Hinterlassenschaften von Natrid als großes Geschenk offeriert. Admiral Tarin, einer der größten Strategen des untergegangenen Imperiums von Natrid, legte vor 98.000 Jahren ein Programm auf, das nach Ablauf der Halbwertzeit und einer natürlichen Reinigung des Planeten Natrid von den Atomstrahlen sich um die Hinterlassenschaften des ehemaligen Kaiserreiches kümmern sollte.

Er programmierte ein Programm, welches nach überlebenden Natradern, deren Hilfsvölkern, oder deren Nachkommen suchen sollte. Sie mussten das maßgebende Natridgen in sich tragen und konnten erst dann für die Weiterführung des natradischen Imperiums eingesetzt werden. Major Travis, Spezialagent der EWK für Sondereinsätze, durfte das natradische Rätsel lösen und wurde als Erbfolgeberechtigter Oberbefehlshaber der vereinigten Natrid & Tarid Streitkräfte und Erhobener im Gefüge der Kaiserkaste mit Rang 1. bestätigt und eingesetzt, im Rahmen der Nachfolge-Programmierung von Admiral Tarin. «

General Poison kannte die Geschichte und fragte sich immer noch, ob er nicht alles geträumt hatte. Es lag genügend Arbeit vor ihm. Er wendete sich wieder seinem Schreibtisch zu. Zwischenzeitlich waren zehn Großduplikatoren fertiggestellt und an unterschiedlichen Standorten installiert worden. Dank den natradischen Bauteilen funktionierten sie perfekt. Die größte Ausführung war für die Duplikation und Produktion von Raumschiffen vorgesehen. Raumschiffsriesen bis zu einer Größe von maximal 5.000 Metern konnten hier gebaut werden. Man musste sich diese Anlage wie ein riesiges Tor mit einer Funktionshalle vorstellen. Nach der Eingabe einer betreffenden Matrix wurde das gewünschte Produkt allein durch die Energie und die Materie des Zwischenraumes materialisiert. Wie das Zusammenspiel zwischen dem Zwischenraum und dem normalen Raum funktionierte, konnte bisher nicht erklärt werden. Die besten Wissenschaftler bissen sich die Zähne hieran aus.

General Poison wusste, dass irgendwann die Menschheit diese Technik verstehen würde.

»Diese Großduplikatoren waren nicht von den Natradern konstruiert worden«, dachte er. »Den sehr schwerfälligen Rigo-Sauroiden war eine solche Konstruktion ebenfalls nicht möglich gewesen. Es stellt sich daher die Frage, wer diese Duplikatoren gebaut und den Sauroiden zur Verfügung gestellt hatte. Sollten noch weitere, höhere Lebewesen im All existieren, die wir bisher nicht kennen? So viele ungeklärte Fragen. Leider haben wir noch keine passenden Antworten verfügbar. «

Ein Anruf riss ihn aus seinen Gedanken.
»Herr General, ein Robot-Raumer der Königs-Klasse ist im Anflug und bittet um Landegenehmigung«, meldete sein Adjutant. »Die Identifizierung erfolgte bereits. Es ist ein unbekanntes natradisches Schiff, jedoch befehligt es Sergeant Mayer, ein Teilnehmer der Expedition von Major Travis. Laut seinem Hyperkomm-Funkspruch ist er mit wichtigen Informationen für sie und für Noel zurückgekehrt. «

»Geben sie Landefreigabe und informieren sie bitte den Klon«, sagte General Poison. Er möchte bitte unverzüglich in mein Konferenzzimmer kommen. «

Er wusste, dass seine Wünsche sofort erledigt wurden. General Poison schaltete seine Monitore ein. Hiermit konnte er das ganze Lande-Feld überblicken und das Landemanöver des Raumschiffes verfolgen.

Er sah, wie das Raumschiff majestätisch in den Landeanflug überging und seinen Flug verlangsamte. Der Raumer schwebte sanft dem Erdboden entgegen. Die Landung war vorbildlich. Ein Bodenfahrzeug näherte sich dem Raumschiff und nahm den Sergeant auf. Es wendete und fuhr im Eiltempo dem zentralen Verwaltungsgebäude entgegen. Dies waren nur Gebäude-Attrappen. Das Herz der EWK lag tief in der Erde, von dicken Betonwänden geschützt. Der Communicator des Generals summte. Er öffnete die Verbindung.

»Ja«, sagte General Poison fast schon ungehalten.

»Herr Noel ist jetzt da«, teilte seine Sekretärin mit. »Kann reinkommen«, erwiderte der General.

Die Türe öffnete sich und Noel schritt in dem gewohnt langsamen Gang herein.

»Er trägt wieder diese weißen Gewänder, als ob er einer Sekte angehört«, dachte General Poison.

Noel zeigte eine regungslose Miene.
»Was ist so dringend? «, sprach er den General an und gab ihm die Hand.

»Ich grüße sie Noel«, antwortete General Poison. »Es freut mich, dass sie Zeit gefunden haben zu mir zu kommen. « »Lassen wir die Floskeln«, antwortete Noel. » Kommen wir zum Wesentlichen. «

»Haben sie nicht den Einflug eines Raumschiffes der Königs-Klasse bemerkt? «, erkundigte sich der General. » Sie sind uns doch technisch so weit überlegen. Im Krisenfall hätte dieses Raumschiff jetzt ihre ausgereifte Technik zerschossen. «

Noel zeigte zwar keine Miene, doch tippelte er von einem Fuß auf den anderen.
»Ich habe tatsächlich keine Messung gemeldet bekommen«, antwortete er. »Sie haben Recht, das geht nicht. Ich werde mich unverzüglich auf die Fehlersuche begeben. Es kann nur so sein, dass noch nicht alle Systeme wieder einwandfrei arbeiten. «

General Poison lächelte.
»Nun nehmen sie nicht alles direkt so persönlich«, beruhigte ihn der General. »Überall passieren Fehler. Uns passiert das auch manchmal. Ich beneide sie nicht. Sie müssen so viele technische Gerätschaften im Auge behalten, dabei kann man leicht etwas übersehen. «

Das macht die natradische Hypertronic-KI«, antwortete der Klon. Sie ist leistungsfähiger als ich. «

General Poison blickte ihn seltsam an.

Das ist nicht der eigentliche Grund, warum ich sie hergebeten habe«, sagte er. Major Travis schickt uns Informationen durch einen Boten. Es scheint sehr wichtig zu sein. Nehmen sie Platz, ich denke Sergeant Mayer sollte gleich eintreffen. «

Kaum hatte General Poison den Satz beendet, da klopfte es an der Tür.

»Herein«, sagte der General.
Noel kannte die Gebärden seines Gegenübers bereits etwas. Durch die geöffnete schwere Eichentür schritt Sergeant Mayer herein. Vor dem General und Noel blieb er stehen und salutierte.

»Stehen sie entspannt«, sagte General Poison und gab den Gruß salutierend zurück. »Welche Information bringen sie uns. «

»Herr General, Herr Noel, ich begrüße sie«, sagte Sergeant Mayer. »Major Travis hat mir wichtige Informationen für sie beide mitgegeben, die sie bitte schnell umsetzen möchten. Ich übermittele ihnen jetzt den genauen Wortlaut. Hören sie bitte zu. «

Sergeant Mayer blickte die Führung des Imperiums an.

»Angriffe großer reptiler Kampf-Verbände erfolgen auf Basen, Planeten und Hinterlassenschaften von Natrid«, teilte der Sergeant mit. »Bisher wurden diese Verbände von uns problemlos ausgeschaltet. Es scheint aber ein nicht endender Nachschub auf Seiten der Echsen möglich zu sein. Diese versuchen mit einer ständig wachsenden Anzahl von Schiffen, den Kampf für sich zu entscheiden. Ihr Ziel ist es, die Schutzschirme von Schiffen und von Planeten zu überlasten. Diese geballte Angriffs-Kraft ist nur mit einer entsprechenden Strategie, einer großen Flotte, sowie guten Schutzschirmen zu begegnen. Ich habe ihnen neue Konstruktionspläne von Hochleistungs-Energieschirmen mitgebracht. Sie finden die Konstruktionsdaten auf diesem Speicherkristall. «

Sergeant Mayer hielt dem General den Kristall hin. Dieser griff hiernach und steckte ihn ein.

Sie stammen nicht aus natradischer Fertigung, sondern von einer noch mächtigeren, aber derzeit für uns noch unbekannten Rasse«, fuhr der Sergeant fort. Diese ist leider aus unserem Blickfeld verschwunden. Bitte bauen sie unverzüglich einen Energieschirm aus diesen Plänen und schützen sie hiermit die Erde, Natrid und alle weiteren Planeten und die Monde unseres Systems. Noel soll sich eine Kopie ziehen und alle Schiffs-Neubauten hiermit ausstatten. Diese Schirme sind um ein 10-faches effektiver als die von uns verwendeten Systeme. Die zentrale Steuerung der Planeten-Schirme könnte von Tattarr aus erfolgen. Ich bin mir sicher, dass ein Angriff von Fremdrassen, speziell dieser Echsen nach einer möglichen Entdeckung unserer Koordinaten sehr schnell erfolgen wird. Bis es so weit ist, müssen Tarid und Natrid über ein zuverlässiges Abwehrsystem verfügen. «

»Ja«, sagte der General. »Ich habe mich bereits gefragt, wann wir auffallen werden. Wenn man in fremden Gebieten unterwegs ist, sollte man auch davon ausgehen entdeckt zu werden. «

»Das ist ja auch der Sinn, wieder Präsenz zu zeigen«, korrigierte ihn Noel. »Es handelt sich um alte Gebiete des natradischen Kaiser-Imperiums. Wenn sich hier fremde Wesen aufhalten sollten, dann sind sie illegal in diesem Gebiet. Die Sektoren gehören immer noch zu dem kaiserlichen Imperium. «

»Wie steht es um unsere Schiffe? «, fragte der General und schaute zu Noel.

»Fertige Schiffstypen werden wir derzeit an die 29.000 Einheiten unterschiedlicher Bauart besitzen«, antwortete der Klon. Ferner steuere ich noch 20.000 Schiffe hinzu, die derzeit in meinen unterschiedlichen Basen repariert und modernisiert werden. Es handelt sich um Einheiten, die noch aus dem großen Krieg stammen und beschädigt ausfielen. Es gibt jedoch noch ein Problem. Das benötigte Personal für diese Schiffe ist noch nicht einsatzbereit. «

Sergeant Mayer räusperte sich.
»Entschuldigung«, bemerkte General Poison. »Wir haben sie unterbrochen. Bitte sprechen sie weiter. «
Sergeant Mayer erzählte weiter und sprach von der Katras Aktivierung und von dem ungeheuren Vorrat von Natarith-Kristallen, die dort lagerten.

General Poison nickte.

»Hierauf haben wir gewartet«, erwiderte er. Das Distributions-Zentrum auf Titan ist einsatzbereit. Dort haben wir die zentralen Anlaufstellen für sämtliche Warengüter installiert. Auf Titan erfolgt auch die Sicherheits-Prüfung. «

»Ich werde die Transmitter-Strecke nach Katras wieder aktivieren und einen Probelauf starten«, verkündete Noel. »Wenn alles einwandfrei funktioniert, wird Katras sofort mit dem Versand seines Masarith-Lagers beginnen können. Hiernach wird er seiner eigentlichen Aufgabe wieder zugeführt. Die Förderung und Mineralisierung von Energie-Kristallen. Wir können nicht genug Energiekristalle von ihm erhalten. «

Sergeant Mayer erzählte von der großartigen Kampf-Station Konstalarosa, die Major Travis wieder für das Neue-Imperium sichern konnte.

Noel und General Poison waren hiervon begeistert.
»Die Leitung dieser Station wird von einer weiblichen Robot durchgeführt«, erklärte er. »Die ungeheure Kampfkraft dieser Station und die Stationierung der noch völlig intakten 1.000 Schiffe war eine exzellente Entdeckung. «

»Eine weibliche Robot? «, fragte Noel. » Das kann nur ein Prototyp sein. In der Regel wurden keine weiblichen Roboter im kaiserlichen Imperium gebaut. Hiervon ist nichts in meinem Speicher vermerkt. Selbst die zentrale

Groß-Hypertronic-KI von Natrid scheint in den letzten Kriegs-Tagen nicht mehr alle Informationen erhalten zu haben. «

Noel nickte Sergeant Mayer zu.
»Veranlassen sie sofort den Abflug der Station ins Sol-System«, befahl Noel. Die Kampf-Station wird zur Sicherheit hier bei uns stationiert. «

Sergeant Mayer schmunzelte.
»Das mache ich gerne«, sagte er. »Wie sie sehen, bin ich mit einem Robot-Schiff der Königs-Klasse hier, das uns Moturel 6 zur Verfügung gestellt hat. Wir verfügen derzeit über eine Flotte von 500 Robot-Schiffen, die uns bei unserer Expedition begleiteten. Diese Schiffe werden auch im Einsatzfall der Erde zur Verfügung gestellt. Sie sollten Moturel 6 ansprechen, ob er noch weitere Schiffe übergeben kann. Moturel 6 drückte sich bei unserem Besuch sehr vage aus, was die Anzahl der ihm zur Verfügung stehenden Schiffe anbelangte. Er teilte uns mit, dass er in der langen Zeit der Deaktivierung sehr aktiv war und sich auf Neukonstruktionen und Neubauten von Schiffen konzentriert habe. «

Noel unterbrach Sergeant Meyer.
»Das ist gut, und eine Besonderheit der einzelnen Hypertronic-KI's«, antwortete Noel. »Sie durften sich kontinuierlich den unterschiedlichen Situationen anpassen, um die langen Jahrtausende sinnvoll zu überbrücken. Ich werde mit Moturel 6 ein Gespräch unter vier Augen führen. «

Sergeant Mayer blickte die Führung des Neuen-Imperiums an.

»Herr General«, fragte der Sergeant. »Major Travis wollte von ihnen wissen, wie weit der Stand der Dinge ist? «, »Sind sie mit dem Neubau der einzelnen Projekte vorangekommen. Haben wir bereits mit dem Bau von Raumschiffen beginnen können, stehen die Duplikatoren und die Werftanlagen für die Produktion bereit? Der Schiffs-Neubau ist ihm sehr wichtig. Ferner fragte er, wie die Schulung des Personals voranschreitet? «

General Poison fasste sich an den Kopf.
»Mensch Mayer, in welcher Zeit leben sie eigentlich? «, fragte der General. » Glauben sie, wir können das alles aus dem Ärmel schütteln? Trotz der vielen natradischen Technik, die Noel hier angeschleppt hat, ist in vielen Bereichen immer noch reichlich Handarbeit angesagt. Diese erfolgt durch menschliche Personen, nicht durch irgendwelche Roboter. Warum glauben sie denn, hat Noel uns um Hilfe gebeten. Seine Blechkameraden sind eben nicht zu allen Dingen zu gebrauchen. Sagen sie bitte ihrem Major, er möchte sich auf seine Aufgabe konzentrieren und die Expedition schnell abschließen. Wir brauchen Travis auch hier auf Tarid. «

»Ich mache mich gleich wieder auf den Weg«, erwiderte Sergeant Mayer und schaute General Poison in die Augen. »Ich soll sie nochmals auf die Konstruktionspläne für die Super-Schutzschirme hinweisen, erwiderte der Sergeant.

Sie stammen von einer fremden Rasse. Die Person, mit der Katras Kontakt hatte, nannte sich der "Allmächtige". Er behauptete, Angehöriger seiner Rasse würden angeblich die Milchstraße überwachen. Sie würden seit dem Anbeginn der Zeit in ihr leben. Doch außer bei der Übergabe der Konstruktions-Pläne, wurde er seitdem nicht mehr gesehen.

Er nannte sich Aritron. Vielleicht hat Noel Informationen in seiner Datenbank, die für uns interessant sind. Falls sie etwas finden sollten, bitte informieren sie uns. Ferner ist es möglich, dass die beiden natradischen Ingenieur-Genies Marin und Gareck, nicht bei der Explosion des Mondes Nors ums Leben gekommen sind. Es ist eher so, dass sie maßgeblich an der Entwicklung und dem Bau der Kampf-Stationen mitgewirkt haben. Als letzte Aufgabe scheinen sie an einem Zeitverschiebungs-Projekt gearbeitet zu haben. Es ist zu vermuten, dass sie sich irgendwo auf einem ihrer Labor, Entwicklungs- oder Forschungs-Planeten zurückgezogen haben. Vielleicht sogar in einer Stasis-Schlafkammer oder in einer anderen Zeit, welche die Geschehnisse überdauert haben könnten. Das kann jetzt nicht mehr ausgeschlossen werden. «

Noel wurde hellhörig.
»Wieso vertritt Major Travis diese Meinung? «, fragte er.
Sergeant Mayer antwortete nicht direkt.

Eine eiskalte Stille lag im Raum. «

»Weil aus diversen Gesprächen ersichtlich wurde, dass Marvin und Gareck ihre Finger noch in einigen anderen Projekten hatten«, sagte er. »Das war nach der Zerstörung von Nors. Sie waren der Zeitverschiebung auf der Spur. Ihr Forschungsauftrag lautete eine Zeitmaschine zu konstruieren, mit denen man die Zerstörung von Natrid rückgängig machen konnte. Möglicherweise auch um ein Zeitparadoxon herbeizuführen. Sie sehen aber an unserer heutigen Situation, dass sie keinen Erfolg gehabt haben konnten. «

General Poison war das zu fiktiv. Er winkte ab.
»Genug mit dem Zeitgefasel«, sagte er. »Konzentrieren wir uns auf die Gegenwart. Das sind alles interessante Geschichten, aber es beunruhigt mich sehr, dass unter Umständen feindliche Schiffe Tarid, Natrid und das Sol-System angreifen könnten. Ich werde jetzt alle notwendigen Maßnahmen ergreifen, um die Schiffs-Bauten und alles Weitere zu beschleunigen. Hierzu gehören auch die neuen Schutzschirme. Ich werde unsere restlichen Weltmächte bitten, mit uns zusammenzuarbeiten und hoffe auf eine gemeinsame Vorgehensweise. Es ist Zeit, dass die EWK nicht mehr allein für die Finanzierung aufkommt, sondern dass alle Nationen der Erde ihren Beitrag beisteuern. Über die UN muss die gesamte Weltbevölkerung hierüber informiert werden. Es ist nur ein globales Vorgehen möglich. «

General Poison blickte Noel an.
»Haben sie noch Fragen an Sergeant Mayer? «

»Nein«, erwiderte Noel. »Ich denke, es wird alles durch das Speichermodul geklärt. Major Travis sollte Kontakt zu Katras, zu Moturel 6 und zu Konstalarosa halten. Falls ins Sol-System feindliche Schiffe eindringen sollten, müssen wir ihn rechtzeitig informieren können. Ich mache mich jetzt auf den Rückweg und bereite alles vor. «

General blickte dem Klon nach, wie er sein Büro verließ. Dann schwenkte sein Kopf zu Sergeant Mayer.

»Informieren sie Major Travis über unsere Lage«, sagte General Poison. »Wir danken für die Informationen und hoffen auf weitere Erfolge. Bitte überbringen sie das Major Travis. «

Er sah, dass Sergeant Meyer, alles verstanden hatte.
»So jetzt ab zu ihrem Schiff«, befahl der General. »Das Abenteuer geht weiter. Fliegen sie schnell zurück. «

Der General erhob sich und salutierte.
Sergeant Mayer erwiderte den Gruß, drehte sich um und entfernte sich.

General Poison blickte zu Noel, der noch an der Türe stand.

»Was gibt es noch? «, fragte er.
»Wir könnten die Werften schneller fertigstellen, den Bau der Raumschiffe kurzfristiger realisieren und das Personal schneller schulen? «, bestätigte Noel.

Der General blickte ihn fragend an.

»Ich werde für das Personal auf Natrid weitere Schulungsräume öffnen«, erklärte der Klon. »Die Wissens-Implantationen selbst können nicht beschleunigt werden. Lediglich die Anzahl der Implantationen für die einzelnen Fachbereiche kann ich erhöhen. Eine schnellere Raumschiff-Produktion bedeutet, dass wir mehr Duplikatoren brauchen. Wobei die letzte Feinarbeit an den Raumschiffen immer noch von unserem Personal vollzogen werden muss. Ich kann ihnen zusätzlich 500.000 Arbeits-Roboter zur Verfügung stellen. Sie sind im Raumschiffsbau geschult. Die werden ihnen sicherlich eine Hilfe sein. Inwieweit sie den Fertigungs-Prozess verkürzen werden, kann ich jetzt noch nicht sagen. «

»Jede Hilfe wird dankend angenommen«, antwortete der General. »Warum kommen sie jetzt erst mit der Sprache heraus, dass sie noch so viele Roboter zur Verfügung haben? «

Noel antwortete sofort.

»Diese Roboter waren bislang nicht einsatzfähig«, erwiderte er. « Sie mussten geprüft und aufgeladen werden, abgestaubt und ausgerüstet werden. Stellen sie sich vor, ein Roboter ist defekt und ich lasse diesen in einer Werft arbeiten. Dann explodiert ein defektes Mini-Kraftwerk, das alle Roboter in sich tragen. Welche verheerenden Schäden würde das anrichten? «

General Poison verstand.

»Stimmt, aus dieser Perspektive habe ich das noch nicht betrachtet«, erwiderte er. »Sie haben Recht. Entschuldigen sie bitte meine Frage. Dann sollten sie als Nächstes darüber nachdenken, die Roboter auf Kristall-Energie umzustellen. «

Noel sprach weiter. »Das wird bereits in den nächsten Planungen berücksichtigt. Trotzdem müssen neue Waffen immer noch nach den alten natradischen Konstruktionsplänen angefertigt werden. Die Fertigung läuft bereits auf voller Leistung. Diese stehen uns bald zur Verfügung. Die Elite-Kampf-Roboter, sie kennen diese ja bereits als Tart 1 und Tart 2 für den Personen-Schutzauftrag von Major Travis, tragen sehr viele unterschiedliche Waffen. Das alles gehört zu ihrer Ausrüstung. Wir sind mit dem Auffüllen der Depots auf einem guten Wege. «

General Poison staunte.

Noel fuhr fort.
»Ich werde in den nächsten Tagen als Erstes nach Titan springen und dort die Masarith-Kristall-Sammelstelle konfigurieren. Wie ich schon sagte, wir sollten auf das erste Eintreffen der Echsen vorbereitet sein. Ich werde dort den Abwehr Geschützen wieder Leben einhauchen und direkt unseren neuen Super-Schutz-Schirm von Major Travis prüfen, testen und einbauen lassen. Dieser wird den ganzen Planeten unter eine Sicherheits-Zone legen. Somit ist gesichert, dass keine Bombe bis zum Boden durchdringen kann. Am wichtigsten ist es aber für

mich, die Transmitter-Wege in Richtung Natrid, Tarid und Luna für den Transport der Energie-Kristalle freizugeben. In der Titan-Kontrollstelle warten derzeit über 150 Transmitter-Plattformen auf eine Aktivierung. Eine hiervon wird auch später die Handels-Güter zu und von Morina transportieren. Es gibt aber auch noch andere Stützpunkte, die für uns interessant sind. «

General Poison bemerkte, dass Noel die Variante "uns" benutzte.

»Der Klon scheint die Zusammenarbeit von Tarid und Natrid bereits akzeptiert zu haben? «, dachte der General.

Er wollte aber die Ausführungen von Noel nicht weiter stören.

Noel ergänzte seine Informationen.
»Die sich im Bau befindlichen Transmitter-Stationen nach Morina werden zwar hier auf Natrid produziert, dann aber mit einem Raumschiff an die betreffende Position gebracht. Wir haben bisher nicht berücksichtigt, dass diese Stationen nur mit einer leichten Abwehr ausgestattet sind. Es zeigt sich jetzt, dass in unserem neuen Imperium mögliche Kosten-Einsparungen fehl am Platz sind. Ich bin der Meinung, dass wir in jedem Fall Abwehr-Anlagen und Schutz-Schirme in den Weiterleitungs-Stationen einbauen sollten. Vielleicht auch eine autarke Hypertronic-KI und das bekannte Tarn-System.

Die KI kann selbstständig entscheiden, ob im Angriffsfalle die Aktivierung eines Schutzschirmes, oder der Tarnmodus eine Hilfe sein kann. Die Echsen treten derzeit mit großen Angriffs-Flotten auf. Hier stellt sich die Frage, ob nicht zum Schutz der morinischen Warenstrecke eine zusätzliche Robot-Flotte, als Eingreif-Geschwader vor Ort stationiert werden sollte. Meine Empfehlung ist es, bei allen Weiterleitungs-Stationen eine angemessene Flotte zu stationieren. «

»Das Geld hierfür steht aber nicht in unendlicher Menge zur Verfügung«, konterte der General. »Wir müssen es erst erwirtschaften. «

Noel lenkte vom direkten Thema ab.
»Ich muss diesen Speicher-Kristall von Major Travis auswerten«, wechselte er das Thema. »Vielleicht finde ich noch mehr interessante Daten, die wir übersehen haben. «
General Poison nickte und wandte sich wieder seinen Unterlagen zu. Noel verließ den Raum.

Nachdem Klon der natradischen Hypertronic-KI gegangen war, wandte sich General Poison an seine Sekretärin. Er bat sie, die engsten Stabschefs der EWK umgehend zu ihm in den Konferenzraum zu beordern.

Noel schritt durch das Transmittertor und war wieder in Tattarr, der unterirdischen Natridstadt, der zentralen Steuerung des Neuen-Imperiums. Das Gespräch mit General Poison gab ihm zu denken.

»Der General hat Recht «, dachte er. »Wie kann ein Raumschiff der Königs-Klasse in das System einfliegen, ohne einen Alarm unseres hochempfindlichen Überwachungssystems auszulösen? Ich muss einen Systemcheck durchführen. «

Noel trat in sein Büro. Geduldig setzte er sich in seinen Sessel und schaltete sämtliche Kontrollgeräte ein. Jetzt war es so weit. Das Schiff von Sergeant Mayer passierte die Umlaufbahn von Natrid. Noel scannte und analysierte es mit allen Sensoren, die ihm zur Verfügung standen.

»Es muss doch eine Erklärung geben«, dachte er.

Die Auswertung ließ nicht lange auf sich warten. Endlich konnte er die Stimme seiner Mutter vernehmen.

»Durch den Hinweis auf den Vorbeiflug eines Schiffes und die Messung von externen Koordinaten, konnte gezielt die Position der KÖK-493-M6 lokalisiert werden«, erklärte sie. »Dieses Schiff der Königs-Klasse stammte nicht aus natradischer Fertigung, sondern ist aus der Produktion von Moturel 6. Der Zerstörer ist deutlich weiterentwickelt. Es weist neben dem festen Mantel aus Natrid-Stahl, eine weitere organische Beschichtung auf, der meine Ortungs-Strahlen abweisen, oder auch absorbieren. Durch eine schärfere Justierung der Ortungsgeräte kann Abhilfe erfolgen und das getarnte Schiff wieder einwandfrei geortet werden. «

Noel blickte auf seine Monitore.

Das Raumschiff von Sergeant Mayer ging in den Hyperraum und schnellte mit Höchstgeschwindigkeit den Koordinaten von Katras entgegen. Sergeant Mayer hatte wichtige Informationen für Major Travis. Die Erde war noch nicht bereit für einen Angriff der Echsen. Jeder Tag, jeder Monat, oder auch jedes Jahr der Verzögerung war hilfreich. Entsprechend dieser Tatsache durften die Koordinaten nicht den Echsen in die Hände fallen. Sergeant Meyer wunderte sich, dass aus früheren Angriffen der alten Rigo-Sauroiden die Koordinaten von Natrid nicht mehr existierten. Vermutlich hatte die Flotte von Admiral Tarin mit der Zerstörung der Heimatwelt der Sauroiden eine gute Arbeit abgeliefert. Alte Informationen und Daten wurden vernichtet.

Major Travis war wieder in Sirius, bei den 7 Planeten des Erz-Abbau-Systems der Katras-Hypertronic eingetroffen. Die 499 Schiffe der Königs-Klasse verteilten sich um Katras und seine Geschwister-Planeten.

Ein Schrei durchdrang die Stille auf der Brücke der Termar 1. Es war Sergeant Farmer von der Funkleitstelle.

»Achtung, ich erhalte einen Funkspruch von der KÖK-493-M6, unter dem Befehl von Commander Mayer«, sagte er. »Das Schiff sendet ein Notsignal. Ein Angriff der Echsen ist erfolgt, der Antrieb des Schiffes ist defekt und ausgefallen. Er erbittet Hilfe in einer Entfernung von 3 Klicks von hier. Mehr ist nicht zu empfangen, Herr Major. «

Sirin, Major Travis und Commander Brenzby standen auf der Kommandobrücke der Termar 1 und handelten sofort.

»Sofortiger Alarmstart für alle Schiffe«, befahl Major Travis. »Die Befehls-Spezifikation ist wie folgt anzuwenden. Alle Termar-Schiffe folgen der Termar 1. Sie ist für diese Mission befehlsführend. 400 Robot-Schiffe der Moturel 6 Gruppe, springen in 5er-Gruppen an die Koordinaten und stellen den Feind. Handeln sie auf eigene Verantwortung. Weitere 600 Schiffe von der Konstalarosa folgen uns. Sie unterstützen die 5er-Gruppen im Einsatz. Die verbleibenden 100 Robot-Schiffe der Königs-Klasse und die 400 Schiffe der Konstalarosa positionieren sich in der Nähe von Katras und sichern den Quadranten. Sie unterstützen die Flotte von Katras. «

Sergeant Farmer kam aufgeregt angelaufen.
»Wir haben soeben den genauen Wortlaut dechiffriert«, erklärte er. »Es ist ein Hilferuf von Sergeant Mayer. Er ist auf seinem Rückflug in einer Armada von 15.000 Schiffen der Sauroiden materialisiert. Bevor das Schiff von Sergeant Meyer reagieren konnte, haben die Sauroiden einen Glückstreffer erzielt und sein bislang nicht geschütztes Triebwerk beschädigt. Der Zerstörer von Sergeant Mayer hängt bewegungslos im All fest. Die Schutzschirme und Waffen-Bänke funktionieren noch. Er hat wichtige Informationen für uns dabei, die Natrid und Tarid betreffen. Kann ich antworten? «

»Ja«, sagte Major Travis. »Teilen sie ihm mit, dass wir unterwegs sind. Die Koordinaten von Sergeant Mayers bitte an alle Schiffe weiterleiten und Sprung-Vorbereitungen treffen. An dem Ziel ist wieder das Angriffsmuster MT 123 A einzusetzen. Es geht bei dieser Aktion darum, Sergeant Mayer zu helfen und zu vermeiden, dass die Sauroiden irgendwelche Informationen erhalten. Alle Triebwerke hochfahren und springen. «.

Nach und nach entschwanden die Schiffe in den Hyperraum. Es dauerte nicht lange, da erreichte die Schutztruppe die entsprechenden Koordinaten. Mitten unter den Schiffen der Sauroiden materialisierten die 1.500-Meter messenden Schiffe der Königs-Klasse. Die aktivierten Schutzschirme säuberten den Aktionsradius. Die KI's der Schiffe schalteten sofort auf den Angriffsmodus um. Emotionslos richteten sie ihre Breitseiten der Waffen-Türme auf die angreifenden, aber überraschten Schiffe.

»Wir legen einen Ring von 30 Kampf-Zerstörern um das antriebslose Schiff von Sergeant Meyer«, befahl Major Travis.

Die soeben materialisierten Schiffe der Konstalarosa stürzten sich auf die Feinde. Die angekommene Verstärkung demotivierte die Moral der Echsen-Schiffe. Ihr Angriff stockte massiv. Pausenlos sahen sich die Gegner jetzt einem massiven Beschuss ausgesetzt, der ihre eigenen Reihen und Schiffe dezimierte. Sie erkannten, dass sie nicht mehr gewinnen konnten. Bereits über 4.000 Einheiten waren der massiven Abwehr der natradischen Schiffe zum Opfer gefallen. Langsam fingen die Sauroiden an ihre Schiffe zu wenden, um das Kampfgebiet zu verlassen.

Das Schussfeld wurde auseinandergerissen. In der gewohnten Präzision jagten die natradischen Schiffe ihre Laser-Strahlen durch das All. Die baumstammdicken Strahlen ließen die Nacht zum Tage werden. In zahllosen Explosionen zerplatzten die Raumschiffe der Echsen und hinterließen auflodernde Energieentladungen, die kurze Zeit später in sich zusammenfielen. Immer mehr Gegner flüchteten in den Hyperraum und verließen ihre kämpfenden Kameraden. Sie konnten den massiven natradischen Vernichtungs-Strahlen nicht standhalten.

Commander Brenzby sprach Major Travis an.
»Herr Major, sollen wir die fliehenden Schiffe verfolgen?«, fragte er.

»Nein, es macht keinen Sinn«, antwortete der Major. »Lassen wir sie fliegen. Bitte einen Funkspruch an alle Schiffe absetzen, das Feuer ist einzustellen, die restliche Zahl der gegnerischen Schiffe lassen wir entkommen. «

»Wir haben eine Rettungskapsel der Sauroiden geortet, Herr Major«, teilte Sergeant Dantow mit. »Sollen wir diese bergen? «

»Ja«, antwortete Major Travis, ohne lange zu überlegen. »Bitte die Kapsel bergen und den Überlebenden in Katras zur Termar 1 überstellen. Zwei Schiffe der Königs-Klasse nehmen das Schiff von Sergeant Mayer in ein Fesselfeld und schleppen es bitte nach Katras. «

Kurz darauf kamen die Bestätigungen von den angesprochenen Kreuzern.

»Dieses Manöver ist für die Schiffe der Königs-Klasse die leichteste Übung«, dachte der Major. »Vermutlich mussten sie zu Kriegszeiten vielfach solche Aktionen durchführen. «

Er blickte den Commander an.
»Bitte den Befehl zum Rücksprung nach Katras durchgeben«, befahl Major Travis.

Sekunden später verschwanden die Schiffe wieder im Hyperraum.

Zurück in vertrauter Umgebung, gab Commander Brenzby den Befehl, die Umgebung zu scannen.

»Alles ist ruhig, es gibt nichts Besonderes zu berichten«, sagte Sergeant Dore Dantow. »Keine fremden Schiffe, oder Feindaktivitäten sind zu registrieren. «

Die verbliebenen 100 Schiffe der Königs-Klasse und die 250 neuen Schiffe von Moturel 6 patrouillierten weiterhin im Raum zwischen den wichtigen Erzplaneten. Alle anderen Schiffe der Konstalarosa konnten sich bereits in ihre Andock-Buchten zurückziehen. Alles war ruhig, keine neuen Vorkommnisse wurden registriert.

Major Travis war gespannt, was ihm Sergeant Mayer berichten konnte. Er hatte Commander Brenzby, Sirin, Heinze, die Katras-KI und den weiblichen Cyborg der Konstalarosa gebeten, sich in dem Konferenzraum der Termar 1 einzufinden. Auch die Commander der Termar-Schiffe wurden angehalten an dem Gespräch teilzunehmen. Die Teilnehmer saßen entspannt in den großzügig geformten Sesseln. Der Schott öffnete sich und Sergeant Mayer kam flotten Schrittes herein. Er salutierte vorschriftsmäßig.

»Guten Tag meine Damen und Herren«, sagte er.
Major Travis erwiderte den Gruß und wies mit der Hand auf einen freien Stuhl.

»Setzen sie sich Sergeant«, entgegnete er. »Sie können sich denken, dass wir sehr neugierig sind. Wie sind sie in diese Schwierigkeiten geraten? «

Sergeant Mayer nickte und fing auch direkt an zu erzählen.

»Zuerst möchte ich ihnen allen für die schnelle Hilfe in dieser Notsituation danken«, sagte er. »Ich denke, ich war zur falschen Zeit am falschen Ort. Der Hinflug zur Erde war problemlos. Ich übermittelte Noel und General Poison die gewünschten Informationen und nahm neue Befehle entgegen. Dann begab ich mich wieder auf den Rückflug. Insgesamt mussten 9 Sprünge absolviert werden. Wie sie wissen, ist nach jedem Hypersprung eine kurze Erholungsphase für die Konverter nötig. Gerade wurde der 6. Sprung abgeschlossen, da materialisierten wir direkt in einer großen Flotte von Sauroiden. Das war ein Sektor, in dem nichts auf der Karte verzeichnet war. Völlig bedeutungslos, nur leerer Raum wurde angezeigt.

Leider lag hier eine große Flotte der Echsen in Wartestellung. Ehe wir die Situation begriffen und Gegen-Maßnahmen einleiten konnten, wurden unsere Antriebe bereits durch zahlreiche Treffer beschädigt. Die Echsen wussten plötzlich, wo unsere empfindliche Stelle war. Ich konnte den Schutzschirm hochfahren, die Tarnung einschalten und mit den Steuerdüsen leicht unsere Position ändern. So konnte ich anfangs einigen Treffern entgehen. Als dann Zufallstreffer der Echsen den Schirm meines Schiffes aufglühen ließen, war die Tarnung nutzlos geworden. Ich ließ ihn ausschalten und die Geschütztürme aktivieren. Die Waffenbänke taten ihr Bestes und konnten viele Gegner ausschalten. Doch die Menge der gegnerischen Treffer hätte unseren Schutzschirm in Kürze überlastet. Dann traf ihre Hilfs-Flotte ein. Gut, dass sie so schnell kommen konnten. «

»Wir freuen uns alle über das glückliche Ende dieses Dilemmas«, antwortete Major Travis. Es ist noch einmal alles gut gegangen. Wie sieht die Situation in unserem Heimat-System aus? «

Sergeant Mayer schilderte seine Eindrücke und die Äußerungen von General Poison und Noel.

»Sie hängen etwas hinter dem Plan her«, erklärte er. »Sie geben beide vor, die Produktion zu beschleunigen zu wollen. Der Fertigungsprozess soll weiter optimiert werden. Für uns heißt das, dass wir weiter versuchen müssen, die Echsen von unserem Heimat-System fernzuhalten. Noel bittet darum, die Flottenkampfstation Konstalarosa ins Heimat-System zu überführen. Sie soll als zusätzliche Sicherung eingesetzt werden. «

Sergeant Brenzby ergriff das Wort.
»Hiermit wäre schon einmal eine kleine Sicherheit gewährleistet, so dass wir es mit einem Angriff der Gegner aufnehmen könnten. «

»Entschuldige bitte, dass ich sie unterbreche«, antwortete Major Travis. »Ich sehe die Situation nicht so entspannt. Bisher haben die Sauroiden mit immer stärkeren Kapazitäten angegriffen. Warum sollten sie Tarid und Natrid nicht mit ihrer stärksten Armada angreifen? Ich vermute, dass sie derzeit ihre Schiffe zusammenziehen. «

Die Titan Station scheint einsatzbereit zu sein«, fuhr Sergeant Mayer fort. » Noel konnte mir die Bestätigung geben. Katras möchte den Transfer-Code senden und nach dem Erhalt der Bestätigung von Natrid sofort die Lieferungen von Energie-Kristallen aufnehmen. Die Pläne der Schutz-Schirme sind von mir übergeben worden. Sie werden geprüft und nach der Fertigstellung in alle Schiffe nachgerüstet. Ich denke, hierüber war man sehr froh. Nachdem ich die Leistungsfähigkeit schildern konnte und mitgeteilt habe, dass die Schutzschirme von einer technisch noch höher entwickelten Rasse, als den Natrader stammen, haben sie mir das Speichermodul fast aus den Händen gerissen. «

Commander Haught folgte im Tarnmodus den fliehenden Schiffen der Sauroiden.

»Die Termar 5, ein Schiff der Naada-Klasse, war perfekt, eingestellt. Es flog sich wie ein Adler, der bei Bedarf seine scharfen Krallen zeigen konnte. Bislang waren keine technischen Probleme aufgetaucht. Alles schien optimal zu funktionieren.

»Die natradische Wundertechnik scheint der irdischen um Jahrhunderte voraus zu sein«, dachte Commander Haught. Er war von seinem Schiff beeindruckt.

Sein Blick schweifte in die Runde. Er hatte nur ausgesuchtes geschultes Personal in seiner Crew. Sie alle waren ihm unterstellt. Anordnungen konnten sie ihm zwischenzeitlich von den Lippen ablesen. Jedes Crew-Mitglied war sich der Wichtigkeit der Mission bewusst.

»Status? «, fragte der Commander.
»Alle Systeme arbeiten einwandfrei«, antwortete Maschinist Sheppard. »Das war jetzt unser 35. Sprung. «

»Noch immer ist kein Ziel unserer Reise in Sicht«, bemerkte Commander Haught. »Woher kommen diese vielen Schiffe? «

Kaum ausgesprochen entmaterialisierten die ersten Schiffe schon wieder. Der nächste Sprung in den Hyperraum wurde durchgeführt.

»Achtung«, sagte der Commander. »Sofort den Sprung einleiten und den Signaturen folgen. Den Sprung jetzt durchführen. «

Die Termar 5 wechselte in den Hyperraum, um kurze Zeit später wieder in den Normalraum zu wechseln.

»Immer ein kleines Stückchen näher ans Ziel«, dachte Commander Haught. »Ihre Antriebe werden keine großen Distanzen im Hyperraum zurücklegen können, daher diese vielen kleinen Sprünge. «

Die Termar 5 materialisierte wieder. Der große Bildschirm stellte sich auf die neuen Daten ein.

»Was ist das denn? «, fragte ein Crew-Mitglied. Commander Haught wusste im Moment nicht, wer es war.

»Zeichnet alles auf «, befahl der Commander.

»Ortung und Mitschnitt läuft«, antwortete Ortungsoffizier Klimmek. »Es scheint sich hier um eine Art

Transmitter-Tor handeln, ich vermute eher, dass es sich um einen Wurmloch-Austritt handelt. Es spuckt im Sekundentakt neue Raumschiffe aus. «

Weiter zurückgesetzt waren ganze Flottengeschwader in eine Warteposition gesetzt. Sie verharrten antriebslos auf ihrer Position.

»Die Schiffe senden keine Energie-Emissionen aus«, teilte Sergeant Klimmek mit.

»Wie viele Schiffe sind es? «, fragte Commander Haught. Der Sergeant antwortete sofort.

»Die Zählung ist gleich komplett«, erwiderte er. »Derzeit liegen 230.000 Schiffe in einer Warteposition. Und es kommen pausenlos noch weitere Einheiten durch das Tor. «
Abrupt wurde es Dunkel auf dem Bildschirm. Das Tor, das mit seinem künstlichen Horizont und seinem immensen Energieverbrauch den Raumquadranten erhellte, war erloschen.
Die Crew wartete geduldig. Der Ruhezustand dauerte ganze 30 Minuten.

»Es tut sich etwas«, erklärte Sergeant Klimmek. »Die Schiffe, die wir verfolgt haben, bewegen sich auf das Tor zu. Der Abstand des ersten Schiffes zum Tor beträgt nur noch 5.000 Meter. «

»Wie erwartet, erwacht das Tor wieder zu neuem Leben«, sagte Commander Haught. »Es ist ein Durchgang zu einem anderen unbekannten Ort. «

»Sollen wir einfliegen? «, fragte Steuermann Silveira.
»Ich will nicht hoffen, dass jedes Schiff von den Echsen codiert ist und einen Erkennungspuls abstrahlt«, antwortete Commander Haught. »Was könnte passieren, wenn es so wäre? «

»Dann bleiben wir stecken, im ungünstigen Fall werden wir in einen unbekannten Sektor abgestrahlt werden «, antwortete ein Techniker.

»Fliegen wir hinein und bringen wir unseren Auftrag zu Ende«, bemerkte Sergeant Klimmek. »Es ist wichtig für die Erde. «

Commander Haught nickte.
»Ich sehe das auch so«, antwortete er. »Auf Schleichfahrt gehen und vorsichtig in die Kolonne der Schiffe einreihen, unsere Tarnung auf Maximum einrasten. Langsam und mit Bedacht durch das Tor fliegen. Schauen wir einmal, wo wir herauskommen werden. Bitte äußerste Konzentration. «

Die Termar 5 reihte sich in die Linie der Schiffe ein. Die Schiffe beschleunigten und flogen auf das Tor zu.

»Bitte auf den Abstand achten«, warnte Commander Haught.

Die Termar 5 näherte sich dem Tor. Die Brücken-Crew hatte auf optische Sicht umgestellt. Das Schiff wurde förmlich in das Tor hineingezogen.

»Achtung, das Schiff taucht ein«, sagte Offizier Silveira. Er war sich bewusst, dass alle Crewmitglieder der Brücke dies sowieso wussten.

Es wurde dunkel. Sekunden später erhellte sich das Licht wieder und sie waren auf der anderen Seite angelangt. Die Anzeigen aktualisierten sich, der große Bildschirm des Schiffes flammte auf. Ein Aufschrei des Erstaunens ging durch die Crew der Brücke. Dieser Quadrant war übersät von Schiffen der Echsen. Unzählige Typen, verschiedene Modelle, große und kleine Schiffe warteten vermutlich auf ihren Einsatzbefehl.

»Der Scanner registriert ununterbrochen Feindschiffe«, sagte Sergeant Klimmek. »Hier sind Tausende von Schiffen in diesem Sektor konzentriert. Eine ungeheure Streitmacht. Ich registriere exakt 300.000 Schiffe«

»Sergeant Klimmek? «, fragte Commander Haught. » Konnten sie bereits unsere Koordinaten ermitteln, wo sind wir? «

»Der Abgleich der Sternen-Konstellationen liefert gleich Ergebnisse«, antwortete Sergeant Klimmek. »Die Koordinaten definieren sich. Wir befinden uns in einem Seitenbereich einer fremden Galaxis. «

Er pfiff durch seine Zähne.

»Es ist die Andromeda-Galaxie«, sagte er. »Also benutzen die Echsen dieses Wurmloch-Tor, um in unsere Milchstraße zu gelangen. «

»Das sind äußerst wichtige Information«, stellte Commander Haught fest. »Das scheint alles von dem fünften Planeten gesteuert zu werden. «

In Abständen von Minuten stiegen von dort neue Raumschiffe auf und verstärkten die Schiffe auf den Wartepositionen. Gebannt schaute die Crew der Termar 5 auf den großen Bildschirm.

»Wie viele Schiffe wollen die Echsen noch produzieren und für welchen Zweck? «, fragte Offizier Silveira.

Commander Haught verzog das Gesicht.

»Das sieht nach einer Invasions-Flotte aus«, antwortete er. »Sie wollen die Milchstraße erobern. Ich vermute, sie können es nicht verdauen, dass wir sie besiegt haben. Die Echsen beabsichtigen mit einer zehnfachen Übermacht anzugreifen, um für klare Verhältnisse zu sorgen. «

Die Termar 5 hatte eine gute Position hinter einem Asteroiden gefunden.

»Dieser Asteroid schützt uns vor einer ungewollten Entdeckung«, bemerkte Sergeant Silveira. »Von hier aus können wir die Geschehnisse in diesem System gut beobachten. «

»Ich weiß nicht, ob wir unvorsichtig werden sollten? «, fragte Commander Haught in die Runde seiner Crewmitglieder.
Sergeant Kalinowski lachte kurz entschlossen auf. »Wenn wir einmal hier sind, dann können wir auch einen Tarin-Jet ausschleusen. Mit diesem fliegen wir getarnt zu dem fünften Planeten und schauen uns die Situation vor Ort an. Ich vermute, dass dort die Duplikationstechnik eingesetzt wird. Wie ist es ansonsten zu erklären, dass in so kurzer Zeit neue Raumschiffe produziert werden, die für den Kampfeinsatz einsetzbar sind. «

»Bei uns müssen die Schiffe noch ausgestattet, eingerichtet und nach unseren Bedürfnissen angepasst werden«, erinnerte Alberto Sheppard. »Hier scheint alles bereits vorhanden zu sein. «

»Wer weiß schon, welche Bedürfnisse irgendwelche Echsen haben«, sagte Sergeant Klimmek.

»Das stimmt«, erwiderte Commander Haught. »Wir werden das durch eine Aufklärungsmission klären. Meldet sich jemand freiwillig, oder darf ich einen Freiwilligen vorschlagen? «

»Ich mache das«, sagte Leutnant Kalinowski vorlaut. »Darf ich Leutnant Benz mitnehmen. Sie ist Media-Expertin und kann sich gezielt auf die Aufnahmen von der

Oberfläche des Planeten konzentrieren. Alle Objekte, die ich während des Fluges nicht sehen kann, muss sie mit ihren Instrumenten im Auge behalten. «

»Einverstanden«, erwiderte Commander Haught. »Macht euch fertig für den Start. Ihr wisst, worum es geht. Erstellt Spionageaufnahmen und bleibt um Himmelswillen im Tarnmodus. Vermeidet größere Triebwerkschübe und bleibt auf Schleichfahrt. Das dauert zwar etwas länger, aber die Chance entdeckt zu werden ist minimal. «

»Zu Befehl, Commander«, antwortete Sergeant Kalinowski.

Er salutierte und drehte sich ab und verschwand in der Schleuse. Die restlichen Crew-Mitglieder wandten sich wieder dem großen Bildschirm zu. Die Situation änderte sich nicht. Unverändert stiegen Schiffe vom Planeten 5 auf. Die flogen auf die Armada zu, die sich in einer Warteposition befand.

Die Bereitschaft des Tarin-Jets wurde aus dem Hangar gemeldet.

»Start erteilt«, befahl Commander Haught.

Der Tarin-Jet startete 2 Minuten später mit Sergeant Kalinowski und Leutnant Benz an Bord.

Es wurde äußerste Funkstille gehalten, keine übermäßigen Geräusche wurden verursacht. Sie waren sich selbst überlassen.

»Dafür sind wir ausgebildet worden«, dachte Sergeant Kalinowski

Die Crew der Termar 5 ging ihren Arbeiten nach, analysierte Protokolle, beobachte die Flotten-Bewegungen, notierte jede Abweichung, um später exakte Aufzeichnungen vorlegen zu können. Der Tarin-Jet wurde aufgrund des Tarnmodus, als skizzierte Linie auf dem CIC (Combat-Information-Center) der Termar 5 angezeigt.

»Langsam erkenne ich ein Muster«, sagte Sergeant Tilhoern. »Alle Schiffe, die vom Planeten aufsteigen, docken an eine von fünf runden Plattformen an. Es scheint so, als ob hier Personal, Verpflegung, Wasser, Munition und Ausrüstung geladen wird. Ich vermute, es sind Transmitter-Stationen, die von unterschiedlichen bodengebundenen Stützpunkten das Material zugeteilt bekommen. Man stellt eine gewisse Organisation fest, die man vorher nicht erwartet hätte. «

Zwischenzeitlich waren Sergeant Kalinowski und Leutnant Benz im Orbit des 5. Planeten angelangt. Die Kamera wurde fein säuberlich justiert und alles Interessante aufgenommen. Städte, Bauwerke, seltsam getarnte Anlagen und Gebilde. Endlich kam die größte Stadt des Planeten in Sichtweite. Schon von Weitem konnte die

Besatzung des Tarin-Jets 3 Großanlagen sehen, die von einem großen Flugfeld umgeben waren.

»Hier werden die Groß-Duplikatoren untergebracht sein«, lispelte Sergeant Kalinowski. »Sehen sie es, Leutnant Benz, da kommt schon wieder ein Raumschiff auf Prallfeldern aus der Halle. «

Leutnant Benz nickte und schoss weitere Aufnahmen. »Was ist das denn? «, erkundigte sich Leutnant Benz und zeigte nach rechts. Dort standen 3 riesige Raumschiffe.

»Das sind 2.500 Meter Schiffe«, antwortete Sergeant Kalinowski. »Ganz untypisch für die Echsen. Solche Schiffe verwenden sie nach unseren Informationen nicht. Machen sie nur genügend Aufnahmen. Diese werten wir später aus. Hieraus ergeben sich wieder neue Fragen. « Getarnt zog der Tarin-Aufklärer weiter seine Runden um den Planeten. So intensiv sich das Aufklärungs-Team auch bemühte und den Boden scannte, es konnten keine weiteren Hallen für Duplikatoren entdeckt werden.

 »Ich glaube, wir haben es«, sagte Sergeant Kalinowski. »Leutnant Benz, machen sie ihr letztes Foto, wir fliegen zurück. «

Sergeant Kalinowski drehte den Jet und flog langsam dem Horizont entgegen.

»Wir verlassen den Planeten so, wie wir gekommen sind, sagte Leutnant Benz. »Heimlich und still, ohne etwas zu riskieren. Ich freue mich auf unser Schiff. «

Sergeant Kalinowski schaute Leutnant Benz kurz an. Der Tarin-Jet verließ die Umlaufbahn des Planeten und nahm Kurs auf die Termar 5.

Ein halber Tag terranischer Zeit war vergangen. Commander Haught beachtete weiter die Geschehnisse rund um den Planeten und dem Wurmloch-Knoten.

»Es passiert wieder etwas«, sagte er. »30.000 Schiffe formieren sich vor dem Tor. «

»Das ist unser Zeichen«, antwortete Steuermann Silveira. »Es geht zurück Freunde. Wir reihen uns vorsichtig in die Gruppe ein und fliegen durch den Wurmloch-Knoten. Ich vermute, die Armada von 30.000 Schiffen plant etwas Schlimmes. «

»Das ist auch mein Gedanke«, ergänzte Commander Haught. »Bitte sofortige Startvorbereitungen treffen. Es geht zurück in unsere Milchstraße. «

Das Tor flammte auf und die ersten Schiffe flogen in den künstlichen Horizont hinein. Die Termar 5 stand seitlich versetzt von den Schiffen.

»Wir warten noch«, sagte Commander Haught. »Nur keine Ungeduld. Wir lassen die Hälfte der fremden Schiffe abfliegen. Die reptilen Lebewesen scheinen sich ihrer Arbeit sehr sicher zu sein.«

»Die 60 Minuten sind jetzt um«, bemerkte Steuermann Silveira. »Ich denke es sind bereits genügend Schiffe durch den Knoten geflogen. «

Commander Haught nickte.
»Achtung Steuerung, reihen sie sich vorsichtig in die Kolonne ein. So wie sie es auf dem Hinflug gemacht haben.«

Selbstsicher flog Leutnant Silveira das Schiff in eine Lücke, in die Formation der durch das Tor fliegenden Echsen-Schiffe. Der Sog setzte bereits 2.000 Meter vor dem Tor ein. Leutnant Silveira reduzierte den Schub. »Der Eigenschub setzt uns auf den richtigen Kurs«, sagte er kurz.

»Vermutlich ist dies für die Sauroiden zur Normalität geworden«, dachte Commander Haught.

Auf der anderen Seite angekommen, weiterhin im Tarnmodus agierend, scherte die Termar 5 aus und suchte sich einen unauffälligen Standort für ihre Beobachtungen. Ein Position, nahe einem Asteroiden, war schnell gefunden. Es war die übliche Vorgehensweise.

»Achtung, die Fluchtdifferenz ist eingehalten«, sagte der Commander. »Alle nicht nötigen Energiequellen ausschalten. Ich möchte jetzt noch nicht zurückfliegen, sondern beobachten, was die Echsen vorhaben. Was planen sie jetzt wieder? «

Der Bildschirm zeigte an, dass alle 30.000 Schiffe der Sauroiden das Tor verlassen haben.

»Das Tor schaltet sich ab«, sagte Sergeant Klimmek. »Die erste Strecke ihres Fluges scheinen die Echsen im Normalraum absolvieren zu wollen. «

Die Flotte setzte sich in Bewegung und nahm Fahrt auf. Die Termar 5 folgte den Schiffen getarnt und im Schleichmodus. Die Schiffe waren 30 Minuten geflogen, da vollzog die Flotte den Übergang in den Hyperraum, um kurze Zeit später wieder in den Normalraum zurückzufallen. Die Termar 5 folgte in einem großen Abstand.

»Wieder nur ein kleiner Sprung im Hyperraum«, bemerkte Sergeant Klimmek.

Dieses Manöver wiederholte sich weitere 19-mal, bis die Flotte plötzlich regungslos im All verharrte.

»Ortungen? «, fragte Commander Haught »Was zeigen unsere Sensoren an. «

Der große Bildschirm leuchtete auf und gab ein System mit drei Planeten wieder. Diese drei Planeten waren von einem Asteroiden-Feld umhüllt.

»Vermutlich ist hier vor vielen Jahren ein Planet kollidiert und hat die ganzen Gesteinsbrocken zurückgelassen«, sagte Commander Haught. »Äußerste Vorsicht beim manövrieren. «

Kaum ausgesprochen, da trudelte bereits der erste Echsenraumer unkontrolliert durch den Raum. Er wurde von einem mächtigen Asteroiden getroffen und konnte seine Flugbahn nicht mehr halten. Die zweite Kollision mit einem Felsbrocken ließ das Schiff explodieren. Das kleine Echsen-Schiff zersplitterte in viele kleine Teile und gab seine Energie an den Weltraum ab. Jetzt flogen die weiteren Echsen-Schiffe vorsichtiger vorwärts. Sie fingen an, die Asteroiden mit ihren Laserstrahlen zu beschießen und diese förmlich aus der Flugbahn zu treiben.

»Sie haben es auf Planet 3 abgesehen«, teilte Commander Haught mit. »Unsere Sensoren registrieren das Anlaufen zahlreicher Atom-Reaktoren. Es wird eine gewaltige Energie-Leistung hochgefahren. Das riecht nach einem wichtigen alten natradischen Stützpunkt. «

Die Crew schaute auf den Bildschirm.
»Energiestrahlen werden vom Boden abgefeuert«, meldete Sergeant Klimmek. »Ein globaler Schutzschirm baut sich um den ganzen Planeten auf. Diese Maßnahme wird den Echsen nicht gefallen. «

»Das ist die erste Maßnahme zum Schutz des Stützpunktes durch die natradische Hypertronic-KI«, bemerkte der Commander.

Kaum ausgesprochen, da feuerten die Schiffe der Sauroiden ihre Laserstrahlen in den Schutzschirm. Dieser färbte sich dunkelblau. Das natradische Zeichen für seine volle Leistungsbereitschaft.

»Dieser Beschuss war für den natradischen Schirm ein erstes Warmwerden«, lächelte Commander Haught.

Die Crew der Termar 5 glaubte den Wutschrei der Echsen zu hören, die sich förmlich ihre Zähne an dem Schirmfeld ausbissen.

»Die Energie-Emissionen auf dem Planeten steigen auf ein hohes Niveau«, registrierte Sergeant Klimmek.

»Eine weitere Gegenwehr wird eingeleitet«, teilte Sergeant Sheppard mit.

Von dem Planeten schossen zahlreiche Energie-Strahlen ins All. Die Hypertronic-KI der Basis hatte die Abwehr-Geschütze aktiviert.

»Achtung, die ersten Schiffe werden getroffen«, sagte Commander Haught.

Die Strahlen erfassten die vordersten Schiffe der Sauroiden. Sie hüllten die vordersten Schiffe ein und ließen sie wie einen Feuerball zerplatzen. Die Bordelektronik der Termar 5 zählte monoton 152 Energie-Strahlen, die von dem Planeten aufstiegen.

»Wieso sind in dieser Einöde auf dem Planeten vor uns 152 Abwehrgeschütze installiert? «, fragte Sergeant Sheppard. » Was gibt es hier Besonderes zu schützen. «

Die Frage konnte derzeit kein Offizier der Brückencrew beantworten. «

»Unsere KI besitzt keine Informationen«, antwortete der Commander. »Laut den natradischen Raumkarten sollte hier nichts existieren. «

»Wie lange kann der Planet dem Beschuss der Echsen-Schiffe trotzen? «, fragte Sergeant Silveiera.

»Solange er genügend Energie für den Schirm besitzt und nicht noch mehr Schiffe der zur Unterstützung eintreffen«, antwortete Commander Haught. »allein können wir hier nichts ausrichten. Aber mir schmeckt es nicht, dass die Sauroiden eine wichtige natradische Basis angreifen. Rücksprung nach Katras einleiten. Major Travis erwartet unseren Bericht. Er soll entscheiden, ob wir in diesem Fall helfen können. «

Die Termar 5 verfügte natürlich über wesentlich höher entwickelte Triebwerke als die kleineren Echsenschiffe. Von der jetzigen Position zurück zu Katras genügten der Termar 5 ganze 3 Sprünge. Diese wurden in einer Zeit von 2 Stunden bewältigt. Nachdem der letzte Sprung absolviert war und die Termar 5 wieder in den

Normalraum eintauchte, meldete sich der Ortungs-Offizier des Schiffes.

»Kontakt«, meldete Sergeant Klimmek.
Der Bildschirm aktivierte sich und die Crew zeigte die Flotte von Tarid & Natrid, die 750 Robot-Raumer und die Kampfstation Konstalarosa an. Freudig bezog die Termar 5 eine Position neben der Termar 1, dem Flaggschiff dieser Expedition. Alle waren froh, wieder gesund zurückgekehrt zu sein.

Commander Haught ließ es sich nicht nehmen, persönlich um einen Besprechungstermin bei Major Travis zu bitten.
»Commander Haught ruft die Termar 1, Commander Travis. «, sprach er in seinen Communicator.

Der Kanal knackte. Die Stimme von Major Travis war zu hören.

»Schön sie wieder hier zu haben«, antwortete der Major. »Kommen sie auf mein Schiff. Wir sind auf ihren Bericht gespannt. Nehmen sie einen Jet und docken sie an der Rampe 5 an. Wir erwarten sie. Travis Ende. «

Die Situation war äußerst brisant. Der Commander eilte zu dem Hangar und setzte mit einem Jet zur Termar 1 über. Schnell wurde er von dem Sicherheits-Personal zu Major Travis gebracht.

Commander Haught liebte keine langen Vorträge. Dank der vielen Video-Aufzeichnungen war die Situation klar.

Major Travis stand auf.

»Ihr Bericht war sehr interessant«, sagte er. »Vielen Dank hierfür, Commander. Lassen sie mich ihnen und ihrer Crew nochmals für den gefährlichen Einsatz danken. Sie haben alle gut zusammengearbeitet. Die Daten ihres Speicher-Kristalls waren sehr hilfreich. Nach den Aufzeichnungen bin ich auch der Meinung, dass es sich bei dieser Konstruktion um den Rahmen eines Wurmloch-Tores handelt. Dieser benötigt sehr viel Energie.

Bekannt ist, dass die Schiffe der Sauroiden nicht große Entfernungen im Hyperraum zurücklegen können. Ich denke, es wird ausreichen, das Wurmloch zu deaktivieren. Die Sauroiden haben dann keine Möglichkeit mehr, aus der Andromeda-Galaxie in unsere Milchstraße zu wechseln. Wir erhalten weitere Zeit, um unsere Abwehrpläne umzusetzen. Zunächst sollten wir uns aber den Eindringlingen widmen, die drei Sprünge von hier natradisches Eigentum bombardieren. «

Major Travis schaute ernst in die Runde.
»Machen sie sich alle für einen Einsatz bereit«, befahl er. »Wir brechen in zwei Stunden auf. Unsere natradischen Hinterlassenschaften werden wir nicht aus der Hand geben. «

Die Teilnehmer der Konferenz verließen den Besprechungs-Raum und wechselten zu ihren Schiffen.

Zwischenzeitlich waren weitere 250 Schiffe der Königs-Klasse von Moturel 6 angekommen.

»Gut, dass die Moturel-6 KI bereits begonnen hatte, neue Schiffe zu bauen. Dies kommt uns jetzt zugute«, bemerkte Commander Brenzby.

Major Travis blickte Sergeant Phillip Farmer an.
»Stellen sie mir bitte eine Funk-Konferenzschaltung an alle Schiffe her «, befahl er.

»Die Leitung steht. Sie können sprechen«, antwortete Offizier Farmer.

»Hier spricht Major Travis, Erbfolgeberechtigter Oberbefehlshaber der vereinigten Natrid & Tarid Streitkräfte. Erhobener im Gefüge der Kaiserkaste mit Rang 1, bestätigt und eingesetzt von Noel von Natrid im Rahmen der Nachfolge-Programmierung von Admiral Tarin. Wir ziehen in den Kampf. Ich erwarte eine absolute Konzentration und eine Befehls-Synchronisation. Moturel-6 konnte uns 250 neue Schiffe übergeben. Die Befehle für die Schiffe lauten wie folgt.

Die Schiffe KÖK-651, bis KÖK-750 Schiffe kontrollieren weiter den engeren Raum von Katras und seinen Erzplaneten. Sie werden unterstützt von 250 Schiffen der Moturel 6 Flotte. Die Schiffe KÖK-501 bis 650 machen sich bereit die Station Konstalarosa auf den Sprüngen nach Natrid zu begleiten. Oberst Cameron besitzt die Leitung der Operation. Die Station ist äußerst wichtig für uns.

Die Flotten-Kampfstation muss im Normalraum gesichert werden, in der Zeit, in der sich ihre Konverter wieder auffüllen. Danach ist sie an Noel zu übergeben. Ich bitte Oberst Cameron, nach der erfolgreichen Übergabe der Station zurückzukehren, um unsere Einheiten im Katras-Sektor zu verstärken. Somit bleiben 500 Einheiten unserer 1.500-Meter-Kreuzer hier im Raum stationiert. Ich denke, damit haben wir die wichtige Katras-Anlage zunächst einmal abgesichert. «

»Jetzt noch einen Hinweis an die Konstalarosa «, ergänzte Major Travis. »Führen sie ihre maximal möglichen Sprünge durch und bringen sie die Station heil nach Hause ins Sol-System. Achten sie auf Verfolger. Die Schiffe der Konstalarosa bitte ich als Verstärkung für unsere Mission hierzubleiben. Sie werden sich an den operativen Einsätzen beteiligen und ihrer Station später folgen. Major Travis, Ende. «

Die Konstalarosa bestätigte und schleuste ihre 1.000 Schiffe aus. Diese formierten sich hinter der Station und gingen in Warteposition. Die Befehlsgewalt war auf Major Travis übertragen worden. Die Flotten-Kampfstation zündete ihre Antriebe. Ihre Begleit-Schiffe bestätigten der Termar 1 die Mission. Sie rückten näher an die Kampf-Station heran und sicherten sie.

Die Offiziere auf der Brücke der Termar 1 sahen, wie sich die 150 Robot-Schiffe, unter der Leitung von Oberst Cameron, rechts und links um die Station formierten und einen synchronisierten Sprung in den Hyperraum durchführten. Von einem Moment zum anderen entschwanden sie von dem Blickfeld der Schirme.

Major Travis griff nach dem Communicator.
»Alle Termar-Schiffe, die Robot-Raumer KÖK-001-500 und die Schiffe der Kampf-Station Konstalarosa gehen auf einen Konfrontations-Kurs zu den Echsen-Koordinaten«, befahl er. »Die Tarnung ist zu aktivieren. Bitte bestätigen sie den Einsatz. Die Positionsdaten wurden ihnen bereits übermittelt. «

Unverzüglich tickerten die Bestätigungen ein.
»Alle Anweisungen wurden vollständig bestätigt«, bestätigte Sergeant Farmer.

»Den Sprungbefehl erteilen«, befahl Major Travis.

Fast gleichzeitig verschwanden die Schiffe im Hyperraum.

»Vor uns liegt der letzte Sprung, gleich tauchen wir in den Normal-Raum ein«, sagte der Major.

Er und Commander Brenzby standen am CIC.
»Ich will mir kurz die Daten unseres Ziels anschauen. «

Major Travis zeigte auf einen Punkt.
»Beta Leporis, heller gelber Riese der Spektralklasse G5 in einem Doppelstern. Er ist der zweithellste Stern im Sternbild Lepus, hat eine scheinbare Helligkeit von 2,8 mag. Er ist 160 Lichtjahre von der Erde entfernt und er

besitzt die 150-fache Leuchtkraft der Sonne. Mich interessiert, was wir dort finden. In meinen Unterlagen ist nichts verzeichnet. Es ein System mit drei Planeten. Eher noch mit toten Planeten und einer vereisten Oberfläche. Trotzdem sind dort 52 natradische Abwehr-Geschütze installiert, die den feindlichen Sauroiden-Schiffen Paroli bieten. So kann man sich täuschen. «

Die 500 Roboter-Raumer hatten eine keilförmige Formation eingenommen. Ihnen folgten die 1.000 Raumschiffe der Flotten-Kampfstation. Das neueste Angriff-Manöver lautete MT135 A und war von Major Travis übermittelt worden. Diese bedeutete, das Gruppen zu je sechs Schiffen scherenförmig den Gegner einkesseln sollten. Dann durfte sich die Schere schließen, um die Angreifer sukzessive zu eliminieren. Hiernach sollte der Standort gewechselt werden, um den Gegner zu verwirren. Die Angriffs-Positionen konnten an den gegenüberliegenden Koordinaten wieder aufgenommen werden. Der gleiche Befehl galt auch für die Termar-Schiffe, die aber in Einzel-Formationen die gegnerischen Schiffe angreifen sollten, um Unruhe zu stiften. Das Ziel war die Säuberung des Quadranten von den Sauroiden und Klärung der Geheimnisses des dritten Planeten.

»Wir sammeln uns erst in dem Sektor«, sagte Major Travis. »Sobald die komplette Flotte wieder im Normalraum ist, gebe ich zu gegebener Zeit den Angriffsbefehl. «

Commander Brenzby nickte.

»Ihr Funkspruch ist durch. Wir erhalten die Bestätigungen bereits zurück«, teilte er mit

Major Travis saß entspannt in seinem Sessel und beobachtete den Bildschirm.

»Der letzte Sprung in den Normal-Raum wird in drei Minuten erfolgen«, dachte er. »Es ist die pure Spannung. Die Mannschaft ist gespannt.

»Eintritt in den Normalraum«, meldete Commander Brenzby.

Wie ein Blitz, materialisierten die Schiffe an den Koordinaten und fingen an zu scannen. Sofort schlugen die Taster aus und die Bildschirme der Schiffe zeigten viele feindliche Punkte an.

Es wurden 27.153 Schiffe geortet, die sich um den dritten Planeten des Systems verteilt positioniert haben«, teilte Sergeant Dantow mit. Sie attackieren pausenlos den globalen Schutzschirm mit ihren Laserstrahlen. «

»Wir sind noch rechtzeitig gekommen«, freute sich Major Travis. »Der Schutzschirm hält noch dem Angriff stand. Dieser ist nicht mit der neuen Art des Katras-Schirmes vergleichbar. «

Das wird der gleiche natradische Schutzschirm sein, der auch für unsere Schiffe verbaut wurde«, bemerkte

Commander Brenzby. »Der Standard-Schutzschirm des kaiserlichen Imperiums von Natrid.«

»Wir sehen jetzt hier, wie schlecht es sein kann, wenn eigentlich hochwertige Produkte nicht weiterentwickelt werden«, erwiderte Major Travis. »Damals standen bestimmt genügend Schiffe als Schutztruppe zu Verfügung. Jetzt sind diese Schiffe nicht mehr da. Der Schutz-Schirm funktioniert daher auch nur eine bedingte Zeit. Seht euch die Polkappen an. Da sieht man die ersten Strukturlöcher und Zerfallserscheinungen am besten. Die dort durchgeschlagenen Laserstrahlen haben bereits das Gestein der Erdkruste glutflüssig werden lassen. «

Obwohl die Abwehr-Geschütze ihr Bestes gaben, konnten sie nicht alle Laser-Salven abfangen. Zwischendurch erledigte wieder ein Geschütz ein Schiff der Angreifer. Aber die Schiffe der Sauroiden hatten gelernt. Sie wechselten ihre Positionen. Die Strahlen der Abwehr-Geschütze jagten durchs All und verloren dadurch wertvolle Sekunden. In dieser kurzen Zeit, versuchten sich die Schiffe der Sauroiden neu zu positionieren. Nicht immer gelang dies schnell genug. Wieder explodierte ein Schiff, das es nicht rechtzeitig geschafft hatte.

»Sergeant Farmer, öffnen sie einen Kanal an alle Robot-Raumer«, befahl der Oberbefehlshaber.

Der Funkoffizier drehte seinen Kopf und nickte.
»Sie können sprechen«, antwortete er. »Die Leitung ist offen. «

»Hier spricht Major Travis, alle Robot-Schiffe greifen in den Kampf ein und drängen die Sauroiden von dem Planeten weg«, befahl er. »Operieren sie nach Angriffsformation MT 135 A. Die Termar-Schiffe bleiben zunächst hier in Warteposition. Lediglich das Feuer auf zu dicht aufschließende Schiffe des Gegners durchführen. «

Das Kommunikationsgerät klickte ununterbrochen und gab die einzelnen Bestätigungen der Schiffe aus.

»Wird der Planet vor uns in unserem Archiv gelistet? «, fragte Commander Brenzby.

Die KI der Termar 1 antwortete monoton.
»Der vor uns liegende Planet ist nicht registriert«, erwiderte sie. »Wertloser Steinhaufen, ohne Mineralien, Erze oder sonstigen Rohstoffen. Ein solcher Planet wurde nicht ins zentrale NZA aufgenommen (Natradisches-Zentral-Archiv). «

»Danke«, antwortete Commander Brenzby.
»Hier spricht Major Travis, Erbfolgeberechtigter Oberbefehlshaber der vereinigten Natrid & Tarid Streitkräfte«, sprach er in seinen Communicator. Erhobener im Gefüge der Kaiserkaste mit Rang 1, bestätigt und eingesetzt von Noel von Natrid im Rahmen der Nachfolge-Programmierung von Admiral Tarin. Ich rufe den nicht registrierten Geschütz-Planeten natradischen Ursprungs, der von den Fremdrassen angegriffen wird. Wir bieten dir unsere Unterstützung an.

Als Gegenleistung erwarten wir Kooperation und Unterwerfung nach natradischem Gesetz. «

Major Travis sandte zur Bestätigung den Befehls-Code, des unter seiner Haut implantierten Codegebers. Im gleichen Augenblick flammte der Bildschirm der Termar 1 auf und zeigte das kaiserliche Imperiums-Symbol in voller Breite an.

»Hier spricht der Forschungs-Planet Nr. 15.397, als geheim zertifiziert und nur den engsten Mitarbeitern des Kaisers auskunftspflichtig. Ich bitte um Unterstützung, da ansonsten die Geheimhaltung nicht mehr aufrechterhalten werden kann. «

Major Travis bestätigte die Unterstützung und gab sein zweites Codesignal ab, das ihn als erhobener Ober-Befehlshaber der Natrid-Streitkräfte deklarierte. Der Planet 15397 lenkte ein.

»Autorität anerkannt«, antwortete er. »Bitte landen sie ihr Raumschiff und übernehmen sie wichtige Unterlagen, Pläne, Apparaturen und zwei Stasis-Kammern. Wir verfügen leider über keinen Transmitter, um ihnen die Dinge auf ihr Schiff zu transferieren. Diese Maßnahme diente nur zu unserer Abschottung und der extremen Geheimhaltung. Bedingt durch die Situation des Planeten, hebe ich den Befehl auf, dass nur Einheiten der NKS (Natradischen-Kaiserlichen-Sicherheit) hier landen dürfen. Übernehmen sie zwei Überlebende des natradischen Geschlechtes mit ihren Stasis-Kammern.

Landen sie mit ihrem Schiff, ich sende ihnen einen Peilstrahl. Es muss schnell gehen. Immer mehr Teile meines Planeten verflüssigen sich. Dieser Stützpunkt ist nicht länger zu halten. Ein Teil meiner Abwehr-Geschütze ist bereits ausgefallen. «

»Der Peilstrahl ist eingerastet«, teilte Sergeant Farmer mit. »Wir können landen. «

»Commander Brenzby«, sagte Major Travis. »Erklären sie die Situation den restlichen Termar-Schiffen. Sie sollen uns bis zum Planeten Deckung geben und dort auf unsere Rückkehr warten. Sie möchten eine Abwehr und Deckungslinie einrichten. «

Major Travis ließ Sirin auf die Brücke kommen.
»Gleich lernen wir einige Überlebende von deinem Geschlecht kennen«, sagte er.

Sirin zog ihre rechte Augenbraue hoch.
»Wo kommen die denn her«, fragte sie. »Hierauf bin ich nicht vorbereitet. Ich freue mich natürlich, aber etwas überraschend ist es schon. «

Noch immer getarnt schwebte die Termar 1 langsam dem Planeten entgegen. Der Peilstrahl endete in einem massiven Gebirge, auf dem eine Plattform für landende Raumschiffe eingeebnet worden war. Langsam schwebte Termar 1 dem Boden entgegen. Ein leichter Ruck teilte den Kontakt und das Aufsetzen des 500-Meter-Kreuzers mit.

»Commander Brenzby, Sirin, Tart 1 und Tart 2, Heinze und Leutnant Carney und Sergeant Hardin und 6 seiner Marines kommen mit«, befahl Major Travis. »Wir schauen uns das an. «

Eiligst eilte das Team aus der Brücke in den Hangar des Schiffes. Es dauerte nur eine kurze Zeit, bis das Team der Termar 1 sich auf dem Landefeld versammelt hatte.

Major Travis schaute sich um.
»Die Landefläche sieht aus, als ob sie aus kristallisiertem Stein erstellt wurde. «

Sirin nickte lässig.
»Standardverfahren, Urbanisierungs-Maßnahme des natradischen Imperiums. Glättung von Gebirgsflächen mit natradischen Laser-Strahlen. Der Stein wird verflüssigt und verschließt automatisch unebene Flächen. Er muss dann nur rechtzeitig geglättet werden. «

Sergeant Hardin und seinen Marines hatten sich verteilt und blickten aufmerksam in alle Richtungen. Unter einem lauten Quietschen öffnete sich ein Schott in einem Berg. Hieraus quollen Arbeitsroboter, die auf Prallfeldern und Schwebeplattformen unterschiedliche Maschinen, Apparate, Konstruktionen aus natradischer Fertigung, transportierten. Ihnen voran schritt ein Roboter der kaiserlichen Garde. Vor Major Travis blieb er stehen.

»Ich bin KI-15.397, ausschließlich dem Kaiser und dem NKS unterstellt, zu äußerster Geheimhaltung verpflichtet. Sie sind Major Travis, Erbfolgeberechtigter Oberbefehlshaber der vereinigten Natrid & Tarid Streitkräfte. Erhobener im Gefüge der Kaiserkaste mit Rang 1, bestätigt und eingesetzt von Noel von Natrid im Rahmen der Nachfolge-Programmierung von Admiral Tarin? «

Major Travis nickte.
»Ja das stimmt«, antwortete er. »Ich unterliege genau wie sie Rede und Antwort nur dem Kaiser. Was ist das hier für eine Forschungs-Station. «

»Dieser Planet ist eine von vielen Forschungsstätten im kaiserlichen Imperium«, antwortete Robot 15.397. »Meine Existenz wurde völlig geheim gehalten, kaum jemand wusste hiervon. «

KI-15397 schaute Sirin an.
»Sie wissen das ja, bezogen auf ihre kaiserliche Herkunft«, bemerkte er.

Sirin zog die rechte Augenbraue hoch.
»Wieso erkennen sie mich? «, fragte sie.

»Mir liegen alle Daten des kaiserlichen Geschlechts vor«, antwortete der Robot. »In der Reihenfolge der Regierungsnachfolge nehmen sie Platz 57 ein. Sie sind der erste Vertreter des kaiserlichen Geschlechtes, den ich seit 98.000 Jahren sehe. «

Major Travis schaute zu Commander Brenzby.

»Lassen sie die Versorgungs-Brücke herunter«, befahl er. Wir müssen zusehen, dass wir hier wieder schnell wegkommen. «

Commander Brenzby gab die Anweisung weiter. Die Arbeits-Roboter der Termar 1 standen bereit und nahmen die Ware in Empfang. Schnell verstauten sie die Materialien in den Laderäumen.

»Was ist das alles hier? «, fragte Major Travis. 15.397 antwortete sofort.

»Ich verweise noch einmal auf die Aufhebung der Geheimhaltung«, erklärte er. Diese ist nur möglich, wenn ein entsprechender Schutz gewährleistet ist. Nachdem meine Schutz-Flotte von 250 Schiffen der Kaiser-Klasse, die dieses System Jahrtausende ausreichend sichern konnten, von Admiral Tarin abgezogen wurde, blieben mir nur noch meine installierten Abwehr-Geschütze übrig. Solange man uns nicht entdeckte, war alles gut. Aber bei einer solchen Armada von Angreifern bleibt langfristig keine große Chance auf eine Verteidigung. Die Echsen hatten unseren Standort herausbekommen. «

Major Travis nickte.

»Ich verstehe«, antwortete er. »Aber du hast meine Frage noch nicht beantwortet. Was war das hier für eine Forschungsstelle? «

»Diese Forschungsstelle ist eine Einrichtung der Prioritätsstufe 1 des NKS«, erwiderte KI 15.397. »Hier wurden die modernste neuen Entwicklungen für das Imperium konzipiert. «

Major Travis pfiff durch die Zähne.
»Sind hier denn noch einige Neuheiten und Entdeckungen versteckt, die noch nicht in Serie gegangen sind? «, fragte er.

KI 15.397 antwortete sofort.
»Es sind alles Neuentwicklungen und Ideen unserer wissenschaftlichen Genies, die wir zum Schluss nicht mehr nach Natrid übermitteln konnten. Wir verfügten über keinen Transmitter und auch über keine Schiffe mehr. Der Abzug der Schiffe durch Admiral Tarin war ein großer Fehler. «

Sirin ergriff das Wort.
»Willst du die Entscheidungen des vom Kaiser eingesetzten Admirals kritisieren? «, fragte sie.

»Nein, auf keinen Fall«, entgegnete 15.397. »Ich spreche nur Tatsachen aus. Sie sehen ja, dass wir diese Welt jetzt evakuieren müssen, weil sie nicht mehr haltbar ist. Alle aktuellen Informationen sind auf den Speicherkristallen hinterlegt. Bitte bringen sie diese Unterlagen persönlich zum Kaiser. «

Major Travis nickte.
»Wem unterstand diese Einrichtung? «

Robot 15.397 antwortete sofort.

»Diese Stützpunkt war das bevorzugte Labor und eine große Konstruktionseinrichtung von Marvin und Gareck. Sie besitzen den Ruf, die größten Genies unseres Imperiums zu sein. «

Major Travis horchte auf.

»Was wissen sie über den Aufenthaltsort von Marek und Gareck? «, fragte er nach.

Ein lautes Zischen ertönte und Major Travis schaute zum Himmel. Der Schutzschirm färbte sich bereits an einigen Stellen rosa und wies erhebliche Struktur-Löcher auf.

»Es wird Zeit«, sagte er zu seinem Team. »Eher belanglos und als Abschluss des Gespräches gedacht«, fragte Major Travis Robot 15.397 nochmals.

»Was ist mit Marvin und Gareck passiert? «

Robot 15.397 antwortete monoton.

»Was soll mit ihnen sein, sie liegen nach wie vor in den Stasis-Kammern, die ich ihnen übergeben habe«, sagte er. »Gehen sie jetzt, der Schirm gibt in Kürze nach. Meine letzten Minuten brechen an. Sie müssen aufbrechen, ich bekomme soeben eine Nachricht, dass bereits 65 % der Planeten-Kruste glutflüssig gebombt wurde. Die Sauroiden werden irgendwann ihre Atom-Plasma-Bombe werfen, die das flüssige Magma in einer gewaltigen

Explosion zerreißen lässt. Meine Forschungswelt wird aufhören zu existieren. «

Major Travis wollte keine weiteren Worte verlieren. Er hob die zur Faust geballte Hand, schlug sie auf seine Brust und zog diese etwas über seine Schulter zurück. Das war der alte Gruß der natradischen Flotte. Der Robot erwiderte diesen sofort.

Das Team beeilte sich, zurück auf die Termar 1 zu gehen. Die Reaktoren liefen an und langsam hob das Schiff vom Boden ab. Der Schutz-Schirm des Planeten löste sich immer weiter auf. Commander Brenzby gab eine Info an die wartenden Termar-Schiffe durch.

»Hier spricht Commander Brenzby«, sagte er. »Die Mission ist erfüllt. Wir ziehen uns zum Rand des Geschehens zurück und beobachten weiter. Die Robot-Schiffe und die Schiffe der Konstalarosa bleiben weiter aktiv und eliminieren den Feind. «

In sicherer Entfernung vom Schlachtfeld schalteten die Termar-Schiffe den Tarnschirm aus. Die Anzahl der angreifenden Schiffe der Sauroiden hatte sich zwischenzeitlich auf 19.423 reduziert. Diese reichten jedoch aus, um dem Konstruktions-Planeten den Rest zu geben. Durch den kontinuierlichen Dauerbeschuss brach der Schirm vollständig zusammen. Die Laser-Salven konnten nun ungeschützt auf dem Boden einschlagen. Mit dem Ausfall des Schirms setzten die Sauroiden ihre Bomben ein. Diese schlugen jetzt auf das flüssige Magma des Planeten auf. Atomare Reaktionen folgten. Zwischenzeitlich waren 90 Prozent der Erdkruste gutflüssig. Die vorderste Front der Angreifer-Schiffe setzte zwei ungewöhnlich große Bomben in dem Orbit des Planeten ab.

»Jetzt geben sie ihm den Rest«, sagte Major Travis.
Alle Brückenoffiziere schauten gespannt auf den Bildschirm. Die zwei Bomben zündeten ihren Antrieb und flogen dem Planeten entgegen. Nichts hielt sie mehr auf. Sämtliche Abwehr-Geschütze waren in der flüssigen Lava untergegangen. Die Bomben tauchten in den flüssigen Mantel des Planeten ein.

»Es müssen besonders geschützte Bomben sein, die diese ungeheure Hitze aushalten können«, flüsterte der Major.

Er hatte den Satz nicht ausgesprochen, da zerriss eine grelle Explosion den glutflüssigen Planeten in seine Einzelteile.

»Wir sind einfach zu spät gekommen«, bemerkte der Major enttäuscht. »Unsere Flotte wäre mit den Schiffen des Gegners in jedem Fall fertig geworden, aber nicht in der kurzen Zeit, die der Robot-KI-15397 noch zur Verfügung stand. «

»Der Gegner zieht seine Schiffe ab«, sagte Sergeant Farmer. »Sie fliehen und springen in den Hyperraum. Ihr Auftrag ist erledigt. «

»Funkspruch an alle Robot-Schiffe, Verfolgung und Beschuss einstellen und sammeln«, ordnete Major Travis an. »Eine Verfolgung bringt nichts. Ich möchte wissen, woher die Sauroiden die Informationen über diesen Konstruktions-Planeten bekommen haben. Kann es sein, dass die Unterlagen von den ursprünglichen Rigo-Sauroiden noch existieren? «

Major Travis schaute Sirin an.
»Das weiß ich wirklich nicht«, sagte sie. »Laut meinen Informationen haben die Rigo-Sauroiden alle einen Suizid begangen. Auf ihrem Heimat-Planeten wurde alles vernichtet. Ob noch Informationen auf nicht explodierten Schiffen übriggeblieben sind, entzieht sich meiner Kenntnis. Was mich verwundert ist, dass wieder ein Echsen-Volk über einen Duplikator verfügt. Wo kommt diese Technik her. Ist da noch jemand Unbekanntes im Hintergrund, der versucht diese reptilien Lebewesen gegen humanoide Lebewesen aufzustacheln? «

»Wir werden die Daten in aller Ruhe auswerten«, erwiderte der Major. »Dann entscheiden wir, wie weiter vorgegangen wird. Die heutige Operation ist beendet. Fliegen wir zurück nach Katras. Wir werden uns erst mal einige Tage dort ausruhen und die ganze Geschichte analysieren. «

Natradische Genies

Zwei Tage waren zwischenzeitlich vergangen. Die Flotte lag ruhig im Raum um Katras und seinen Erzplaneten. Die Schiffe zogen ruhige Bahnen auf den vorgegebenen Routen. Kein Feind, kein Gegner oder etwas Unbekanntes, störte die Erholungsphase.

»Was macht das Verhör mit dem Flottenkommandant Razz Zarass«, fragte Major Travis.

»Der packt nicht aus«, antwortete Commander Brenzby. »Er redet einfach nicht. «

»Ist er noch auf der Termar 6, unter Commander Fontana in Arrest? «, erkundigte sich Major Travis.

»Ja«, erwiderte Commander Brenzby. »Es ist sogar noch eine weibliche Gefangene dabei. Diese haben wir auch mitsamt ihrer Rettungskapsel geborgen. «

»Vielleicht ist das weibliche Wesen umgänglicher«, überlegte Major Travis. »Wir setzen über und nehmen Heinze und Leutnant Carney mit. Vielleicht können wir den großen Flotten-Kommandeur überrumpeln. Wenn das alles nicht hilft, dann werde ich ihn der Obhut von Noel übergeben. Ich denke, er wird andere Mittel haben, um ihn zum Reden zu bringen. Es geht um unsere Sicherheit. Wir dürfen kein Mitleid mit einem nicht einsichtigen Angreifer haben. «

Commander Brenzby nickte.

»Du hast Recht«, erwiderte er. »Es steht zu viel auf dem Spiel. «

»Hallo Herr Major«, tönte es vom Eingangsschott herüber. Heinze und Leutnant Carney betraten die Brücke.

»Was können wir für sie tun? «, fragte der Leutnant.

»Geht es euch gut? «, lächelte Major Travis.

Heinze nickte freudig.

Commander Brenzby hielt ihm eine Banane hin, die Heinze freudig ergriff.

»Bananen mag er am liebsten«, lächelte Leutnant Carney. »Ich glaube, die könnte er zu jeder Zeit essen. «

»Ich habe eine Aufgabe für dich, Heinze«, begann Major Travis. »Wir setzen jetzt zu unserem Gefangenen über, dem Flotten-Kommandeur Razz Zarass. Er will nicht reden. Kannst du vielleicht seine Gedanken lesen? Versuche bitte, alle für uns wichtigen Informationen herauszufiltern. «

»Ich will es gerne probieren«, antwortete Heinze. »Ich kann nicht bei jedem Wesen die Gedanken lesen. Es gibt Individuen, die einen Sperrgürtel um ihren Verstand legen können, speziell um ihre Gedanken. Ich muss mich in jedem Fall vortasten. «

»Mehr erwarte ich auch nicht«, erwiderte Major Travis. »Last uns gehen. «

Commander Fontana begrüßte den Besuch.
»Ich freue mich immer über nette Gäste«, sagte sie. »Wer ist denn der Knuddelbär? «

»Das sind Heinze und Leutnant Carney«, erwiderte der Major. »Er ist ein wichtiger Verbündeter für uns. Neben ihm sehen sie Commander Brenzby und meine Leibwache Tart1 und Tart 2. «

Reaktionsschnell stellten sich die Elite-Roboter der natradischen Produktion rechts und links neben Major Travis.

»Wir möchten nochmals zu ihrem Gefangenen«, sagte der Major. Wir brauchen einfach mehr Informationen. «

»Ich verstehe«, erwiderte Commander Fontana. »Folgen sie mir bitte. Ich bringe sie zu den Arrestzellen. «

Nach einem kurzen Fußmarsch stand die Gruppe vor den besonders gesicherten Zellen. Commander Fontana öffnete die erste von ihnen. Zwei Sicherheits-Soldaten gingen hinein und sicherten den Raum. Erst dann traten Commander Fontana und ihre Besucher ein. Der stolze Flottenkommandeur Razz Zarass saß vor ihnen auf seiner

Pritsche und starrte die Wand an. Ärgerlich drehte er seinen Kopf und blickte die Gäste an.

»Machen sie mich endlich los«, gurrte er. »Was wollen sie noch von mir, beenden sie diese Folter.«

Der Translator übersetzte seine Laute sofort in die natradische Sprache.

»Wir möchten einige Informationen von ihnen«, sagte Major Travis.

»Sie erfahren nichts von mir«, entgegnete Razz Zarass. »Wir Green-Lizards reden nie.«

»Warum ziehen sie so eine große Flotte in der Milchstraße zusammen?«, fragte der Major. »Was haben sie vor?«

Der Flottenkommandeur grinste ihn hämisch an.
»Wir sind ausgezogen, um alle humanoiden Lebensformen in der Galaxis zu vernichten«, fluchte er. »Wir haben die Technik und können ein Wurmloch zu jeder und noch so entfernten Galaxis aufbauen.«

»Das ist interessant zu hören«, antwortete Major Travis. »Diese Technik kann unmöglich von ihnen sein. Wer hat ihnen diese gegeben.«

»Das sage ich nicht«, antwortete der Flotten-Kommandeur. Diese Informationen wurden als geheim eingestuft. «

»Also gehe ich recht in der Annahme, dass diese Technik gar nicht von ihnen entwickelt wurde? «, bohrte Major Travis weiter.

»Ich sage gar nichts mehr«, antwortete Razz Zarass. »Sie können mir nichts mehr entlocken. «

»Ich sehe, sie verhalten sich nicht kooperativ«, entgegnete Major Travis. Wir besitzen andere Mittel, um an ihre Informationen zu kommen. «

Er schaute auf Heinze.
»Willst du dein Glück probieren? «, fragte der Major. » Vielleicht kannst du ihm etwas entlocken. «

»Ich versuche es«, antwortete der Ro.

Heinze drehte sich zu Razz Zarass um. Seine Augen wurden sehr durchdringend. Seine Gedanken gruben sich tiefer und tiefer in das Gedächtnis von Razz Zarass ein. Die Anwesenden sahen, wie der Flotten-Kommandeur schmerzhaft sein Gesicht verzog.

»Geh aus meinem Kopf, du Ungeheuer«, tobte er.

Der Schmerz wurde noch intensiver. Heinze bohrte tiefer und tiefer. Wie ein Würgegriff packte er die Erinnerungen von Razz Zarass und zerrte diese an die Oberfläche. Wie in Trance teilte Razz Zarass seine Erinnerungen mit.

»Wir duplizieren Raumschiffe und entsenden diese in alle bekannten Galaxien des Universums«, teilte er mit. »Ihre Aufgabe ist es, die letzten Kolonien von Humanoiden zu finden. Die Schiffe übermitteln uns die Koordinaten Es sollen noch überlebende Natrader existieren, die der großen Vernichtung entkommen sind. Wir haben bereits viele neue Kolonien entdeckt, die Bewohner getötet und die Planeten gereinigt. Leider haben sich die Humanoiden auf den unterschiedlichen Planeten im All niedergelassen. Von daher ist eine umfangreiche Suche nötig. Wir müssen sie alle vernichten. Zu tief sitzt der Schmerz über das Leid, dass die Natrader und ihre Abkömmlinge unseren Verwandten angetan haben. «

Major Travis, Sirin und Commander Brenzby sahen sich an.

»Warum hasst ihr die Humanoiden so? «, fragte Commander Brenzby. »Der Krieg ist lange bereits zu Ende.

»Unsere Herren, die Worgass wünschen es so«, antwortete Razz Zarass.

»Wer sind die Worgass? «, fragte Sirin.
Der Flotten-Kommandeur sträubte sich, weitere Informationen auszuplaudern.

Der Würgegriff von Heinze wurde enger und enger. Endlich redete der Gefangene weiter.

»Die Worgass sind eine sehr alte Rasse, uns weit überlegen«, erklärte er. »Man sagt, sie sind von einer anderen untergegangenen Sterneninsel zu uns übergesiedelt. Sie bestimmen, wer die Berechtigung erhält zu leben, oder wer nicht. Sie öffneten uns die Augen. Die Worgass erklärten uns, dass alle humanoide Lebewesen als Parasiten und als eine Krankheit des Universums angesehen werden müssen. Daher wird ihre Ausbreitung strikt begrenzt. Die Worgass gaben uns zu diesem Zweck ihre einzigartige Technik, die Raumschiffe und auch den programmierbaren Wurmloch-Knoten. Mit ihm können wir alle infizierten Galaxien erreichen. Er arbeitet wie ein von euch verwendeter Transmitter, jedoch mit einer wesentlich größeren Reichweite. «

»Das reicht«, sagte Major Travis.
Heinze lockerte den Gedankengriff. Razz Zarass fiel sichtbar erschöpft zu Boden.

»Jetzt wissen wir, wer dahintersteckt«, sagte Sirin. »Der große Unbekannte, eine noch viel größere Macht im Hintergrund, stachelt die ganzen Reptilien-Völker auf. Vielleicht war das auch schon vor 100.000 Jahren so, als die Rigo-Sauroiden Natrid angegriffen hatten. Das ist eine nicht endende Geschichte. Man sieht also, wie lange gehasst werden kann. Wir müssen diese Absichten korrigieren, damit endlich wieder Normalität im Universum Einzug hält. «

»Commander Fontana«, sagte Major Travis. »Bitte bringen sie unseren Gefangenen zu Noel. Er soll versuchen, mit allen natradischen Mitteln, weitere Informationen aus ihm herauszufiltern. Nehmen sie einige Schiffe mit Roboterbesatzung als Flankenschutz mit. Wir fliegen zurück zur Termar 1. «

»Wird gemacht, Herr Major«, antwortete Commander Fontana. »Soll ich den zweiten Gefangenen direkt mitnehmen? Es ist ein weibliches Wesen. «

Commander Brenzby und Major Travis schauten sich an. Commander Fontana blieb stehen und wies auf eine Türe.

»Hier ist es«, sagte sie.
Tart 1 öffnete die Türe und schaute hinein.

»Alles in Ordnung«, meldete er blechern. »Sie können eintreten. «

Major Travis, Commander Brenzby, Tart 1, Heinze und Leutnant Carney gingen in die Zelle. Verschüchtert saß eine junge Green-Lizard auf einem Stuhl. Ängstlich blickte sie die Besucher an. Die Augen von Tart 1 leuchteten tiefrot. Das war das Zeichen, dass der Roboter in seinen Kampfmodus geschaltet hatte.

»Haben sie keine Angst, wir überführen sie nur in ein anderes Schiff«, erklärte Major Travis. »Dort können wir uns unterhalten. Ich bin Major Travis, erbfolgeberechtigter Oberbefehlshaber der vereinigten Natrid & Tarid Streitkräfte. Erhobener im Gefüge der Kaiserkaste mit Rang 1. Wenn sie mit uns zusammenarbeiten möchten, bieten wir ihnen Asyl an. Falls sie sich weigern sollten, werden wir Maßnahmen ergreifen, um an ihre Informationen zu gelangen. Das kann ein Wahrheits-Serum sein, oder auch ein Eingriff per Telekinese. Ersparen sie sich diese Schmerzen. «

Die junge Green-Lizard sah für eine Repräsentantin einer reptilen Rasse für menschliche Augen gesehen hübsch aus.

»Stehen sie bitte auf, wir möchten gehen«, sagte Commander Brenzby.

Tart 1 und Tart 2 nahmen die Gefangene in die Mitte und sicherten sie mit terranischen Handschellen.

»Wie heißen sie? «, fragte Major Travis.
Die Gefangene schaute kurz auf.

»Mein Name ist Raise Zyran«, antwortete sie. »Ich bin Linguistin. Meine Aufgabe ist es, die Sprache von neuen Rassen zu studieren. Leider bin ich nie dazu gekommen, weil mein Volk alle neu entdeckten Rassen direkt angegriffen und vernichten musste. Jetzt ist man auf die natradischen Territorien aufmerksam geworden. «

Sie lachte kurz auf.

»Erst jetzt haben unsere Herren ihren Meister gefunden«, ergänzte sie. »Sie sind die erste Rasse, die dem Expansionsdrang des Worgass-Regime Einhalt geboten hat. Dafür danke ich ihnen. Sie werden vermutlich den Zorn des ganzen Worgass-Imperiums auf sich ziehen. Die Netzwerkdenker, das ist der militärische Arm des Worgass-Imperiums, wird sicherlich bereits entsprechende Angriffspläne ausarbeiten. «

Sie lächelte Major Travis an.
»Wir haben die gleichen Interessen«, fuhr Raise fort. »Ich gehöre zu einer Untergrund-Organisation, die schon lange probiert das Worgass-Regime zu stürzen. Nur auf diesem Wege lässt sich die gezielte Ausrottung von fremden Lebensformen im Universum stoppen. «

»Warten sie bitte mit ihren Informationen, bis wir auf ein anderes Schiff gewechselt sind«, sagte Major Travis. »Commander Fontana hat eine andere Aufgabe zu erledigen. Folgen sie uns in den Hangar. «

Er drehte sich zu Commander Fontana um.
»Alles Gute, für sie, lächelte der Major. »Seien sie vorsichtig und riskieren sie nichts. Denken sie bitte daran, keine Spuren zu hinterlassen. Fliegen sie mit ihren Begleitschiffen die Strecke im Normalraum nach Möglichkeit im Tarnmodus. Kommen sie sicher ins Sol-System zurück.«

Commander Fontana salutierte.
»Das werde ich«, bestätigte sie.

Auf der Termar 1 hatten sich auf Wunsch von Major Travis die Offiziere im Konferenzraum des Schiffes versammelt.

»Ich begrüße sie, meine Damen und Herren«, begann Major Travis das Gespräch. »Nach dem Verhör des Flotten-Kommandeurs Razz Zarass können wir festhalten, dass die Sauroiden einen sehr großen Hass gegen sämtliche humanoide Lebewesen hegen. Wir konnten zwar keine näheren Informationen aus ihm herausbekommen, mussten aber registrieren, dass die Vernichtung der humanoiden Lebensformen das Ziel ihres Feldzuges in der Milchstraße ist. Ob dieser Hass noch ein Resultat des ersten Krieges der Natrader gegen die Rigo-Sauroiden ist, konnte bislang nicht ermittelt werden.

Die Informationen, die uns Commander Haught übergeben konnte, bringen mich zu dem Entschluss, dass wir diese Invasion aufhalten müssen. Es ist zu früh, eine nicht wehrhafte Erde und einen aus dem Schlaf erwachenden Planeten Natrid zu verteidigen. Sie alle wissen, dass wir uns Zeit geben müssen, unsere eigene Verteidigung aufzubauen und um eine Flotte von Schiffen zu produzieren. Ich bitte um Vorschläge meine Damen und Herren, wie wir das bewerkstelligen könnten? «

Commander Cottle bat um das Wort.
»Wir greifen an und versuchen ihnen ihre Invasions-Pläne auszureden«, erklärte er. »Bisher haben unsere Waffen nicht versagt. «

Die anderen Anwesenden zogen ihre Stirn in Falten. Commander Rosenblatt antwortete direkt.

»Nein, ich bin dagegen«, antwortete er. »Bisher haben wir immer ein sehr leichtes Spiel gehabt. Wir wissen nicht, ob das so bleiben wird. Die Green-Lizards werden wohl bemerkt haben, dass unsere Waffen effektiver sind. Auch für sie macht es keinen Sinn, sich dauernd abschießen zu lassen. Ich denke, sie basteln an einer anderen Lösung. Wann diese fertig sein wird, das können wir nicht beantworten. In jedem Fall sollten wir uns nicht auf den ersten Erfolgen ausruhen.«

»Das sehe ich auch so«, bestätigte Commander Stuart. »Die Green-Lizards haben Technik im Einsatz, die unmöglich von ihnen stammen kann. Ist es möglich, dass ihnen jemand doch noch effektivere Waffen geben könnte? «

Major Travis nickte.
»Ausschließen können wir das nicht «, erwiderte er. »Nach den Analysen der Aufzeichnungen der Termar 5 haben wir festgestellt, dass es sich tatsächlich um einen Wurmloch-Knoten handelt. Diese Technik ist bei uns noch in der Entwicklung. Für seine Aktivierung ist eine massive und komplexe Energie-Versorgung notwendig. Der Aufbau einer entsprechenden Kontroll-Steuerstation ist nicht ebenfalls einfach und dauert seine Zeit. «

Commander Jed Cottle erhob sich.

»Wir fliegen mit unserer getarnten Flotte durch den Wurmloch-Knoten und zerstören die gesamte Infrastruktur des feindlichen Planeten «, bemerkte er.

Zustimmendes Gemurmel erfüllte den Raum.
Sirin erhob ihre Hand.

»Ich stimme ihnen zu, dass wir das könnten«, antwortete sie. »Jedoch wer bewusst Gewalt sät, der wird auch neue Gewalt ernten. Wir sehen es an unserem Beispiel. Selbst nach 100.000 Jahren konnten die Nachkommen der damals von uns besiegten Rigo-Sauroiden, ihren Hass nicht vergessen. Es scheint sich um eine Krankheit zu handeln, die von Generation zu Generation vererbt wird. Diese Krankheit muss von uns geheilt werden. Wir brauchen lediglich die richtige Medizin hierzu, um langfristig Ruhe zu finden. «

Heftiger Beifall war zu hören. «

»Wie soll das gehen? «, erkundigte sich Commander Brenzby.

Sirin blickte ihn an und antwortete langsam.

»Das weiß ich selbst noch nicht«, erwiderte sie. »Wir sollten in jedem Fall mehr Exemplare von den Sauroiden in unsere Gewalt bringen, um Analysen durchführen zu können. Vielleicht finden wir ein Gegenmittel, um diesen Hass zu beenden. «

Major Travis fuhr fort.

»Die Aufzeichnungen von Commander Haught waren sehr aufschlussreich«, ergänzte er. »Unsere spätere Auswertung ergab noch weitere interessante Details. In der Ansammlung der geparkten Schiffe der Green-Lizards wurden drei ungewöhnliche Schiffe entdeckt, die unmöglich von den Sauroiden stammen können. Bislang griffen uns die Green-Lizards immer nur mit den bekannten Schiffs-Varianten, der 150, 250 und 400-Meter-Klasse an. Andere Schiffe kennen wir nicht. Auch aus den Archiven von Noel wissen wir, dass die alten Rigo-Sauroiden ebenfalls über keine anderen Schiffstypen verfügten. In den von Commander Haught übergebenen Aufklärungsdateien entdeckten wir Schiffe, die zu unserer Überraschung einheitliche Baumasse von 2.500-Metern aufwiesen. Das sind größere Schiffsmodelle, als wir sie unterhalten. Wir wissen nicht, was dies bedeutet und welcher Rasse die Schiffe zugeordnet werden können. Vielleicht handelt es sich um Zerstörer von den Worgass? Hiervon sprach Flottenkommandeur Razz Zarass in seinem Verhör. Handelt es sich bei den Schiffen um die fremde Macht, die wir noch nicht kennen. Werden die Echsen von diesen Wesen beeinflusst? «

Major Travis legte eine Pause ein und gab den Teilnehmern die Möglichkeit das Gehörte zu verarbeiten.

Nach einigen Sekunden fuhr er fort.

»Hierüber brauchen wir mehr Information«, teilte er mit. »Mir widerstrebt es, in dieses Wurmloch zu fliegen, ohne zu wissen, was uns auf der Gegenseite erwartet. Anders ausgedrückt, wir müssen wissen, wo wir herauskommen. Die Heimat-Welt der Green-Lizards anzugreifen, das wäre eine Option. Bitte bedenken sie, dass wir erst seit kurzer Zeit in der Lage sind Weltraumflüge zu unternehmen. Wir sollten es uns nicht anmaßen, den Planeten einer fremden aufsässigen Rasse anzugreifen. Wir haben bisher nicht versucht, sie zu verstehen, oder ihnen zu helfen. Aufgrund unserer Geschichte sollten wir es besser wissen. Falls wir uns so verhalten sollten, gibt dieses Beispiel nicht auch anderen Lebensformen die Möglichkeit, das Gleiche mit uns zu machen. Falls wir uns so entwickeln sollten, haben wir dann noch Gnade verdient? «

Betretenes Schweigen beherrschte den Konferenzraum. »Über welchen Vorschlag denken sie nach, Herr Major? «, erkundigte sich Commander Cottle.

»Ich denke, wir sollten Tarid und Natrid mehr Zeit verschaffen«, antwortete Major Travis. »Wir bringen den Wurmloch-Knoten in Andromeda zum Kollabieren. Wenn dieser Durchgang nicht mehr existiert, dann haben wir genügend Zeit gewonnen. Bei einem Erfolg unserer Mission vermute ich sehr stark, dass wir etwas mehr als ein Jahr Zeit haben, um unsere Verteidigung entsprechend auszubauen. Wir verstärken unsere Aktivitäten zu Hause und richten uns auf eine mögliche Auseinandersetzung ein. Es ist nicht gesagt, dass die Sauroiden nach dem erneuten Aufbau des Wurmloches in der Milchstraße auch direkt über die Koordinaten von Tarid und von Natrid verfügen werden. Sie werden suchen müssen.

Das kann auch noch Monate und Jahre dauern. Das bringt uns die benötigte Zeit, um eine Lösung zu finden. Möglicherweise befrieden wir die Green-Lizards ja auch früher, als wir denken. Vielleicht wissen wir bis dahin, wie wir mit den Green-Lizards über eine friedliche Zukunft verhandeln müssen. Wir suchen nach Informationen und müssen lernen, wie wir mit ihnen umzugehen haben. Vernichtung sollte immer der letzte Schritt, im Rahmen einer Gegenwehr sein. Zusätzlich werden unsere Patrouillen aufmerksam beobachten, in welchem Sektor die Green-Lizards wieder aktiv werden, um ein neues Wurmloch-Tor zu bauen. «

»Wir haben doch jetzt Marin und Gareck«, ergänzte Sirin. »Sie liegen in den Stasis-Kammern in der medizinischen Abteilung. Derzeit werden sie von medizinischen Robot-Teams beobachtet und langsam aus dem Kälteschlaf zurückgeholt. Die besten Wissenschaftler unseres Volkes werden helfen eine technische Lösung zu finden, um die Sauroiden ein für alle Mal von unserem Heimat-System fernzuhalten.

Dies aber nur, wenn mögliche Verhandlungen scheitern sollten. Ich kann mir vorstellen, dass wir von Marin und Gareck weitere Informationen bekommen werden, wie es seinerzeit zu der Vernichtung des Natrid Mondes Nors gekommen ist. Es kann auch sein, dass sie noch versteckte, unbekannte Entdeckungen für uns nutzbar machen können. «

Tosender Beifall füllte hörbar den Raum.

»Unser neuer Einsatz beginnt in 24 Stunden«, sagte Major Travis.

Er schaute in die Runde seiner Offiziere.

»Die 500 Roboter-Schiffe von Moturel 6 und die Roboter-Einheiten der Flotten-Kampfstation Konstalarosa werden die Schiffe der Green-Lizards angreifen. Die Schiffe werden versuchen, die Antriebe und die Waffensysteme der feindlichen Schiffe zu zerstören. Sämtliche Termar-Schiffe, bis auf die Nr.6 unter Commander Fontana, werden den Wurmloch-Knoten zum Kollabieren bringen. Wir fliegen im Tarnmodus und werden unsere Haft-Bomben einsetzen.

Es ist sehr wahrscheinlich, dass eine Kontroll-Station den Wurmloch-Knoten steuert. Wenn dies nicht der Fall sein sollte, müssen wir uns direkt dem Tor zuwenden. 10 Bomben, eine platziert an jeder Ecke, sollte das Tor restlos zerstören. Unsere Schutz-Schirme müssen eingeschaltet bleiben. Durch die Zerstörung des Tores wird eine gewaltige Energiewelle freigesetzt, die unsere Schiffe nicht ohne den Schutzschirm überstehen können. Wir haben es hier mit einer unbekannten Technik zu tun und wir wissen noch nicht, wie sie reagiert.

Falls unser Vorhaben gelingt, sollte der Durchgang zu unserer Milchstraße für längere Zeit gesperrt sein. Ich glaube nicht, dass die Sauroiden einen neuen Durchgang an der gleichen Stelle installieren werden. Ich stationiere zur Sicherheit getarnte Robot-Raumer an dieser Position.

Falls sich neue Aktivitäten feststellen lassen, werden sie uns sofort informieren. Sind sie hiermit einverstanden? «

Wir sollten auch den Durchgang in der Milchstraße zerstören, bemerkte Commander Haught. Wofür brauchen wir diesen noch? «

Die Zuhörer nickten bedächtig.

Major Travis nickte.
»Einverstanden«, antwortete er. »Nach der Zerstörung des Durchganges in Andromeda werden wir auch das Gegenstück in der Milchstraße vernichten. «

Die Zustimmung der Commander und der anwesenden Personen erfolgte sofort. Selbst Heinze gab seinen Kommentar ab.

»Ich sehe ebenfalls keine andere Möglichkeit, um die Angriffe der Green-Lizards zu stoppen«, teilte er mit.

Major Travis erhob sich.
»Ich danke ihnen meine Damen und Herren, gehen sie zurück auf ihre Schiffe und bereiten sie sich vor. «

Sirin, Jörge, Heinze und Leutnant Carney, sie bleiben bitte noch hier«, ordnete Major Travis an. » Warten sie bitte, bis die anderen Personen gegangen sind. Ich möchte in die medizinische Station und das Reaktivieren der Stasis-Kammern beobachten. «

Major Travis schaute Sirin an.

»Wie lange dauert die Wiederbelebung der beiden Genies? «, fragte er.

»Nach dem Abbruch der Stasis-Funktion der Kammern, beginnen beide direkt mit der Wiederbelebung der schlafenden Personen«, erklärte Sirin. »Der ganze Vorgang dauert etwa fünf Stunden. Da er bereits gestartet wurde, sollte der medizinische Prozess in 40 Minuten abgeschlossen sein. «

»Heinze, bitte kontrolliere für mich den Verstand der beiden Genies«, sagte der Major. »Ich möchte nicht, dass ihre Gehirne nach dieser langen Zeit der Kälteschlaf-Periode noch Schaden nehmen. «

Der Ro lächelte. Er kannte diesen Wunsch seines Chefs bereits längere Zeit.

»Wird gemacht, Herr Major«, antwortete er.

Im Medi-Lab arbeiteten fünf Mediziner der EWK fieberhaft an den natradischen Geräten. Major Travis wusste, dass sie eine Sonder-Programmierung erhalten hatten. Zahlreiche medizinische Roboter unterstützten sie hierbei. Immer wieder kontrollierte ein Mediziner die Anzeigen an den Stasis-Kammern.

»Die Endphase wird eingeleitet«, sagte einer der Ärzte. »Alles ist normal, keine unregelmäßigen Ausschläge werden angezeigt. Wir können mit der Reaktivierung beginnen und den Aufwach-Prozess in seine Endphase bringen«, bemerkte Professor Felds.

Die medizinische Abteilung war eine abgeschlossene Sicherheits-Einrichtung. Zuschauern war der Eintritt verwehrt. Die Schleuse konnte nur durch die Eingabe eines entsprechenden Codes geöffnet werden. Major Travis, Sirin, Commander Brenzby, Heinze und Leutnant Carney waren an die große Sichtscheibe getreten und beobachteten die Aktivitäten der Mediziner.

Major Travis trat vor ein Mikrofon und aktivierte es.

»Haben sie hier die Leitung? «, fragte Major Travis den befehlsgebenden Arzt in weißer Kleidung. «

Der angesprochene Mediziner drehte sich um und sah die Offiziere der Termar 1 vor dem Glasfenster stehen. Er nickte und drückte den Knopf der Gegensprech-Anlage.

»Ja«, antwortete er. »Es sollten keine Probleme entstehen, die Anzeigen sind alle im grünen Bereich. «

»Die beiden Personen sind von unschätzbarem Wert für uns«, erwiderte Sirin. »Achten sie darauf, dass der Erweckungsprozess nicht zu schnell abläuft. Das schädigt das Nervensystem der Schläfer. «

»Wir verwenden maximal Stufe drei«, antwortete Professor Felds. Er blickte Sirin irritiert an.

»Woher wissen sie das? «, fragte sie.

»Diese Info ist mir nicht implantiert worden«, antwortete der Professor. »Das ist die Standardvariante des Erweckungsprozesses. Meine Erfahrung empfiehlt mir die Kammer auf Stufe 3 laufen zu lassen. «

»Sie haben Recht Herr Professor«, erwiderte Sirin kleinlaut. »Ich wollte nur sichergehen. «

Der Schott ging auf und Schiffsarzt Peer Elms trat ein.
Er lächelte und begrüßte die Besucher.

»Sie haben sich mit Professor Felds schon bekannt gemacht? «, fragte er. » Ich habe ihn mit dieser Aufgabe betraut. Er ist eine Kapazität auf dem Gebiet der Stasis-Kammern und des anschließenden Erweckens der Personen«

»Das haben wir bereits registriert«, antwortete der Major.

»Die natradischen Wissenschaftler sind bei ihm in guten Händen«, erwiderte Leutnant Elms.

Die Auftauautomatik schaltete sich ab.
Alle drei Mediziner bewegten sich schnell auf die Stasis-Kammern zu.

»Sie bewegen sich«, freute Professor Bernd Felds. »Es scheint alles in Ordnung zu sein. «

Tatsächlich sahen die Außenstehenden, wie Marin und Gareck langsam ihre Finger und dann die Arme und Beine bewegten. Plötzlich öffneten sie ihre Augen. Die Anzeige des Lebenserhaltungs-Displays schnellte nach oben. Die Endphase der Reanimation wurde maschinell eingeleitet.

»Entspannen sie sich«, sagte einer der Mediziner in reinstem Natradisch zu den beiden Wissenschaftlern. Medizinische Roboter traten vor und massierten die Körper der beiden Genies. Sie unterstützten massiv den Wiederbelebungseffekt.

Sirin schüttelte ihren Kopf.
»Über so eine lange Zeit wurde noch kein Natrader eingefroren«, erklärte sie. »Sie können wirklich froh sein, dass die Technik nicht versagte. «

Professor Felds schaute auf die Displays und schaltete sie nacheinander ab.

»Sie können jetzt aufstehen«, sagte er.
Er drückte einige Knöpfe an der Steuerung.

Langsam drehten sich die Stasis-Kammern aus der waagerechten Stellung in eine senkrechte Ausrichtung. Die Wissenschaftler Marin und Gareck brauchten nur noch aus der Kammer zu treten. Das rote Licht der wissenschaftlichen Sicherheits-Zone erlosch. Der Schott sprang auf.

Major Travis, Sirin und Heinze traten ein und schritten näher an die natradischen Genies heran.

Diese blickten sich benommen um.
»Wo sind wir? «, fragte einer der Schläfer.

»Wie sind ihre Namen? «, entgegnete Major Travis in natradischer Sprache.

Die Wissenschaftler schauten ihn irritiert an.
»Sie kennen uns nicht? «, antwortete der Erste der Beiden. »Jeder Natrader kennt uns. Ich bin Marin und mein Kollege heißt Gareck. Wir sind die besten Wissenschaftler im Universum. Sind sie endlich die angeforderte Verstärkung? «

Major Travis schaute Heinze an.

Der Ro nickte.
»Sie sprechen keine Lügen aus, sie sind tatsächlich so«, erklärte er. »Die Wissenschaftler führen nichts Schlechtes im Sinn. Sie wollen schnellstens wieder in ihre Laboratorien zurück. «

»Mein Name ist Major Travis, Erbfolgeberechtigter Oberbefehlshaber der vereinigten Natrid & Tarid Streitkräfte, stellte sich er sich vor. Ich wurde erhoben im Gefüge der Kaiserkaste mit Rang 1, bestätigt und eingesetzt von Noel von Natrid im Rahmen der Nachfolge-Programmierung von Admiral Tarin.«

Die beiden Wissenschaftler schauten sich an.

»Was ist mit dem kaiserlichen Imperium und der imperialen Flotte passiert? «, fragte Marin. » Ist sie nicht mehr existent? Haben wir den Krieg verloren? «

Die Besucher sahen sich betroffen an. Major Travis schaute den beiden Wissenschaftlern in die Augen.

»Seit sie die Stasis-Kammern bestiegen haben, sind 98.000 Jahre ihrer Zeitrechnung vergangen«, erklärte der Major. So lange lagen sie in ihren Stasis-Kammern. Wir sind froh, dass wir sie ohne Schäden wiederbeleben konnten. Sie fragen nach dem Krieg. Die Angreifer wurden vernichtet. Ebenso der Planet der Sauroiden, mit allem Leben auf ihm. Doch die Flotte von Admiral Tarin kam zu spät nach Natrid zurück. Der Angriff ihrer Feinde auf den Mond Nors, den sie miterleben mussten, vernichtete sämtliches Leben auf ihrer Heimatwelt und den umliegenden Monden. Ihre Feinde sorgten dafür, dass ihr Heimatplanet, so wie sie ihn kannten, nicht mehr bewohnbar wurde. Das ihnen bekannte kaiserliche Imperium hörte schlagartig auf zu existieren. Nähere Informationen können sie aus den Archiven unserer Schiffs-KI entnehmen. Als Admiral Tarin endlich eintraf, fand er Natrid radioaktiv verseucht vor, dass er sich für einen Neuanfang an anderer Stelle entschied. «

Der Major erkannte, wie Marin schluckte.

Dann fuhr er fort.

»Der Admiral stellte eine große Evakuierungsflotte zusammen und brachte alle Überlebenden des Angriffs an einen neuen, uns noch unbekannten Ort. Doch er hatte seinerzeit eine Nachfolge-Programmierung hinterlassen. Diese wurde nach 98.000 Jahren aktiv. Das Programm sucht aktiv nach natradischen Hinterbliebenen, nach Völkern oder Menschen, die das maßgebende alte Natridgen in sich tragen. Wir sind die Nachkommen von Tarid. Bei einigen Menschen ist das Gen nachweisbare. Wir haben die Hinterlassenschaften von Natrid übernommen. Gemeinsam mit der großen Hypertronic-KI versuchen wir das kaiserliche Imperium wieder zu beleben. Unser Ziel ist es, das alle ehemaligen Völker und Rassen wieder dieser neuen Allianz beitreten. Unsere Vision hofft auf ein gutes Miteinander aller Rassen und Arten, in dem von uns kontrollierten Universum. «

»So wie dieser glückliche Pelzmensch, der neben ihnen steht? «, fragte Gareck. «

Er zeigte auf Heinze.
»Ja«, sagte Major Travis. »Das ist ein Lebewesen einer Rasse, die sich Ro nennen. Ein sehr liebes Volk, das immer die Hypertronic-KI ihres Planeten unterstützt hat. Sie waren loyal und handelten stets im Interesse des Imperiums. Sie sollten dieser Person mehr Respekt zollen und sie nicht ins Lächerliche ziehen. Er ist auf unserer Seite und hilft uns. Sie sollten versuchen ihn lieb zu gewinnen, ihn als Freund zu akzeptieren und ihn schätzen. Auch sein Volk hat im Krieg sehr gelitten und wäre beinahe fast vollständig ausgerottet worden. Er

verfügt über unglaubliche Fähigkeiten, die uns sehr helfen werden. Ebenso kann er Gedanken lesen. «

Beide Wissenschaftler rissen ihre Augen auf und fingen an zu stottern.

»Wir wollten ihn nicht beleidigen«, antwortete Gareck. »Es ist ein ungewohntes Bild für uns, das wir in unserer eigenen natradischen Station andersartige Lebewesen treffen. Das gab es zu der kaiserlichen Zeit nicht. Damals wurden andersartige Lebewesen eher als Tiere bezeichnet. «

Sirin trat hinter Major Travis hervor.
»Es ist gut so, ein neues Zeitalter hat begonnen und wir dürfen dabei sein«, sagte sie. »Aber nur, wenn wir lernen uns anzupassen und beginnen andere Lebewesen im Universum zu akzeptieren. Falls ihnen das nicht gefällt, dann können sie gerne wieder in ihre Stasis-Kammern steigen und sich für weitere 100.000 Jahre schlafen legen. Die Alternative wäre, mit uns aktiv zusammen zu arbeiten. «

Sirin war wie immer sehr direkt. Sie blickte die Genies an. »Treffen sie ihre Entscheidung «, sagte sie. »Wir werden sie mit allen Komponenten unterstützen, die sie benötigen. Sie erhalten großartige Labors und den Zugang zu allen aktuellen Informationen. Helfen sie mit, ein neues besseres Imperium aufzubauen. «

Marin und Gareck erkannten Sirin sofort. Ihre Augen verbohrten sich einige Sekunden in ihr. Marin fand als Erster seine Worte wieder.

»Bitte entschuldigen sie unsere Worte, Eminenz«, erwiderte er. »Wir sind kleine Wissenschaftler und möchten in Ruhe gelassen werden. Wir suchen nur geeignete Labore, um unsere Ideen aus dem Kopf zu bekommen, ehe dieser platzt. Wir benötigen lediglich Unterstützung, in Bezug auf Rohstoffe, Betriebsstoffe und eventuell noch einige weitere angenehme Dinge, die uns hilfreich sein könnten, unsere Ideen umzusetzen. Vielleicht könnten wir ihnen auf diesem Wege hilfreich sein? «

»Die Materialien können sie gerne bekommen«, antwortete Major Travis. »Derzeit geht es einzig darum, ob sie auf unserer Seite stehen und für uns arbeiten möchten, oder ob sie eigene Interessen verfolgen wollen. Stehen sie zu dem neuen Bündnis von Tarid & Natrid, vereinigt in unserem kleinen Sol-System. Wir zwingen niemanden, es bleibt ihre freie Entscheidung. «

»Marin und Gareck lachten.
»Das gab es bisher auch noch nicht«, erwiderte Marin.
»Es ist direkt ein ganz neues Gefühl, gefragt zu werden. «

Sie blickten erfreut auf.
»Wir sind dabei«, bestätigte Gareck. »Fangen wir von vorne an. «

»Gibt man sich in Atlantis noch den Handschlag? «, fragte Gareck.

Commander Brenzby antwortete auf die Frage.
»Von Atlantis kommen wir nicht«, erklärte er. »Wir wissen gar nicht, ob es überhaupt existiert hat. Wir kommen von ihrem Nachbar-Planeten Tarid. Auch hierhin flüchteten damals etliche Natrader. Man kann sagen, es waren unsere Vorfahren. «

»Ich verstehe«, sagte Gareck. »Selbstverständlich unterstützen wir sie. Wir waren immer für das Imperium tätig und werden es jetzt auch nicht anders machen. «

Sirin blickte die Genies ernst an.
»Wir haben immer noch Probleme mit den reptilen Abkömmlingen«, erklärte sie. »Es gibt eine neue Rasse, die uns die gleichen Probleme bereitet. Von daher sind wir auf ihre Hilfe dringend angewiesen. Ruhen sie sich aus, später erfahren sie mehr. Kommen sie heute Abend um 18:00 Uhr Tarid-Zeit, zum Essen in unsere Lounge. Commander Brenzby wird ihnen Quartiere zuweisen, die ihnen während unseres Einsatzes zur Verfügung stehen. Bis heute Abend.«

Die Genies Marin und Gareck durften jeweils in eine großzügige Doppelkabine einziehen. Diese war mit einer Verbindungstür ausgestattet, so dass sie direkt zueinander finden konnten, ohne den äußeren Gang zu passieren. Sie saßen an einem kleinen Tisch in Marins

Kabine. Das aktuelle Videoprogramm mit Nachrichten lief auf dem Videokanal ab.

»Die Atlanter haben sich gemausert«, sagte Gareck.

Marvin lächelte ihm zu.
»Irgendwann musste ja aus ihnen etwas werden«, erwiderte er. »So wie ich das Gespräch verstanden habe, existiert der Kontinent-Atlantis nicht mehr. Es scheinen nicht die von uns gezüchteten Super-Atlanter zu sein, sondern eine sich selbstständig entwickelte Rasse. Ich vermute, der Ursprung wird das primitive Babarentum von Tarid sein, welches sich mit den geflüchteten Natradern vermischt hat. «

Gareck dachte nach.
»Es wäre doch auch interessant zu wissen, was aus unseren Züchtungen der atlantischen Rasse geworden ist? «, fragte er. » Die mussten wir ja als Hilfstruppen, auf den Wunsch des Kaisers hin züchten? «

Marin schluckte.
»Ganz recht, ich erinnere mich wieder«, bestätigte er. »Ich denke, die neue Führung des Imperiums wird noch mit einigen offenen Fragen auf uns zukommen. Die sollten wir nach bestem Wissen beantworten. «

»Es sind unvorstellbare 98.000 Jahre unserer Zeitrechnung vergangen«, ergänzte Gareck. »Eine so lange Zeit möchte ich nie mehr in einer Stasis-Kammer verbringen müssen. Ist es ein Glück, dass wir überhaupt noch am Leben sind? Aber der Verlust unserer Heimat schmerzt schwer. Ich schwöre Rache. «

»Die Schuldigen werden ihrer Strafe zugeführt«, stimmte Marin zu. »Wir werden aktiv hierzu beitragen. «

Bedächtiges Schweigen breitete sich aus. Die Erinnerungen an das kaiserliche Imperium waren zu frisch.

Nach einer Weile fuhr Marin fort.
»Können wir uns mit der Situation anfreunden? «, fragte er seinen Kollegen. Sollen wir alles Gelernte über Bord werfen und uns mit den neuen Gesetzen auseinandersetzen? «

»Welche Alternativen gäbe es für uns«, stutzte Gareck.

»In erster Linie bin ich ein Natrader«, sagte Marin. »Bis auf Prinzessin Sirin, lebt kein Natrader mehr in unserem Lebenskreis. Die ganze Autorität unterliegt jetzt den erbfolgeberechtigten Nachkommen von Tarid und unserer Hypertronic-KI auf Tattarr. Wie ich den Aufzeichnungen entnehmen konnte, hat Admiral Tarin seinerzeit sämtliche Schiffe für eine Evakuierung beansprucht. Unsere Heimat war zerstört. Der Boden tief verseucht und nicht mehr bewohnbar. Die letzten lebenden Natrader sind mit der Evakuierungs-Flotte von Admiral Tarin nach irgendwohin ausgewandert. Vielleicht leben sie nach der langen Zeit gar nicht mehr. Ich habe mich entschlossen, dem Neuen-Imperium zu dienen. Hier können wir auch unsere Rache planen. «

Gareck lachte.
»So soll es sein«, erwiderte er. »Wo du bist, da bin ich auch. Fahren wir dieses Bündnis zu Höchstleistungen hoch. «

Marin dachte nach.
»Vielleicht können wir mit Major Travis sprechen«, überlegte er. »Er scheint ein umgänglicher Mann zu sein. Irgendetwas ist da auch zwischen Sirin und diesem Major. Das ist aber jetzt erst einmal egal. Wenn sich eine Beruhigung eingestellt hat, die Echsen vertrieben und vernichtet sind, würde ich gerne eine schlagkräftige Suchflotte zusammenstellen und versuchen den Spuren von Admiral Tarin zu folgen. «

»Ich denke auch, das wäre die beste Lösung«, antwortete Gareck. »Vielleicht finden wir nach diesen vielen Jahren eine neue natradische Zivilisation an einem anderen Ort vor. «

»Haben die Echsen nicht verbreitet, die humanoide Rasse der Natrader sei ausgestorben? «, erkundigte sich Marin. » Suchen wir möglicherweise nach einem Phantom? «

»Wir werden es herausfinden«, erwiderte Gareck.
Er blickte seinen Partner an und lachte.

»Jetzt haben wir uns doch nicht ausgeruht, wieder nur diskutiert«, schmunzelte er. »Es scheint immer das Gleiche mit uns beiden zu sein. In 15 Minuten treffen wir den Major und die restlichen Offiziere zum Abendessen. Machen wir uns etwas frisch und lassen wir die Herren und Damen nicht warten. Diese werden bestimmt schon sehr gespannt auf unsere Geschichten sein. «

Der Tisch war reichlich eingedeckt. Neben Major Travis und Sirin war ein Platz für Commander Brenzby reserviert, daneben für Heinze, Leutnant Carney und für weitere Gäste. Marin und Gareck sollten gegenüber von Major Travis sitzen. Hinter dem Major standen Tart 1 und Tart 2, die Personen-Schutz-Roboter seiner Person.

Aufmerksam beobachten sie jedes Detail. Nichts entging ihrer Beobachtung.

Major Travis schaute Sirin an.
»Wo bleiben denn unsere Gäste? «, fragte er. » Wir hatten doch 18:00 Uhr vereinbart. «

Sirin nickte.
»So ist es bei allen Wissenschaftlern«, lächelte sie. »Sie haben keinen Sinn für die Zeit. Ich werde sie holen gehen.«
Sirin stand auf, aber in dem diesem Moment erschienen Marin und Gareck in dem Eingang.

»Wir bitten um Entschuldigung«, lächelte Marin verlegen und verbeugte sich. »Wir haben tatsächlich die Zeit vergessen. Nach dieser langen Dauer des Kälteschlafes haben wir viel zu besprechen und zu entdecken gehabt. «

Major Travis schmunzelte.
»Das ist verständlich«, erwiderte er. »Bitte nehmen sie Platz. «

Er wies den beiden Wissenschaftlern die gegenüberliegenden Stühle zu. Das Service-Personal servierte einen roten, trockenen Wein aus Frankreich.

Major Travis erhob das Glas.
»Es ist Brauch mit Freunden auf die Zukunft anzustoßen«, erklärte er. »Auf das neue Bündnis zwischen Natrid und Tarid und auf unsere neuen Freunde. Zum Wohl.«

» Zum Wohl«, tönte das Echo zurück.
Marin und Gareck leerten ihr Glas Wein in einem Schluck den Hals hinunter.

Major Travis schmunzelte.
Sirin beugte sich zu den Wissenschaftlern herüber. Der Major hörte einen ärgerlichen Klang in ihrer Stimme.

»Benehmen sie sich nicht wie Bauerntrampel«, flüsterte sie. »Das ist ein Edelgetränk. Es wird schluckweise getrunken und genossen. Ich hoffe, dass sie so etwas auch noch können. Informieren sie sich in ihrer Kabine über die aufwendige Herstellung des Weines. Vielleicht bekommen sie dann ein anderes Verhältnis hierzu. «

»Entschuldigen sie bitte«, sagte Marin. »Es ist noch alles sehr neu für uns. «

»Das macht nichts«, antwortet Major Travis. »Wir alle mussten dazulernen. «

Das Menü wurde serviert. Der Duft der unterschiedlichen Braten, Gemüse und Kartoffeln zogen an Marin und Gareck vorbei. Sirin bemerkte, wie den Wissenschaftlern das Wasser im Mund zusammenlief. Sie befürchtete das Schlimmste.

»Darf ich ihnen während des Essens einige Fragen stellen«, ergriff Major Travis das Wort.

Marin und Gareck nickten.
»Wir haben bereits damit gerechnet«, antwortete Marin »Berücksichtigen sie doch bitte, dass wir eigentlich gestern noch dem kaiserlichen Imperium gedient haben. Wir sind in die Stasis-Kammern gestiegen und erst heute wieder ausgestiegen. Die Zwischenzeit ist für uns nicht existent. «

»Das verstehe ich gut«, sagte Major Travis. »Keiner möchte sie überfordern. Erzählen sie uns doch die Geschehnisse um den Mond Nors. Nach den aktuellen Informationen aus den Archiven der großen Hypertonic-KI von Natrid, sollten sie auf diesem Mond umgekommen sein. «

Die beiden Wissenschaftler sahen sich an.

»Es scheint so, dass einige Informationen während des Angriffes auf Natrid nicht weitergeleitet wurden«, vermutete Marin. »Wir haben den Mond Nors nur wenige Minuten vor dem Angriff der Rigo-Sauroiden durch ein Transmitter-Tor nach Atlantis verlassen. Dort war die zentrale Hypertronic-KI für Tarid stationiert. Atlantis war ein so genanntes Erholungsgebiet für geplagte Natrader. Für uns aber ein Ort der Abgeschiedenheit, auf dem wir gut forschen konnten. Auf diesem Kontinent wurde von uns die beste und wichtigste natradische Basis im Sol-System gebaut. Schrittweise wurde sie weiter ausgebaut und vergrößert. Auch dort verfügten wir über ein spezielles Entwicklungs-Zentrum. Als Schwerpunkt wurde hier an einer neuen Waffen-Technik und an der Genmanipulation geforscht. «

»Aber auch Studien über die Manipulation der Zeitlinie wurden angefertigt«, ergänzte Gareck. » Dort hatten wir mehrere Gleiter stehen, mit denen man in unterschiedliche Zeit-Regionen fliegen konnte. Derzeit aber nur als Beobachter. Eine aktive Manipulation der Zeit war uns noch nicht möglich. Das war Teil zwei dieses Entwicklungs-Auftrages. Der große Krieg verhinderte leider eine endgültige Fertigstellung. «

Major Travis schaute Commander Brenzby an.
»Daher ist es also zu erklären, dass kein Zeit-Paradoxon erfolgte«, entgegnete er. »Sie haben es nicht mehr rechtzeitig geschafft, die Zeit zu manipulieren. «

»Das ist richtig«, antwortete Gareck. »Die Aufgabenstellung erfolgte direkt durch unseren Kaiser. Leider ist es uns nicht gelungen. Wir experimentierten teilweise auf Nors, zu anderen Zeiten auf Atlantis. Wir standen kurz vor einem Erfolg. Während unserer Arbeit auf Atlantis erreichte uns die schreckliche Nachricht, dass der dritte Natrid Mond Nors, trotz erheblicher Defensivmaßnahmen angegriffen und vollständig vernichtet wurde. Der ganze Mond sei explodiert, hieß es in den Eilmeldungen. Die verbliebene Heimat-Flotte konnte trotz aller Bemühungen, dem Angriff der Rigo-Sauroiden nicht Herr werden. Zu wenig Schiffe waren in der Heimat verblieben, um die Invasion der Sauroiden aufhalten zu können. Der größte Teil der Flotte folgte damals dem Befehl von Admiral Tarin, den Heimat-Planeten der Sauroiden exemplarisch zu bestrafen. «

Marin erzählte weiter.
»Nachträglich kann man es als fahrlässig betrachten, die Heimat nicht entsprechend gesichert zu haben«, erklärte er. »Die Geschichte kennen sie ja zwischenzeitlich selbst. Jedenfalls als der Mond Nors explodierte, befanden wir uns schon auf dem Kontinent Atlantis auf Tarid. Zuerst fühlten wir uns sicher. Der Angriff galt Natrid und nicht Tarid. Auf der Erde lebten zu dieser Zeit nur primitive Volksstämme. Lediglich auf Atlantis hatten wir eine Hochzivilisation vorgefunden.

Dieser Kontinent wurde von uns bereits seit vielen Jahren ausgebaut. Die Bewohner waren froh über die Wissensschulungen, die sie von uns erhielten.

Jahrtausende lang war dieser Ort ein Rückzugsgebiet für ausgezeichnete und belobigte Natrader. Als dann der Krieg kam und feststand, das Natrid nicht mehr zu halten war, starteten viele private Schiffe nach Tarid. Dort hoffte man auf eine relative Sicherheit. Leider war es ein Irrtum. «

Gareck ergänzte die Ausführungen seines Freundes.
»Die Rigo-Sauroiden erkannten natürlich die Flucht der Prominenz von Natrid zu dem Nachbar-Planeten Tarid. Sie sondierten genau, auf welchem Kontinent die Schiffe landeten. Die Echsen erkannten das Fluchtziel-Atlantis und bombardierten diesen Kontinent. Natürlich waren auch hier große Abwehr-Anlagen installiert worden, wie damals auf Natrid auch. Doch keine Person der natradischen Führung hatte mit einem solchen großen Angriff der reptilen Lebewesen auf die Hemisphäre von Natrid und seinen Kolonien gerechnet.

Der Angriff der Rigo-Sauroiden war erbarmungslos. Sie bombardierten den Kontinent auf Tarid mit Tausenden von Bomben. Vulkanausbrüche begannen, die Erdkruste brach auf, die Kontinentalplatten von Tarid verschoben sich. Der Kontinent Atlantis verschwand mit allen wichtigen Errungenschaften der natradischen Technik im Ozean. Dieser Untergang reichte den reptilen Lebewesen aus. Ihre Scans fanden ab diesem Zeitpunkt kein natradisches Leben mehr auf Tarid. Der Kontinent Atlantis hatte aufgehört zu existieren. Nur dort hatte eine Kolonie der Natrader gelebt. Die gewaltigen Schutz-Anlagen, die auch von einer KI geleitet wurden, konnten dem

Bombardement lange standhalten. Doch irgendwann war die Überzahl der Angreifer zu stark. Sie versank mit dem Kontinent und der natradischen Vorzeige-Basis in den Fluten. Dort in unseren Laboren standen die Gleiter für das fast gelungene Zeitexperiment. «

»Haben sie noch Karten, wo exakt sich der Kontinent Atlantis auf Tarid befand? «, fragte Major Travis.

»Marin nickte.
»Ich bin sicher, dass wir diese in unserem Zentralarchiv auf Tattarr abgelegt haben. Wir brauchen sie nur aufzurufen. «

»Das ist alles sehr neu für uns«, antwortete Major Travis. »Obwohl wir unseren Planeten schon sehr gründlich untersucht haben, konnten wir den Kontinent Atlantis nie finden. In welcher Weise standen die Atlanter in ihren Diensten? «

Gareck bemühte sich um eine Antwort.
»Nicht zuletzt durch die zahlreichen Gen-Manipulationen an den Barbaren von Tarid, konnten wir die am Anfang doch sehr rückständigen Nomaden für uns nutzbar machen. Sie wurden geschult und ausgebildet. Wir konnten sie als Diener, als zuverlässige Personen für alle Bereiche des öffentlichen Lebens einsetzen. Später wurden sie dann als Raumschiffs-Commander, als Offiziere, oder als Befehlshaber von Spezial-Truppen eingesetzt. Für gefährliche Einsätze waren sie hervorragend geeignet. Von allen Hilfsvölkern waren die

Atlanter immer die Besten gewesen. Der Kaiser und die unterschiedlichen Kasten waren sehr zufrieden mit diesem lernwilligen Volk. Es lebte vor der eigenen Haustüre und stand in großer Menge zur Verfügung. «

»Wenn ich es richtig überlege, war dies nichts anderes als eine Sklaven-Haltung«, antwortete Major Travis. »Sie haben andere Planeten ausgebeutet und die Bewohner für ihre Zwecke herangezogen. «

Marin schaute betreten zur Seite.
»Ist das auf Tarid nicht üblich? «, fragte er. » Wird das nicht in jeder Monarchie so praktiziert, dass die Stärkeren die Schwächeren für Arbeiten akquirieren? «

Gareck ergänzte.
»Unter dem Kaiser wurden andersartige Rassen als Tiere eingestuft«, erklärte er. »Keiner durfte diese Kreaturen als intelligent bewerten. Die großen und starken Tiere kamen in den Zoo. Die kleineren Wesen wurden als Haustiere gehalten. Wird es nicht auch so von den Menschen praktiziert? «

Heinze hatte die ganze Zeit still zugehört und nichts gesagt.

Jetzt konnte er nicht mehr an sich halten. Er schlug mit seiner Vorderhand auf den Tisch.

»Gut, dass es bei den Menschen solche Anwandlungen schon lange nicht mehr gibt«, antwortete er.

Gareck schaute irritiert auf Heinze.

»Du wärst ein schönes Haustier geworden«, stichelte Gareck. »Man hätte dir sogar einige Kunststückchen beigebracht. «

Das war zu viel für Heinze. Diese überheblichen Wissenschaftler mochte er nicht. Heinze stellte sich ein Seil um Garecks Hals vor. Dieses zog er langsam immer fester zusammen.

Gareck fing plötzlich an zu röcheln. Obwohl Heinze nichts gesagt hatte, wusste jeder der Anwesenden, was in diesem Moment passierte. Gareck bekam keine Luft mehr und schlug heftig mit der Hand auf den Tisch. Sein Gesicht wurde langsam blau. Das Röcheln nahm zu und die Augen von Gareck wurden glasig.

»Aufhören, aufhören, aufhören«, keuchte Gareck. Major Travis schaute Heinze an.

»Schluss damit«, befahl Major Travis ärgerlich.

Sofort fiel Gareck in seinen Stuhl zurück und konnte wieder richtig Luft holen.

»Das ist ein Pelz-Monster, so etwas gehört eingesperrt«, schimpfte Gareck.

»Major Travis blieb ernst.

»Ich sagte ihnen bereits, dass Heinze über besondere Fähigkeiten verfügt«, antwortete er. »Reizen sie ihn nicht und sagen sie bitte nichts Abfälliges über ihn. Er könnte sonst komisch werden. Sie haben eine erste Lektion von ihm erhalten. Nutzen sie seine Fähigkeiten. Lernen sie hiermit umzugehen. Er ist sehr hilfreich für uns. «

Major Travis machte eine kleine Pause.
»Ich möchte von ihnen beiden wissen, ob sie sich mit einem neuen Gedankengut anfreunden können«, erkundigte er sich. »Wir können bei dem Aufbau unseres Neuen-Imperiums keine Querdenker akzeptieren. «

Marvin beschwichtigte.
»Bitte haben sie Verständnis und etwas Geduld mit uns«, erwiderte er. »Es ist alles sehr neu. Wir werden uns entsprechend anpassen. Sie sind zwar nicht von unserer Rasse, aber doch entfernte Blutsverwandte und aus dem gleichen Sonnen-System. Sie liegen uns näher am Herzen als andere, weit entfernte Stützpunkte und Planeten. Wir möchten integriert werden. «

»Das freut mich zu hören«, antwortete Major Travis. »Im Gegenzug bieten wir ihnen alle möglichen Erleichterungen an, auch unsere Wertschätzung bei der Entwicklung neuer technischer Produkte. «

»Das Essen war hervorragend«, sagte Marin und wechselte das Thema. »Was war das für eine Spezialität?«

»Alles aus dem Anbau unseres Heimatplaneten«, erläuterte Commander Brenzby. »Sie werden bald mehr hiervon kennenlernen. «

»Wie sind sie denn bei dem Angriff von Atlantis fortgekommen? «, bohrte Major Travis weiter.

»Wie ich ihnen bereits erzählen durfte, arbeiteten wir an einer Zeitverschiebungstechnik«, erklärte Marin. »Diese Technik war noch im Anfangsstadium der Entwicklung. Unsere Gleiter konnten unterschiedliche Zeitlinien beobachten, aber nicht beeinflussen. Während des Angriffes auf die Basis, wir konnten mit einer Kapsel starten und Jahre in die Vergangenheit reisen. Dort angekommen sind wir samt der Kapsel in ein normales Schiff umgestiegen und haben uns zu dem Laborplaneten fliegen lassen. Von dort aus gelangten wir wieder in die Gegenwart. Alle wichtigen Informationen erreichten uns über Funk. Natürlich haben wir auch mitbekommen, das Natrid nicht mehr zu halten war. Aufgrund der Geheimhaltung unserer Forschungsstation verfügten wir über keine Sende-Einrichtungen und über keine Raumschiffe mehr. Wir konnten niemanden erreichen.

Ich vermute, man hatte uns vergessen. Als dann die Rigo-Sauroiden den Suizid begingen und Admiral Tarin mit seiner Evakuierungs-Flotte aufbrach, versuchten wir auf uns aufmerksam zu machen. Leider ohne Erfolg. Wir dachten, wir wären die letzten Natrader im Universum. Unsere Forschungs-Projekte konnten wir in Ruhe beenden und uns danach in die Stasis-Kammern legen.

Wir wollten die Zeit, bis man uns fand, im Kälteschlaf überbrücken. Wie sie uns mitteilten, sind daraus 98.000 Jahre geworden. Man könnte förmlich sagen, wir haben genug geschlafen und hoffen jetzt, schnell wieder neue Forschungen aufnehmen zu können. «

»Haben sie Neuentwicklungen, die für uns interessant sind? «, fragte Major Travis.

Marvin überlegte kurz.
»Wir haben viele neue Dinge entwickelt, die sie noch nicht kennen«, schmunzelte er. »Diese neuen Waffen werden für sie von unschätzbarem Wert sein. Ich werde mein Kanonenfutter nicht sofort verschießen, sondern ihnen nach und nach Häppchen hinwerfen. «

Major Travis und Commander Brenzby verzogen das Gesicht. Bevor sie etwas sagen konnten, fuhr Marin fort.

»Bitte haben sie Verständnis dafür, dass sie mit den Dingen, die ich vortrage, sowieso nichts anfangen können«, erklärte er. »Diese Forschungen und Entwicklungen sind nicht in ihrem implantierten Wissen enthalten. Sie sind also auf uns angewiesen, dass wir ihnen eine Einführung geben und alle neu konstruierten Produkte erklären. Als Erstes bieten wir ihnen an, für den Angriff auf den Wurmloch-Knoten, ein neues Geschütz einzusetzen. Das ist eine Hyperspace-Kanone. Sie integriert die Kraft von zehn Planeten-Destroy-Bomben in einem Schuss.

Der Vorteil dieses Geschützes ist es, dass ein Gefechtskopf nicht den langen Weg zu den gegnerischen Schiffen auf dem herkömmlichen Weg zurücklegen muss. Hierbei geht sehr viel Energie verloren, die wir bei einem Schlagabtausch brauchen würden. Der Gefechtskopf wird per Hyperraum-Kurztransition direkt vor dem Gegner materialisiert. Bei dem Einschlag zerreißt es die Schutzschirme des feindlichen Schiffes mit der brachialen Energie, die der Gefechtskopf nach seinem Einschlag freigibt. Es gibt System gewachsen ist. Beim Abschuss verbraucht sie sehr viel Energie. Aus diesem Grunde empfehlen wir, die Hyperspace-Kanone und die Planeten-Destroy-Kanone nicht synchron einzusetzen.

Sie können weiterhin ihre Laser-Geschütztürme einsetzen, aber die Hyperspace-Kanone benötigt eine Zeit von zehn Sekunden, um sich für eine erneute Einsatzbereitschaft aufzuladen. Wir haben 1.000 Stück als Testserie produziert. Bevor sie den Wurmloch-Knoten zerstören, würde ich diese neue Kanone gerne auf allen Angriffs-Schiffen ihrer Flotte installieren. Das geht sehr schnell. Die Montage-Roboter werden das in einer Zeit von 30 Minuten pro Schiff erledigen können. Die Kanone wird im Frontbereich auf die vorgefertigten Kanonen-Mulden aufgesetzt. Die Programmierung der Kanone werde ich dann per Lichtstrahl an alle Schiffe senden. Zusammen mit einer Einführung und Bedienungsanleitung. So ausgerüstet sollten sie den Wurmloch-Knoten restlos zerstören können. «

Major Travis lächelte.

»Vielen Dank, das ist bereits eine erfreuliche Nachricht«, antwortete er. »Es reicht, wenn sie die Kanone zunächst einmal auf allen Termar-Schiffen installieren können. Die restlichen Roboter-Schiffe können später nachgerüstet werden. «

Major Travis blickte Commander Brenzby an.
»Prüfen sie einmal, ob Commander Fontana schon unterwegs ist, ansonsten kann sie eine Kopie der Konstruktions-Pläne mit zu Noel nehmen«, entschied er. »Wir können dann auch unsere neuen Schiffe schnell hiermit ausstatten. «

Commander Brenzby gab die Anweisungen über die Schiffskommunikation weiter. Kurze Zeit später erhielt er eine Nachricht.

»Sie befindet sich in der Startvorbereitung und wird in einer Stunde fliegen«, antwortete der Commander. »Ich werde die Daten sofort überspielen. «

Marin schaute zu Commander Brenzby.
»Ich muss an ein natradisches Terminal, um die Daten freizugeben. «

Gemeinsam standen sie auf. Marin verabschiedete sich und eilte Commander Brenzby hinterher. Major Travis schaute in die Runde seiner Gäste.

»Ich möchte mich bedanken, dass sie alle gekommen sind«, sagte er. » Wir werden uns morgen gemeinsam auf den Weg machen, um den Wurmloch-Knoten der Green-Lizards zu schließen. Bis dahin gehen sie bitte ihren Aufgaben nach. «

Er gab Gareck die Hand und verabschiedete ihn.

Major Travis und Sirin gingen in die Richtung ihres Quartiers, unauffällig begleitet von Tart 1 und Tart 2.

»Können wir ihnen trauen? «, fragte der Major.
»Wir konnten ihnen bisher immer trauen«, antwortete Sirin selbstsicher. »Sie sind aus Fleisch und Blut, Wissenschaftler und forschungssüchtig. Immer auf der Suche nach etwas Neuem. Das ist das Einzige, was ihnen leidenschaftlich Spaß bereitet. «

Sie durchschritten die Türe zu Marcs Kabine. Tart 1 und Tart 2 positionierten sich wie gewohnt außen vor der Türe. Der Major schaute Sirin an. Sirin hatte wieder diesen verwegenen Blick aufgelegt. Bevor er etwas sagen konnte, hatte Sirin bereits sein Hemd aufgerissen und ihn auf die Couch gestoßen.

»Sirin, so geht das nicht«, sagte er empört.

Jedoch sie hatte bereits ihre Kleidung abgestreift. Die Luft war wie elektrisiert. Ihre warme Haut erregte ihn. Sie schmiegte sich an ihn und bedeckte seinen Körper mit Küssen. Ihr angenehmer Duft betörte ihn. Seine Hand fuhr über ihren durchtrainierten festen Körper tiefer nach unten. Sirin explodierte und grub ihre Fingernägel tief in seinen Rücken.

»Es wird wieder eine lange Nacht werden«, dachte der Major.

Vereinigung

General Poison saß in Gedanken versunken an seinem Schreibtisch.

»Ich habe die schwierigste Aufgabe meines Lebens vor mir«, dachte er. »Ich muss die EWK überzeugen, die anderen nationalen Staaten unter dem Dach der UN mit in unser Boot steigen zu lassen. Es funktioniert langfristig nur eine gemeinsame Lösung, um unser Vorhaben zu realisieren. Die Kosten sind zu hoch, als dass ein einzelner Staatenbund diese schultern könnte. Die Schwierigkeit wird sein, die USA und den Asiatischen-Bund zu überzeugen mit an den Projekten zu arbeiten. Erst dann ist eine gemeinsame Finanzierung möglich. «

Es klopfte. Wie gewohnt blickte General Poison grimmig auf.

»Herein«, sagte der General.
Commodore McGregor und Commodore von Häussen traten ein. »Kommen sie meine Herren, wir haben schwierige Gespräche vor uns«, teilte der General mit.

Er schaute ihnen ins Gesicht.
»Sie beide kennen den Sachverhalt«, erklärte er. »Haben sie irgendwelche Vorschläge, wie wir das Thema gut über die Bühne bringen können? «

McGregor antwortete als Erster.

»Am besten wäre es, wenn wir die Situation sachlich erläutern würden«, antwortete er. »Unterstützt von Video-Aufzeichnungen, die wir aus dem Archiv von Noel bekommen können. Anhand von diesen Video-Aufzeichnungen werden wir einen massiven Angriff auf Natrid nachstellen und über die anschließende Evakuierung eines ganzen Volkes berichten. Hiernach sollten wir auf die Nachkommen der Echsen verweisen, die alles humanoide Leben in der Galaxis vernichten möchten und jetzt wieder in die Milchstraße vordringen. «

»Da stimme ich Commodore McGregor zu«, entgegnete Commodore von Häussen. »Sobald das Bildmaterial in die Dokumentation einfließt, werden die Abgeordneten unsere Ausführungen viel besser verstehen und verarbeiten können. Ich will keine Horrorszenarien verbreiten, doch wesentlich effektiver wäre ein kleiner Angriff auf die Erde. Eine Vorhut der Echsen trifft auf die Erde und testet ihre Verteidigung. Ich denke an 10 Schiffe, die Noel uns zur Verfügung stellen kann. Der Angriff müsste sofort zurückgeschlagen werden. Die Vereinten Nationen würden somit die Wichtigkeit einer Abwehr-Flotte einsehen. «

»Wir werden ein Exempel statuieren müssen, aber wir werden nicht mit falschen Karten spielen«, antwortete General Poison. »Es ist nicht einfach, die Vertretungen aller Länder zu überzeugen. Sie haben Recht, von Häussen, Noel wird uns helfen müssen. Ich stelle mir vor, dass ich erst die Sachlage vor den Delegierten erörtere.

Dann wird das ewige Hin und Her wieder beginnen. Es werden endlose Diskussionen stattfinden, um eine mögliche Einigung zu erzielen. Ich möchte keinen Angriff auf die Erde inszenieren, sondern helfen, indem ich auf eine Technik verweise, die uns weit voraus ist. Wenn ich die Delegierten so weit habe, lasse ich zwei Garde-Gleiter landen. Aus ihm lasse ich 24 Kampf-Roboter mit unserem neuen Schutzschirm aussteigen.

Sie sollen mit Paralyse-Strahlen die Sicherheitskräfte der UN angreifen. Diese Boliden mit ihrer Größe von 2,20 Meter, lassen sich nicht von den Sicherheits-Kräften aufhalten. Als kleine Demonstration werde ich die Kampf-Roboter in den Sitzungssaal stürmen lassen. Dann nehmen die Roboter friedlich neben dem Rednerpodest Aufstellung. Die Sicherheitskräfte werden mit herkömmlichen Waffen ausgestattet sein. Die Kugeln und Geschosse prallen von ihren Schutzschirmen ab. Sie sind wirkungslos. Lediglich unsere neuen Explosivgeschosse können die Kampf-Roboter beschädigen. Aber auch nur, wenn der neue Schutzschirm nicht eingeschaltet ist. «

»Hiermit sind die Sicherheits-Kräfte noch nicht ausgestattet«, antwortete Commodore von Häussen. «

General Poison fuhr fort.
»Da wir jetzt über die neuen Schirme verfügen und diese Technik bei der EWK Standard werden wird, sollte es zukünftig noch schwieriger sein unsere Kampf-Roboter auszuschalten. Ich hoffe nur, dass es zu keiner Zeit einen

Aufstand von Robotern geben wird. Was sagen sie zu meiner Idee? «

»In diesem besonderen Fall wird die Demonstration Wirkung zeigen«, äußerte sich Commodore McGregor. »Ob das reicht, sei mal in Frage gestellt«, ergänzte Commodore von Häusern. »Sie geben den Mitgliedern sehr viel Material in die Hand. Sie werden die Daten aufnehmen und verarbeiten müssen. Ein einzelner Nationalstaat ist der möglichen Bedrohung aus dem All in keiner Weise allein gewachsen. «

Es klopfte an der Türe, die sich wenige Sekunden später öffnete.

»Darf ich eintreten? «, fragte eine Stimme.
Sie gehörte Dr. Keeler, dem Finanzexperte. der EWK. Der Dr. trat ein.

»Ich begrüße sie, meine Herren«, sagte er. »Sind sie wieder in wichtigen Aufgaben verstrickt, die mein Geld kosten? «

»Was macht der Aufbau der Terun-Währung? «, erkundigte sich General Poison.

»Sie bekommen doch die monatlichen Daten übermittelt«, antwortete Dr. Keeler. »Hierin sind die Fortschritte exakt festgeschrieben. Die Zentralbank steht auf der Isle of Man, auf dem Gelände der EWK. Filialen haben wir zwischenzeitlich in allen nationalen Staaten der

Erde, auf Natrid und auf dem Mond installiert. Weitere folgen in allen Kolonien, die mit menschlichen Arbeitskräften unterstützt werden. Ferner auf Werften, Stationen und Kampfstationen. Dort ist unsere neue Währung bereits offizielles Zahlungsmittel. Alle neuen Personen, die in unsere Kolonien immigrieren, werden direkt mit unserer neuen Währung ausgestattet. Wer für uns arbeitet, oder mit uns arbeiten möchte, muss unsere Währung anerkennen.

Sie wird immer kräftiger, weil die Anzahl der Firmen, die sich um unsere angebotenen Neuheiten reißen, immer größer wird. Sie verstehen die Techniken teilweise noch nicht, möchten aber nicht ins Hintertreffen geraten und sichern sich mit dem Ankauf ihre Rechte. Bekanntlich stammen diese aus den Archiven der EWK, das meiste aber aus den Hinterlassenschaften von Natrid. Noel ist es auch, der uns weiterhin mit Diamanten versorgt. Diese werden auf Natrid zwar künstlich hergestellt, doch sie besitzen einen Reinheitsgehalt von fast 100 %. «

General Poison pfiff durch die Zähne.
»Auf wie viel Kapital kann die neue Bank bereits zugreifen«, fragte er.

»Ich bin nicht auf den Tag genau informiert«, antwortete Herman Keeler. »Ich schätze aber, es müssten weit über 900 Billionen Terun sein. Die Tendenz ist weiter steigend. Wir finanzieren den Schiffsneubau, den Ausbau der Stationen und der Kolonien, ferner die Aufstockung des Personalbedarfs der EWK. Wir brauchen einen besseren

Zugang zu den Welt-Märkten. Es werden zu viele Fragen gestellt und es dauert zu lange, bis die Bewilligungen eingehen und wir unsere Produkte einführen dürfen. Das kleinliche, nationale Denken, muss einer weltoffenen Sicht weichen. Es wird Zeit, dass der Handel mit den Morina ans Laufen kommt. Das wird das ganze Geschäft nochmals nach vorne bringen. «

»Ich danke ihnen«, sagte General Poison.

Dr. Keeler nickte und verabschiedete sich.
»Ich lasse sie wieder allein«, sagte er. »Ich habe noch viel zu erledigen. «

General Poison wartete, bis der Finanzexperte die Türe geschlossen hatte.

»Haben wir neue Nachrichten von der Termar 2? «, fragte er.

Er schaute Commodore McGregor an.
Dieser schüttelte den Kopf.

»Hierzu muss ich nochmals Noel befragen«, antwortete er. »Seit drei Tagen hatten wir keine weiteren Informationen von dem Schiff bekommen. Ich gehe von einem planmäßigen Ablauf aus. Der Bau der Transmitter-Strecke ist im geplanten Zeitlimit. Jeweils 15 Robot-Schiffe wurden als Schutz an jeder Weiterleitungs-Station deponiert. Alle sind bereits mit dem neuen Schutz-Schirm ausgestattet. Selbst unsere besten Wissenschaftler haben noch keinen Weg gefunden, den Schirm zum Kollabieren zu bringen. Es war eine gute Entscheidung, vorrangig die Produktion der Schutz-Schirme zu forcieren. Ich empfehle aber dringend, diese Technik als Geheim einzustufen und die Konstruktionspläne nicht weiterzugeben. «

»Das ist auch nicht geplant«, antwortete General Poison. »Wir haben jetzt das Problem, dass wir uns Gedanken machen müssen, wie wir die UN auf unsere Seite bringen können. Wichtig ist, dass der Sicherheitsrat der UN uns seine Unterstützung zusagt. Wenn das erfolgt ist, wird es nicht mehr so schwierig sein alle Nationen unter einen Hut zu bringen. «

Es klopfte an der der Türe. Die Sekretärin von General Poison öffnete sie und trat ein.

»Herr Noel ist da? «, sagte sie.
»Er kann eintreten«, erwiderte der General.

Kurz danach schritt Noel gewohnt langsam auf den Schreibtisch des Oberbefehlshabers der EWK zu.

»Nehmen sie Platz«, sagte General Poison. »Schön sie zu sehen. «

Höflich begrüßte Noel die Commodore McGregor und von Häussen.

»Es ist alles vorbereitet«, sagte der Klon. »Zwei Gardegleiter mit 24 Kampf-Robotern werden für ihr

Vorhaben genügen. Ich habe ihnen befohlen, ihre Befehle exakt auszuführen. Sie werden alles über sich ergehen lassen. Die Kampf-Roboter werden von sich aus keine Gegenmaßnahmen einleiten. «

»Gut«, antwortete der General. »Ich danke ihnen. Gehen sie nicht mit uns? «

Noel schüttelte seinen Kopf.
»Ich gehe nicht mit zu der UN«, antwortete er. »Sie müssten ja dann meine Existenz bestätigen. Ich halte mich im Hintergrund, bis sich alles normalisiert hat. «

»Über kurz oder lang werde ich sie als Natrid-Klon der großen Hypertronic-KI vorstellen müssen«, erwiderte der General. »Wir verfügen hier auf der Erde über eine offene Gesellschaft. Rundfunk, TV und Presse werden schon ihren Anteil dazu beitragen, dass sie nicht lange im Dunkel verborgen bleiben. Fliegen sie zurück zu Natrid und beobachten sie von dort aus unsere Aktivitäten«

»Wenn ich es mir Recht überlege, dann könnte ich die Veranstaltung auch von hier aus beobachten? «, erwiderte Noel. » Sie besitzen doch sicherlich ein Zimmer, von dem ich ihre Rede verfolgen darf? «

»Ja, das haben wir«, antwortete der General. »Ich lasse sie dort hinbringen. Machen sie es sich gemütlich. Falls sie Wünsche haben, rufen sie meine Sekretärin. Sie wird ihnen sofort helfen. «

»Die Kampf-Roboter sind auf sie programmiert«, ergänzte Noel. »Befehlen sie ihren Einsatz und stoppen sie bei Bedarf den Einsatz. Hier ist der Befehlsgeber. «

Noel hielt General Poison eine kleine Fernbedienung hin. »Den grünen Knopf drücken und einen Befehl hineinsprechen, dann den roten Knopf als Bestätigung drücken. Der Befehl wird von allen Robotern ausgeführt. «
General Poison schaute auf die Fernbedienung.
»Sie sieht auch nicht anders aus als eine von den unseren«, bemerkte er. »Danke, es wird schon schiefgehen. «

Er drehte sich um und ging zur Türe. Commodore McGregor und von Häussen folgten ihm.

Die 2 Garde-Gleiter mit dem Emblem der EWK landeten auf dem großen Platz vor dem UN-Gebäude. General Poison stieg aus, gefolgt von Commodore McGregor und Commodore von Häussen. Je 12 Kampf-Roboter flankierten die 3 Offiziere auf der rechten und linken Seite. Vor dem Eingangsportal gab General Poison den Befehl an die Roboter aus.

»Hier stehen bleiben und Wache halten«, befahl er. Den Schutzschirm aktivieren und auf meinen Einsatzbefehl warten. Alle Roboter verhalten sich unauffällig und warten auf neue Befehle.

Die Roboter waren zusätzlich mit den neuen TM 520 Laser-Pistolen ausgestattet. Eine grandiose Neuentwicklung der EWK. Ein Lauf der Pistole war für die gebündelten Laser-Strahlen vorgesehen, der zweite Lauf als Kanone konnte für hochexplosive Geschosse verwendet werden. Die Neuentwicklung war aus fast unzerstörbarem Natrid-Stahl gefertigt. Die Roboter standen sich gegenüber und blickten General Poison nach. Dieser verschwand mit den Commodore in dem Gebäude, um den Sitzungssaal zu suchen.

Die Kampf-Roboter sorgten bereits für Respekt im Eingangsbereich. Die regulären Sicherheitskräfte hielten einen ausreichenden Abstand zu ihnen. Vermutlich hatten sie ein ungutes Gefühl in Erwartung der weiteren Ereignisse. Ein leichtes, blaues Energieflackern umgab die Roboter. Nur an den roten Augen konnten Eingeweihte den eingeschalteten Kampfmodus erkennen.

General Poison und seine Begleiter ließen sich auf ihren reservierten Plätzen nieder. UN-Präsident Barocolo stand am Rednerpult und eröffnete die Sitzung. Er dankte allen Abgeordneten für das zahlreiche Erscheinen.

»Wie sie wissen, ist das hier eine außerordentliche Sonder-Sitzung, die auf Wunsch der EWK einberufen wurde. Ich halte mich mit der Einleitung in Grenzen und übergebe das Wort direkt an General Poison, den obersten Befehlshaber der EWK und des KSD. Er ist uns ausreichend bekannt und mit seinen Begleitern Commodore McGregor und Commodore von Häussen zu uns gekommen. Bitte General, das Rednerpult gehört ihnen. «

Der General stand auf und lief zu dem Rednerpult. Im Vorbeigehen schüttelte er die Hand von Ratspräsident Barocolo.

»Sehr geehrte Damen und Herren, Herr Ratspräsident, vielen Dank für die Redezeit«, begann General Poison. »Wir stehen an einem Wendekreis unserer Entwicklung«, erklärte er. Aus gegebenem Anlass möchte ich ihnen unsere Zukunft neu definieren. Es geht um die Erde, um den Mond, um den Mars, ja um unser ganzes Sonnen-System. Wir müssen zusammenrücken, um den Erhalt des Ganzen weiter zu ermöglichen. Sie werden nun fragen, warum ich hiervon spreche. Ich erzähle ihnen jetzt eine fantastische Geschichte. Danach entscheiden sie selbst den zukünftigen Weg ihrer Nation. Es duldet leider keinen Aufschub. «

General Poison schaute in die Runde der Abgeordneten. »Lehnen sie sich zurück und hören sie sich meine Geschichte an«, sagte er. Es ist eine Geschichte, die unsere Welt verändern wird. Es wird nie mehr so sein wie jetzt. Ich erzähle ihnen bewusst die Kurzform. «

Der General ließ seine Worte wirken, ehe er fortfuhr. »Wie sie wissen, haben wir nach der Fertigstellung unserer Mond-Kolonie, den nächsten Schritt gestartet und mit der Realisierung unserer Mars-Kolonie begonnen. So weit, so gut. Kürzlich gab es einen Unfall auf dem Mars.

Die ganze Kolonie des Asiatischen-Bundes wurde aufgrund eines Unfalles, wir vermuten eine gigantische Reaktorschmelze, dem Erdboden gleichgemacht. «

General Poison erzählte die komplette Geschichte und ließ nichts aus. Die Abgeordneten hörten gespannt zu, unfähig durch Zwischenrufe den Ablauf der Geschichte zu stören.

General Poison fuhr fort.
»Wir kamen zu der Erkenntnis, dass der Mars bereits einmal besiedelt war und als Mittelpunkt eines großen kaiserlichen Imperiums in unserem Sonnensystem anerkannt und respektiert wurde. «

Ein Raunen ging durch die Zahl der Zuhörer. General Poison fuhr mit seiner Geschichte fort.

»Laut unseren Informationen ist das jetzt über 100.000 Jahre unserer Zeitrechnung her«, erklärte er. Die atomare Verseuchung des Mars konnte sich verflüchtigen. Ohne unser Wissen ist auf dem Mars ein Programm gestartet, das seinerzeit von den mächtigen Bewohnern geplant und programmiert wurde. Eine große Hypertronic-KI ist nach dieser langen Zeit erwacht. Stellen sie sich diese Hypertronic-KI als einen technisch ausgereiften, uns technisch weit überlegenen Großcomputer vor.

Seine Aufgabe war es, nach Überlebenden des großen Krieges zu suchen. Sie hielt Ausschau nach einem Gen ihrer Rasse, dass in dem Körper unseres Mitarbeiters,

Major Travis, gefunden werden konnte. Scheinbar hatten sich die damaligen Bewohner des Mars, teilweise mit den Barbaren der Erde vermischt. In Major Travis sind Reste des wichtigen Mars-Gens nachweisbar. Hierdurch wurde er von der künstlichen Intelligenz des Mars als Nachkomme der Rasse akzeptiert und als Verwalter der technischen Hinterlassenschaften eingesetzt. Major Travis wurde mit dem ganzen Wissen der untergegangenen Zivilisation versorgt. Ziel der Hypertronic-KI ist es, das ehemalige Imperium des Mars wieder zu ordnen und zu beleben. Nach dieser langen Zeit soll nach Spuren des evakuierten Marsvolkes gesucht werden. Sie wollten sich an anderer Stelle neu niederlassen und von vorne beginnen. Dies konnte aber nur gelingen, wenn die Feinde des Universums besiegt waren. Diese wollten nicht nur die ehemaligen Bewohner von Natrid töten, sondern allen humanoiden Völkern der Milchstraße das Recht zu Leben absprechen.

Es ist nur eine Frage der Zeit, wann sie auf uns stoßen werden. Derzeit kennen sie unseren Standort noch nicht. Diesen halten wir Geheim. Dennoch können wir nicht sagen, ob und wann wir von ihnen entdeckt werden. Den Zeitpunkt können wir nur aufschieben, aber leider nicht aufhalten. Wir haben dank den Hinterlassenschaften des Mars Vorteile erhalten. Wir können Jahrhunderte der technischen Entwicklung überspringen. Der Mars besitzt die besseren Waffen. Diese Wissenschaft des evakuierten Volkes ist der Technik unserer Erde um Jahrhunderte voraus. Wir können die fremden Aggressoren vernichten. Aber nur, wenn wir auf die uns hinterlassene marsianische Technik in ausreichender Menge zurückgreifen können.«

Der General ließ eine kurze Pause vergehen. Er sah den Gesichtern der Abgeordneten an, dass sie skeptisch waren.

»Bereits vor 100.000 Jahren wurde eine hochstehende, technische Kultur in unserem Sol-System vernichtet«, erklärte der General. Das alles nur wegen unzureichender Abwehr-Maßnahmen. Sie haben sicherlich bemerkt, dass wir unsere Raumschiffs-Werften aufgerüstet haben und den Ausstoß an Raumschiffen verzehnfacht haben. Dies ist nur durch eine außerirdische Technik möglich geworden, den sogenannten Duplikatoren. Diese Technik vereinfacht die Bereitstellung von Raumschiffen ungemein. Nach der Anfertigung einer Schablone dupliziert der Duplikator die benötigten Teile aus uns unbekannter Materie aus dem Zwischenraum.

Das ist sehr einfach ausgedrückt und ich bin auch kein Techniker. Hierfür gibt es andere Personen, die ihnen alles im Detail erklären können. Es ist jedenfalls so, dass der Duplikator die Energie im Zwischenraum anzieht, hieraus das Material formt und es irgendwie im Normalraum materialisiert. Wir haben bereits Kontakt zu außerirdischen Zivilisationen aufgenommen, mit denen wir zukünftig Handel treiben werden. Bis das alles ans Laufen kommt, benötigen wir Geld, Geld, und wieder Geld. Alle Pläne zum schnellen Ausbau liegen bei der EWK zur Einsicht aus. Sie bekommen hier nur die groben Daten genannt, zumal die Hinterlassenschaften als militärisch und als geheim eingestuft wurden. «

General Poison blickte in die Runde.
»Derzeit wird von der großen Mars-Hypertronic-KI nur eine Person als Verwalter der Hinterlassenschaften akzeptiert«, teilte der General mit. Das ist unser Mitarbeiter, Major Travis. Weitere Personen, aus welcher Nation sie auch stammten, wurden nicht akzeptiert. Die EWK und speziell Major Travis ist als Vertreter der Erde ernannt und wird für die Technik und für die Hinterlassenschaften des Mars zuständig sein. Es geht darum, dass wir nur noch eine globale Weltraum-Behörde unterhalten sollten, die für alle nationalen Staaten zuständig ist. Diese heißt auch zukünftig EWK. Wir benötigen ihre finanzielle Unterstützung. Die EWK kann nicht alles allein schultern. Zumal es auch ein weltweites Problem sein wird, wenn wir angegriffen werden und uns nicht richtig verteidigen können. «

Einer der französischen Abgeordneten war aufgesprungen und fuhr den General an.

»Jetzt, da ihnen die Kosten davonlaufen, werden wir auf das Schiff eingeladen«, sagte er. »Vorher haben sie nicht einmal daran gedacht, uns an ihren Entdeckungen teilhaben zu lassen. Ich finde das ungeheuerlich und abscheulich. Sie können sicher sein, dass ich meiner Regierung von einer Beteiligung abraten werde. «

Ein russischer Vertreter nickte.

»Ich stimme meinem Vorredner zu«, erklärte er. »Warum sind sie nicht schon früher zu uns gekommen? Jetzt muss alles Hop La Hop gehen. Sie wissen von den angespannten Haushaltssituationen in unseren Ländern? «

Commodore McGregor stand auf und nickte.
»Das wissen wir alles «, sagte er. »Mein Hinweis an sie lautet, wenn wir angegriffen werden und keine entsprechende Verteidigung besitzen, brauchen wir uns zukünftig keine Gedanken mehr über eine Finanzierung zu machen. «

Ein amerikanischer Abgeordneter lachte.
»Sie übertreiben wieder«, sagte er. »Etwas anderes kennen wir von der EWK nicht. Sie sind die Besten, die Intelligentesten und die Klügsten. «

Gelächter folgte von den Zuschauerrängen.
»Sie dramatisieren alles«, sagte ein afrikanischer Abgeordneter. »Beweisen sie erst einmal, dass wir angegriffen werden können. Es gibt keine anderen Lebewesen im All, außer uns Menschen. «

Commodore McGregor schüttelte seinen Kopf und winkte ab.
»Eine solch kleinkarierte Meinung habe ich lange nicht mehr gehört«, antwortete er. Wir sollten hier abbrechen und abwarten, bis sie in Bedrängnis geraten. «

General Poison hob seine Hände.

»Bitte beruhigen sie sich alle wieder«, sagte er. »Es war auch für uns schwer zu glauben, dass es technisch viele weiterentwickelte Species im Universum gibt, als die unsere. «

General Poison blickte die Delegierten an. Er wusste, es ging wieder nur ums Geld. Die Notwendigkeit einer sicheren Abwehr kam derzeit keinem Parlamentarier in den Sinn. Er gab seinem Commodore ein Zeichen sich zu setzen. Es war Zeit für eine Demonstration. General Poison gab den Befehl an die Roboter den Sitzungssaal zu stürmen und sich von niemand aufhalten zu lassen. Er drückte die rote Bestätigungstaste.

»Ihr Beweis kommt sofort, aber er trachtet nach ihrem Leben«, teilte der General aufgebracht mit.

Schüsse wurden hörbar, Maschinengewehrfeuer, Stimmen, Schreie und lautes Gepolter drangen in den Saal. Die Parlamentarier drehten ängstlich ihre Köpfe in alle Richtungen. Stampfende Schritte wurden lauter. Die Roboter tobten durch den Eingangsbereich und die Korridore. Niemand konnte sie aufhalten. Die 2.20 Meter großen Kampf-Roboter wischten die Sicherheitskräfte mit ihren Paralyse-Strahlen einfach von den Beinen. Die Schüsse, die auf sie abgegeben wurden, wurden von den Schutz-Schirmen aufgefangen. Die Kugeln fielen zu Boden.

Alarmsirenen heulten auf. Der Konferenzraum wurde informiert.

»Wir werden angegriffen«, sprach der Trupp-Führer der Sicherheitskräfte ins Telefon. »Ziehen sie sich zurück. Wir können die Angreifer nicht aufhalten. Es sind große Roboter. So etwas habe ich bisher noch nicht gesehen. Sie wollen in den Konferenz-Saal. Wir können sie nicht weiter schützen. Es geht alles viel zu schnell. «

Die Verbindung unterbrach. Jetzt wurden die Politiker erst richtig unruhig.

»Aufhören«, forderten sie. »Das ist kein Spaß mehr. Wir wollen freies Geleit. «

General Poison stand wie versteinert auf dem Podium. Mit finsterer Miene schaute er auf den Haufen erbärmlicher Politiker.

Die Tür zum Konferenzraum wurde aufgestoßen und fünf Sicherheitskräfte kamen hereingestürmt und verriegelten sie von innen.

»Wir werden von Robotern angegriffen«, erklärten sie. »Sie sind unzerstörbar. Grell heulten weitere Alarmsirenen auf. Der Tumult auf dem Korridor wurde lauter. Die Türe zersplitterte in einer lauten Explosion und riss aus der Verankerung. Die Sicherheits-Kräfte wurden von den Beinen gerissen.

Die Roboter marschierten herein, wechselten die Richtung, um Aufstellung vor dem Rednerpult zu nehmen.

Die Sicherheits-Kräfte schossen mit ihren 9 mm Handfeuerwaffen auf die Roboter.

»Stellen sie das Feuer ein, die Roboter sind nicht zerstörbar«, sprach General Poison laut in sein Mikrofon. »Wir wollen doch nicht, dass ein Querschläger jemanden verletzt. «

Er blickte in die Runde.
»Darf ich ihnen jetzt die Feuerkraft dieser Kampfroboter vorstellen«, fragte er. »Stellen sie sich vor, sie müssten sich gegen mehrere Eintausend dieser Blech-Kameraden wehren? Und stellen sie sich jetzt weiter vor, dass wir mehr als 100.000 Kampf-Roboter hiervon haben. «

Ein Schrei ging durch die Delegierten. Viele der Abgeordneten hatten so etwas noch nicht gesehen. Sie waren förmlich in ihren Stühlen versunken und blickten angstvoll zu den Robotern. Diese waren in Reihe und Glied aufgestellt und warteten auf neue Befehle.

»Sie sehen hier die Kampf-Roboter aus marsianischer Fertigung«, erklärte der General. » Sie können nur durch schwere Geschütze bezwungen werden. Schauen sie bitte nach rechts. Dort stehen 15 unbesetzte Tische und Stühle. Ich lasse nur einen Kampf-Roboter eine kurze Demonstration abgeben. «

General Poison sprach in den Befehlsgeber. Der erste Roboter drehte sich in die entsprechende Richtung hob seinen Waffenarm und zielte auf die angegebene

Position. Drei Feuerstöße aus der Laser-Kanone bewirkten, dass alle Tische und Stühle in Flammen aufgingen. Ein weiterer Schuss, diesmal aus der neuen TM 520, ließ das ganze Feuerhäufchen explodieren und auseinanderplatzen. Kleine brennende Reste von den Tischen und Stühlen segelten aus der Luft dem Boden entgegen. Nichts war mehr an der Position zu entdecken, wo vorher die 15 unbesetzten Tische und Stühle gestanden hatten. Das nackte Grauen stand den Parlamentariern noch in den Gesichtern.

General Poison hob seinen Finger in die Luft.
»Ich demonstrierte die neue Technik«, sagte er ernst. »Es ist alles gefilmt worden. Jeder von ihnen erhält eine Kopie für ihre nationalen Regierungen. Nehmen sie es nicht auf die leichte Schulter, sondern versuchen sie ihre Regierungen zu überzeugen, dass die Feinde, von denen ich sprach, die ganze Erde bedrohen könnten. Lassen wir sofort entsprechende Abwehrmaßnahmen ergreifen und den Fortbestand der Menschheit sichern. «

Commodore McGregor und Commodore von Häussen erhoben sich und schritten an das Rednerpult.

»Es folgen zum Abschluss noch einige Daten von meinen Mitarbeitern«, sagte General Poison. »Ich danke ihnen für meine Redezeit. «

General Poison trat zurück und machte Platz für seine Commodore.

»Film ab«, befahl Commodore von Häussen.

»Ich versuche den Ablauf des Films zu kommentieren. Wir haben diesen aus den Archiven des Mars leihweise erhalten. «

Die Leinwand flammte auf. Eine große Flotte von Raumschiffen flog auf den Mars zu.

»Sie sehen den Angriff auf den Mars, der auch zum Untergang der besagten Rasse führte. Trotz seiner ausgereiften Technik schaffte der Mars es nicht, die Angreifer abzuwehren. Nur allein durch die überlegene Zahl der Angreifer verschafften sie sich die wichtigen Vorteile. Hier sehen sie, wie sich Tausende von Angreifer-Schiffen auf ein einzelnes Kampf-Schiff des Mars stürzten. Es wurde eisern gekämpft, eine Kapitulation war keine Option.

Obwohl viele Feinde eliminiert werden konnten, schafften die angreifenden Sauroiden es doch, die Schutz-Schirme der abwehrenden Schiffe der Mars-Heimat-Flotte in einem gleichzeitig gebündelten Beschuss mehrerer Schiffs-Divisionen zu überlasten. Nach dem Ausfall der Schirme war es dann relativ einfach, die meisten Mars-Schiffe zu erledigen und zur Explosion zu bringen. So konnten die wenigen Schiffe der Heimat-Garde die Angreifer nicht länger aufhalten. Die Flotte des Mars wurde nach und nach aufgerieben. Die Rückkehr der Angriffs-Flotte unter Admiral Tarin dauerte zu lange. Das steht auch uns bevor, wenn wir nicht entsprechende Abwehr-Maßnahmen beschließen sollten. « Der Film zeigte einen brennenden und glutflüssigen Mars. Jegliches Leben war auf dem Planeten nicht mehr möglich. Der Film endete.

Commodore McGregor trat vom Rednerpult zurück und verneigte sich. Verhaltener Beifall ertönte. Die Parlamentarier schienen das Problem erkannt zu haben. Nehmen sie eine Kopie des Films mit und sprechen sie mit ihren Regierungen«, empfahl der Commodore.

Er nickte seinem Vorgesetzten zu.
General Poison gab den Befehl zum Abmarsch. Jeweils 12 Kampfroboter flankierten die Seiten der Abordnung. Die kleine Gruppe schritt ungehindert dem Ausgang entgegnen. Niemand hielt sie auf. Eindrucksvoll hielten sich die Sicherheits-Kräfte zurück und schauten der EWK-Gruppe neidisch nach. Sie hatten ein Exempel statuiert. Keiner konnte etwas gegen sie ausrichten.

Zurück in den Hallen der EWK-Verwaltung suchte General Poison direkt Noel auf. Dieser wartete in seinem Büro auf ihn.

»Jetzt haben sie bereits ein Büro in der EWK«, lächelte der General zu Noel.

Dieser blickte ihn emotionslos an.
»Sie haben ja auch ein Büro auf Natrid«, entgegnete Noel. »Das gleicht sich wieder aus. «

»Wie war ich? «, fragte General Poison.

»Gut, ich habe nichts dagegen einzuwenden«, bestätigte Noel. »Ich denke, das hat gesessen. Wer es jetzt noch nicht begriffen hat, der wird sich auch zukünftig sträuben, finanzielle Mittel lockerzumachen, um eine Abwehr zu finanzieren. «

Die Termar 2 lag im Tarnmodus, nahe dem Morina-System. Das Schiff war an ihrem Ziel angekommen. Vor einem kleinen Asteroiden hatte die Crew eine Wartestellung bezogen und auf den Beobachtungsstatus geschaltet.

»Der 3. Planet scheint der Regierungs-Planet der Morina zu sein «, teilte Commander Stuart mit. » Die Frequenz der landenden und startenden Schiffe ist beachtlich. Nach ihren Vorgaben treiben sie lediglich Handel mit anderen Rassen. Läuft die Bildaufzeichnung«?

»Ja«, antwortete der Ortungs-Offizier Michels. Er nickte. »Es herrscht ein reger Flugverkehr zu dem 3. Planeten der Morina«, antwortete er.

»Ich möchte eigentlich noch kurz hier im Tarn-Modus liegen bleiben, um zu schauen, ob keine ungebetenen Gäste den Planeten anfliegen«, sagte Commander Stuart. Ich hoffe sehr, dass die Morina es ehrlich meinen. «

»Ich orte jedenfalls keine Schiffe der Sauroiden«, antwortete Sergeant Michels. »Es sind lediglich die Schiffe in der typischen Form der Morina festzustellen. «

»In der Regel arbeiten sie nur mit reinen Transport-Schiffen«, erwiderte Commander Stuart. »Trotzdem möchte ich noch einige Zeit hier im Verborgenen liegen bleiben, um die Lage genau zu analysieren. Wir müssen wissen, mit wem wir es zukünftig tun haben. Es wurde kein Zeitplan vereinbart, um uns mit dem Wirtschafts-Attaché zu treffen. Wir können genauso gut in einer Woche, oder in einem halben Jahr ankommen. Für die 45 Lichtjahre haben wir drei Wochen benötigt. Es muss auch gesagt werden, dass wir versucht haben, die Umgebung zu untersuchen und Hinweise auf neue Rassen und Zivilisation festzustellen. Das ist uns auf dem Weg nach Morina leider nicht gelungen. Es scheint, dass auf dieser Route keine bewohnten Planeten existieren. Ich frage nur, mit wem die Morina ihren ganzen Handel betreiben. Wir sollten darauf bestehen, dass wir eine Abnehmerliste bekommen. Ich meine hiermit eine Karte, auf der alle Planeten eingetragen sind, mit denen die Morina Kontakte pflegen. «

»Ich denke, uns auf die Lauer legen, wird nicht viel bringen«, bemerkte Sergeant Michels. »Wir wissen nicht exakt, ob die Marina überhaupt etwas Illegales vorhaben. Ferner sollten wir unseren neuen Verbündeten nicht direkt mit so viel Skepsis entgegentreten. Die Morina haben sich als reine Handelsrasse dargestellt. Dieses scheint ihre absolute Bestimmung zu sein. Das haben sie immer praktiziert und das wollen sie auch weiterhin machen. Wir sollten einen Garde-Gleiter ausschleusen. Im Tarn-Modus kann er unsere Überwachungs-Funktion übernehmen. «

»Gute Idee«, entgegnete Commander Stuart. »Veranlassen sie alles Nötige. «

»Hiernach schalten wir in den Normal-Modus und bitten um eine Einfluggenehmigung in das Morina-System. Als neuer Handelspartner führen wir abschließende Gespräche nur vor Ort. Handels-Attaché Prince Pimona und Wirtschafts-Attaché Prince Myron Schomonver sollten bei den Gesprächen dabei sein. Wer möchte den Spionagegleiter steuern und die Überwachungsfunktion übernehmen? «

Commander Stuarts Blick schweifte in die Runde seiner Brückencrew.

Der erste Offizier, Captain Mandjano stand auf.
»Das würde ich gerne übernehmen«, sagte er kurz.

Kommando Stuart nickte.
»Bereiten sie sich bitte vor und suchen sie sich ein Spähkommando aus«, sagte er. »Sofort nach der Meldung ihrer Einsatzbereitschaft werden sie ausgeschleust. Bitte informieren sie uns jede 5. Stunde auf der EWK-Geheimfrequenz. Geben sie uns bitte einen codierten Bericht durch. «

Captain Mandjano salutierte und verließ eiligst die Brücke.

Commander Stuart blickte weiter auf den großen Panorama-Bildschirm.

»Es sieht alles so aus, wie es sein sollte«, registrierte er. »Reger Flugverkehr zwischen den Schiffen und dem Planeten Morina 3. Es gibt Stoßzeiten, an denen viele Schiffe gleichzeitig den Planeten anfliegen, vermutlich um ihre Waren zu löschen. Dann sind wieder Minuten und Stunden ersichtlich, an denen kaum Raumschiffe eintreffen. «

Er blickte den Ortungs-Offizier an.
»Haben wir alles aufgezeichnet? «, fragte Commander Stuart.

»Ja, Commander, alles wurde von mir zur späteren Auswertung archiviert«, teilte der Offizier mit. »Es sind keine fremden Raumschiffe festzustellen. Ich kann nur Transport-Schiffe, in einer natradischen ähnlichen Bauart, erkennen. Sie haben anscheinend ein Hohl- und einen Lieferdienst eingerichtet, um sicherzugehen, dass die Handelsware auch bei ihnen eintrifft. Unsere Scans zeigen, dass die Schiffe nur über eine minimale Bewaffnung verfügen. Es handelt sich nicht um Schiffe, die für den Kampfeinsatz geeignet sind. Ich registriere dafür aber auf allen Schiffen starke Triebwerke. Die scheinen wendig zu sein, um im Notfall einem möglichen Feind entfliehen können. «

»Achtung, interner Funkspruch von Captain Mandjano«, meldete der Funk-Offizier. »Er ist jetzt einsatzbereit und bittet um Ausschleusung. «

Commander Stuart gab den Befehl an seinen Steuermann. Der regulierte einige Schalthebel am Kommandopult und leitete die Ausschleusungs-Phase ein.

»Achtung, das Schiff wird freigegeben«, meldete er.
Der Gardegleiter verließ im Tarnmodus die Termar 2. Auf dem Panorama-Schirm erschien der Gleiter als skizziertes Emblem. Ein Hinweis auf den aktivierten Tarnmodus.

»So, die Überprüfung läuft an«, sagte Commander Stuart und schaute wieder in die Runde auf seine Brückencrew. »Sind wir bereit mit den Morina Kontakt aufzunehmen? Bitte den Tarnmodus deaktivieren und eine Leitung an das Morina Kontrollzentrum öffnen.

»Die Leitung ist stabil«, antwortete der Funk-Offizier.
»Hier spricht die Termar 2, unter Commander Stuart«, sprach er in den Communicator. »Ich bin berechtigt mit ihrem Handels-Attaché, Prince Prine Pimona, Gespräche zu führen. Wir erbitten um Einflugs-Genehmigung in ihr System. Senden sie uns bitte ihre Landekoordinaten. Wir erwarten ihre Antwort. «

Es dauerte nicht lange, da wurde die Termar 2 geortet und erhielt die angeforderte Antwort in reinem Natradisch.

»Das Morina-System begrüßt die Termar 2«, hallte es aus den Lautsprechern. »Wir freuen uns über ihren Besuch. Unser Handels- und Wirtschafts-Attaché erwarten sie bereits. Sie wurden angekündigt. Loggen sie sich in unserem Peilstrahl ein. Er leitet sie zu einem besonderen Landeplatz auf unserem Planeten. Um ihre Sicherheit zu garantieren, werden sie von zwölf Morina Kampf-Jets eskortiert. Hierfür haben sie sicherlich Verständnis. Da wir sehr um die Sicherheit unserer Besucher bemüht sind, folgen sie bitte dem Peilstrahl. «

Der Funkspruch endete ohne weitere Worte. Commander Stuart zeigte mit dem Finger auf seinen Funkoffizier Reid. Dieser verstand sofort und bestätigte den Erhalt der Mitteilung.

»Termar 2 an Morina 3«, sprach er in seinen Communicator. »Wir haben ihren Funkspruch erhalten und erwarten ihren Peilstrahl. Vielen Dank für die Einweisung. «

»Ortung«, teilte Davis Michels mit. »Ich habe den Peilstrahl eingeloggt. Zwölf Kampf-Jets steigen vom Planeten auf und kommen schnell näher. «

»Wir gehen auf Schleich-Fahrt und nähern uns langsam unserem Ziel«, befahl Commander Stuart.
»Die Kampf-Jets scheinen über einen guten Antrieb zu verfügen«, bemerkte Sergeant Michels. »Sie kommen schnell näher. Jeweils sechs Jets nehmen rechte und linke

Positionen an unseren Flanken ein. Sie eskortieren unseren Landeanflug. «

Schnell kam der Planet Morina 3 näher.
»Bitte das Landemanöver einleiten«, sagte Commander Stuart.

Vorsichtig senkte sich der schwere 500 Meter Angriffs-Kreuzer durch die Atmosphäre dem Boden entgegen. Die Verzögerung des Schiffes wurde stärker. Bremsdüsen schalteten sich ein und verringerten den Abwärtstrend. Anti-Grav.-Felder nahmen den Dienst auf und ließen den schweren Naada-Kreuzer sanft und leichtfüßig auf der speziell ausgewählten Landefläche aufsetzen. Das Empfangskomitee war schon in Aufstellung gegangen und näherte sich nun langsam dem Raumschiff.

»Lassen wir die Herren nicht warten«, sagte Commander Stuart.

Gefolgt von seinem 1. Offizier, Leutnant Clancy, schritt der Commander aus dem Schott, die Energiebrücke herunter dem Boden entgegen. Hier warteten bereits die 3 Personen des morinischen Handels-Ministeriums.

»Endlich wieder festen Boden unter den Füßen«, sagte Commander Stuart.

Die Luft roch würzig, angenehm sauber. Commander Stuart schaute in alle Richtungen. Schöne angelegte

Wiesen, Wälder und Grünanlagen, alles wirkte sauber und gepflegt.

»Alles ist künstlich angelegt«, sagte Commander Stuart. »Ich vermute, hier ist nichts Urwüchsiges mehr zu finden. Schöne Bäume und viele kultivierte Sträucher, garantiert genoptimiert und kontrolliert. «

Leutnant Clancy nickte. »Das habe ich mir auch gedacht. «
»Ich begrüße sie auf Morina«, sagte Prince Prine Pimona. »Endlich sind sie da. Schön, dass sie zu uns gekommen sind. Darf ich ihnen meine Begleiter vorstellen. Prince Myron Schomonver, unser Wirtschafts-Attaché und Prince Ulear Tomatover, der westliche Kommandeur unserer Boden-Streitkräfte begleiten mich. Er ist für ihre Sicherheit zuständig.

Die Vertretung der Termar 2 begrüßte die Abordnung der Morina.

Gleiter fuhren vor und hielten an.
»Bitte folgen sie uns«, bat Prince Prine Pimona. »Wir werden ihnen Ihr zukünftiges Zuhause zeigen. «

Die Fahrt dauerte nicht lange. Direkt neben dem Flugfeld waren große Gebäude errichtet worden. Die Fahrzeug-Kolonne fuhr hierauf zu. Kurz vor einem eindrucksvollen Tor, bremste der Gleiter ab.

»Das haben wir für sie als Vertretungs- und Lagergebäude aufgebaut«, erklärte Prince Prine Pimona. »Sie können hier sämtliche Waren Ein- und Ausgänge kontrollieren, lagern und bearbeiten. Gleichzeitig haben wir neben den Lagerräumen auch Verwaltungsräume eingerichtet. Sie können sich alles nach ihrem Geschmack einrichten. Wie gedenken sie unseren Wunsch, nach einer Zusammenarbeit Rechnung zu tragen«?

Commander Stuart antwortete bereitwillig.
»Sie konnten ja bereits die Verträge auf unserem Planeten unterschreiben«, erklärte er. Diese sind gültig und wir halten uns hieran. Entsprechend erwarten wir von ihnen auch eine Einhaltung ihrer schriftlichen Zusagen. Sämtliche, benötigten Materialien haben wir dabei, um eine Transmitter-Strecke aufzubauen und diese in Betrieb zu nehmen. Wir werden es uns hier gemütlich einrichten. Wie besprochen, werden wir gleichzeitig auch eine Wechselbank des Neuen-Imperiums hier auf dem Gelände einrichten. Der Terun ist die neue Handelswährung im Imperium. «

»Wann denken sie, dass unser Transmitter-Tor hier auf Morina in Betrieb gehen kann? «, fragte Prince Prine Pimona.

»Das wird nicht mehr allzu lange dauern«, erwiderte Commander Stuart. »Wir müssen ja unsererseits auch eine Gegenstelle einrichten und die ganze Transmitter-Strecke aktivieren. Die von ihnen angebotenen Waren müssen von uns begutachtet werden. Erst dann kann entschieden werden, welche wir für das Imperium übernehmen können. «

»Um den imperialen Handel dreht sich auch meine zweite Frage«, bemerkte Prince Prine Pimona.

»Sind sie bereits die offizielle Vertretung des Neuen-Imperiums von Tarid und Natrid? «, erkundigte er sich. »Werden sie hier eine Unterkunft beziehen und für uns als Ansprechpartner zur Verfügung stehen? «

»Unser für sie zuständiger Konsul wird noch einreisen«, erklärte der Commander. »Sobald die Transmitter-Brücke zur Verfügung steht, ist es wesentlich einfacher die Entfernung ins Neue-Imperium zu überbrücken. Er wird ihnen später sämtliche Fragen beantworten. Dieser Konsul, der Name wurde mir bei meinem Abflug noch nicht genannt, ist für sie der Ansprechpartner in allen Fragen. «

Leutnant Clancy ergriff das Wort.
»Haben sie möglicherweise zurzeit Probleme Handel zu betreiben? «, erkundigte er sich. » Wir mussten feststellen, dass eine reptile Lebensform, mit dem Namen Green-Lizards, in die Milchstraße eingedrungen ist und versucht sämtliche humanoiden Lebensformen auszulöschen. Sie bereiten uns ein wenig Probleme. Gegenmaßnahmen wurden jedoch von uns bereits eingeleitet. «

Der Handelsattaché und der Wirtschafts-Attaché schauten sich erschreckt an und wichen einen Schritt zurück. Sie fingen sich schnell wieder und schauten Commander Stuart und Leutnant Clancy verhalten an.

Commander Stuart fragte nach.
»Wie ich ihrem Gesicht entnehmen darf, durften sie bereits Erfahrungen mit den Echsen machen? «, erkundigte er sich.

Der Handels-Attaché Prince Prine Pimona nickte.
»Ja«, antwortete er kurz.

Leutnant Clancy bemerkte, wie sich die Angst in den Gesichtern der Morina spiegelte.

»Es scheint für sie eine schockierende Frage gewesen zu sein? «, bemerkte er. » Ich weise sie noch einmal darauf hin, dass wir ein ehrliches Bündnis mit ihnen eingehen möchten. Falls sie etwas verschweigen oder wenn sie unehrlich zu uns sind, kann das fatale Folgen nach sich ziehen. Auch die Einstellung der Handelsbeziehungen und der Zusammenarbeit ist möglich. Sie sind sich doch hoffentlich bewusst, dass wir Möglichkeiten haben, sie zu schützen und selbst diese Angreifer zu eliminieren. Deswegen sagen sie uns bitte die Wahrheit. Wir müssen wissen, was sich in unserem Imperium abspielt. Derzeit haben wir noch nicht allzu viele Patrouillen ausgeschickt, um selbst an genügend Informationen zu gelangen. «

Die beiden Morina resignierten. Prince Ulear Tomatover trat vor.

»Ich bin Leiter der westlichen Militäreinheiten von Morina«, sagte er kurz. »Wir haben ihnen etwas verschwiegen, um keine Unruhe zu schüren. Von den 560 Planeten, die Handel mit uns treiben, sind zwischenzeitlich 21 Planeten ausgefallen. Sie wurden von fremden Raumschiffen mit reptilen Besatzungen angegriffen, attackiert, oder sogar teilweise völlig verwüstet. Es passierte ohne irgendeine Vorwarnung. Eine ganze Armada von Schiffen, die Anzahl geht meistens in die Tausende, materialisierte und beschoss die Planeten ohne Vorwarnung. Es war kein Schema zu erkennen. Einmal waren es Agrar-Planeten, beim nächsten Mal wurden Industrie-Planeten angegriffen.

Meistens sind es aber Planeten, die keine großen Abwehrmöglichkeiten besaßen. Diesen Planeten stehen auch keine Abfang-Schiffe zur Verfügung. Sie waren den Aggressoren förmlich ausgeliefert. Die angegriffenen Planeten hofften auf die Unterstützung ihres Nachbarn. Leider stand diesen wiederum auch keine ausreichende Flotte zur Verfügung. Durch ihre mögliche Hilfeleistung haben sie sich selbst als neues Ziel angeboten. Ihnen passierte das gleiche Drama. «

Minutenlang herrschte betretenes Schweigen.

»Es werden vermutlich nur humanoide Völker angegriffen? «, fragte Commander Stuart.

Prince Ulear Tomatover nickte.

»Ja, das ist richtig«, antwortete er. »Können sie uns Hilfe anbieten? «

»Ich werde ihren Wunsch weitergeben und besprechen«, erwiderte Commander Stuart. »Ich sehe ein, dass hier ganz dringend eine Lösung gesucht werden muss. Wir selbst sind derzeit mit dem Aufbau einer großen Abwehrflotte beschäftigt. Inwieweit diese bereits einsatzfähig ist, kann ich ihnen noch nicht genau sagen. Die Informationen werde ich auch erst nach Fertigstellung der Transmitter-Brücke erhalten. Für die Zukunft gesehen kann ich mir vorstellen, dass sie eine eigene Abwehr-Flotte auf die Beine stellen sollten, um ihre Handelswaren zu schützen. Natürlich werden wir auch einen Teil der Schutz-Flotte für Morina stellen, um so unser Bündnis mit ihrem Volk zu sichern. «

»Am besten wäre es, wenn den Green-Lizards die Möglichkeit eines Angriffes genommen wird«, sagte Prince Ulear Tomatover, Militärsprecher der Morina. «

Commander Stuart blickte ihn an, antwortete aber nicht auf die Frage.

»Wir richten uns erstmals ein und werden später über die weiteren Themen sprechen«, bemerkte Commander Stuart.

»Dürfen wir jeden Tag kommen, um den Fortschritt ihrer Arbeiten zu begutachten? «, fragte Wirtschafts-Attaché Prince Myron Schomonver. » Wir hoffen, jeden Tag ein kurzes Gespräch mit ihnen führen zu dürfen. Natürlich wollen wir auch schauen, wie weit sie vorangekommen sind. Wenn sie Wünsche haben sollten, lassen sie es uns bitte wissen. Es wird ihnen sofort geholfen. Wir verabschieden uns für heute und überlassen sie jetzt ihren Aufbau und ihrer Einrichtung. Falls sie noch weitere Gebäude benötigen sollten, informieren sie uns. Wissen sie, es sind Fertig-Komponenten, die wir schnell aufstellen lassen können. Wenn sie später unseren Planeten näher kennenlernen möchten, senden wir ihnen einen Tour-Begleiter. «

»Sehr freundlich«, erwiderte Commander Stuart. »Wir bedanken uns und melden uns bei Bedarf. «

Die Offiziere der Termar 2 warteten, bis die Morina gegangen waren.

»Die Abordnung der Morina ist fort«, sagte Commander Stuart und blickte Leutnant Clancy an. »Wir können loslegen. «

Er hob seinen Communicator vor den Mund.
»Hier ist Commander Stuart, sprach er in das Gerät. »Bitte sofort das Material, die Arbeits-Roboter, die Wissenschaftler und die Ingenieure ausschleusen. Wir beginnen mit dem Aufbau der Station und deren Einrichtung. «

Die Energiebrücken wurde von den Laderäumen der Termar 2 aktiviert und neigten sich dem Boden zu. Weit über 500 Arbeits-Roboter, bepackt mit schweren Kartonagen, marschierten in Reihe und Glied dem Boden entgegen. Ihnen folgten 100 Kampf-Roboter natradischer Fertigung, die sofort den Bereich um die Termar 2 absperrten. Kein Unbefugter konnte mehr Zutritt erlangen. Jetzt folgten Techniker, Wissenschaftler und Konstrukteure, Ingenieure und alle Personen, die sich um den Aufbau der Transmitter-Station, die technischen Einrichtungen und alle weiteren Einbauten kümmern sollten.

Es waren Fertig-Module, die eigentlich nur zusammengesteckt werden mussten, um das jeweilige Produkt aktivieren zu können. Entlade- und Transport-Maschinen wurden auf speziellen Anti-Grav.-Feldern zu Boden gelassen. 30 Spezial-Roboter kümmerten sich allein um die Installation der fünf Atom-Reaktoren, die zukünftig die Energie für die Station auf dem Planeten Morina liefern sollten. Diese modernen Atommeiler strahlten nicht mehr. Unfälle gab es kaum noch. Nur zur Sicherheit wurden sie trotzdem noch in speziell angefertigten Kammern aus 2 Metern dicken Natrid-Stahl eingebettet und transportiert.

Commander Stuart saß mit seinem ersten Offizier, Leutnant Clancy auf einer Empore. Von hier aus konnten sie die ganze Betriebsamkeit überblicken.

»Es sind schöne, große Hallen«, sagte Leutnant Clancy. »Weitläufig und relativ stabil. Sie scheinen für die Errichtung betonähnliches Material verwendet zu haben. Das ist auch sinnvoll, um eine Festigkeit zu erreichen. Hauptsache die Hallen sind stabil. «

»Das wird nachher der Schutzschirm richten, den wir um die ganze Anlage legen«, erklärte Commander Stuart. »Wir werden den Landeplatz großräumig abschirmen, dass auch unsere Schiffe durch den Schirm geschützt sind.«

Er hob seinen Communicator und sprach hinein.
»Wie lange dauert es noch mit der Installation der Transmitter-Brücke? «, fragte er.

»Wir sind fertig«, kam die Antwort von einem Techniker. »Kommen sie bitte herunter zu uns. «

Leutnant Clancy und Commander Stuart standen auf. »Gehen wir hinunter und schauen uns an, was die Techniker gezaubert haben«, schlug der Commander vor. Versuchen wir den ersten Testlauf durchzuführen. «

Eine 10 Meter große Plattform stand eindrucksvoll auf dem Boden. In der Mitte war ein Tor-Rahmen aus Natrid-Stahl integriert, der wiederum mit einer Höhe von fünf Metern Aufmaß. Fast alle Weiterleitungs-Stationen waren bereits angeschlossen und auf dem Display als Standby angezeigt.

»Kann ich von hier aus die Steuerung übernehmen? «, fragte Commander Stuart einen der Wissenschaftler. «

Er nickte freudig.
»Ich zeige es ihnen«, antwortete er«

Alle Personen starrten gespannt auf die Konsole, an welcher der Wissenschaftler hantierte.

»Achtung ich starte den Anschluss«, sagte er und drückte auf einen roten Knopf, der sich direkt in die Farbe Grün verfärbte.

»Kontakt«, meldete der Wissenschaftler. »Unsere Kontroll-Station versucht alle programmierten Weiterleitungs-Stationen zu erreichen. Die Impulse kommen durch. Die Weiterleitungs-Stationen 2 und 3 melden ihre Zustimmung. Es erreichen uns die Signale der Stationen 4, 5, 6 und 7. Sie haben sich ebenfalls eingeklinkt. Ich erhalte aktive Meldungen von den Stationen 8, 9 und 10. Sie übermitteln die Funktions-Bereitschaft. «

Der Wissenschaftler jubelte.
Die Transmitter Brücke ist jetzt vollständig angeschlossen und aktiv«, meldete er. » Alles funktioniert perfekt, es werden keine Fehler angezeigt. Die Brücke sollte jetzt funktionstüchtig sein. «

Beifall erfüllte die große Halle.

Kaum eingeschaltet, da bemerkte der Wissenschaftler einen Hinweis auf dem Display der Konsole.

»Achtung eingehendes Paket«, sagte er. »Etwas kommt durch das Transmittertor. «

Die 12 Kampf-Roboter rückten vor und umstellten die Plattform weiträumig. Sie hatten auf Kampf-Modus geschaltet. Ihre Waffenarme hoben sich.

Ein kurzes Flimmern in der Mitte des Tores entstand. Das nebelige Leuchten festigte sich und veränderte sich in ein bläuliches Leuchten. Der Durchgang hatte sich stabilisiert. Gespannt warteten die Beobachter auf die angekündigte Sendung. Zu einem allgemeinen Staunen schritt Noel durch das Energiefeld.

Er blickte sich um und nickte. Eine kurze Handbewegung ließ die Waffenarme der Roboter sinken.

»Sie haben es geschafft«, begrüßte er Commander Stuart. »Meine Glückwünsche hierfür. Wie sie sehen können, waren wir auch nicht untätig. Alle Weiterleitungs-Stationen wurden fertiggestellt und aktiviert. Sie haben sich in Tarnmodus versetzt. Alle Stationen werden von 15 natradischen Schiffen der Lord-Klasse geschützt, die ebenfalls in dem Tarnmodus operieren. «

Noel schritt etwas zur Seite. Aus dem Energiefeld traten Arbeits-Roboter, die Kisten mit Material trugen.

»Was ist das alles?«, fragte Commander Stuart.

»Das ist bereits unsere Weiterentwicklung«, antwortete Noel. »Ein neu entwickelter Energie-Schirm, der die Schutzwirkung unserer derzeitigen Energie-Schirme mindestens um das Zehnfache übertrifft. Major Travis hat die Konstruktionspläne von einer außerirdischen Rasse erhalten, die anscheinend unserem technischen Verständnis weit voraus ist. An diesen Energie-Schirm beißen sich mögliche angreifende Rassen ihre Zähne aus. Bitte installieren sie einen Schirm auf ihrem Schiff, drei Stück zur Sicherheit in diesem Handelsstützpunkt. «

»Den können wir gut gebrauchen«, erklärte Commander Stuart. »Die Morina wollten zunächst nicht mit der Sprache heraus, aber sie haben bereits 21 Planeten an eine außerirdische Rasse verloren. Es sind ausschließlich Planeten, auf denen humanoide Lebensformen existiert haben. Sie alle wurden restlos vernichtet. Die Sauroiden scheinen nicht nur spezielle Punkte in unserer Nähe anzugreifen, sondern werden überall aktiv, wo humanoide Lebensformen anzutreffen sind. «

Noel überlegte einen kurzen Augenblick.

»Wir haben unsere Abwehr-Flotte noch nicht komplett«, entgegnete der Kunst-Klon. »Wir arbeiten zwar mit Hochdruck hieran, können aber auch nicht zaubern. Es ist weiterhin so, dass sie sich auf keinen Fall in die Gefangenschaft der Echsen begeben dürfen, oder unsere Koordinaten preisgeben. «

Commander Stuart nickte.

»Hierauf habe ich ja einen Eid geschworen«, bestätigte er. »Das kann nicht passieren. «

»Ich weiß«, antwortete Noel. »Ich habe exakt 550 neue Schutzschirme dabei. Sie müssen an eine Reaktor-Energieversorgung angeschlossen werden. Das sollte jedem klar sein. Ich denke, jeder wichtige Handels-Planet der Morina sollte einen erhalten, um sich zu schützen. Falls es an den Reaktoren scheitern sollte, können wir natürlich auch unsere mobilen Reaktoren liefern. Diese werden dann in unserer neuen Währung Terun abgerechnet. Entscheiden sie, wer für einen solchen Schutz-Schirm in Frage kommt. Laut der letzten Information von Major Travis, ist dieser Schirm nicht zu überwinden. Haben die Mitarbeiter von Herrn Keeler bereits ihr Büro bezogen? «

»Ja«, antwortete Leutnant Clancy. »Sie arbeiten fleißig an ihrer Einrichtung und aktivieren ihre Computer. Ein Safe wurde bereits installiert, verankert und gesichert. Auch die neue Währung liegt bereits in Münzen und Noten vor. Die Morina wollen zunächst nur in Diamanten bezahlen, solange wir keinen Gegenwert für sie festgelegt haben. «

»Wir arbeiten derzeit an einem Wechselkurs«, antwortete Noel. »Wenn sie Fragen haben, melden sie sich bitte. Ich sehe, sie haben hier alles im Griff. Ich darf mich wieder verabschieden. «

Noel hob den Arm an, ballte seine rechte Hand zur Faust
Er schlug sie auf seine Brust und streckte den Arm vor
halbhoch vor seiner Brust.

»Alles Gute und viel Erfolg«, sagte er.
Dann schritt er durch das hellblau schimmernde Energie-
Feld des Transmitter-Tores in Richtung der nächsten
Weiterleitungs-Station.

Am nächsten Tag informierte Commander Stuart die
morinische Abordnung über den neuen Schutz-Schirm
aus der Heimat.

»Das sind gute Neuigkeiten«, freute sich Prince Prine
Pimona. »Der Schutz-Schirm kommt uns gerade Recht.
Den können wir jetzt den bedrohten Planeten anbieten.
«Commander Stuart und Captain Mandjano schauten sich
an.

»Eine Frage besteht weiterhin«, bemerkte Commander
Stuart. »Sind Planeten dabei, die diesen neuen Schutz-
Schirm möglicherweise nicht bezahlen können? «, fragte
er.

Prince Prine Pimona dachte kurz nach.
»Das ist möglich«, antwortete er. »Leider lässt sich das im
Vorfeld nicht immer genau klären «, antwortete er.

»Diesen Planeten werden wir unsere Schutz-Schirme
gratis zur Verfügung stellen und sie in dem Umgang
hiermit schulen«, entschied Commander Stuart. »Es ist

ein sozialer Zug und kann als ein Wendepunkt in der Zusammenarbeit mit ihnen und dem Neuen-Imperium angesehen werden. Wir unterstützen Planeten in Not. Von dem Handels-Zentrum der Morina aus, werden die bedrohten Planeten mit dem neuen Schutzschirm versorgt. Wir möchten das als Grundlage unserer Zusammenarbeit verstehen. Sprechen sie mit ihrer Regierung. Bei ihrem nächsten Besuch kann ich ihnen bereits mehr über diesen Schutzschirm sagen. Ich möchte mich auch erst einmal über die technischen Daten informieren. Es ist eine komplette Neukonstruktion. «

Prince Prine Pimona verneigte sich.
»Das werde ich«, antwortete er. »Ich stelle bereits jetzt fest, dass unsere Zusammenarbeit fruchtet. «

Hiernach entfernte sich der Handels-Attaché mit seinem Gefolge schnellen Schrittes.

»Wir sollten eine getarnte Drohne aussenden, um den Morina-Planeten zu katalogisieren? «, schlug Leutnant Clancy vor.

Commander Stuart nickte.
»Ich wollte nicht direkt nach der Landung mit dieser Aktion beginnen, da ich auch nicht genau wusste, wie ausgereift die technischen Möglichkeiten der Morina sind«, antwortete der Commander. »Sie verfügen nach meiner Meinung nicht über das bessere technische Wissen. Lassen sie Aufnahmen von allem Ungewöhnlichen anfertigen, von Bauten, Anlagen,

Bunkern und was fremd für uns scheint. Scannen sie Energiefelder, den Boden und den Untergrund. Alles nicht bekannten Ursprungs ist wichtig für uns. Ich sende die Daten dann später sofort an Noel weiter. Auf Natrid können die Daten analysiert und archiviert werden. «

»Wird erledigt, Commander«, antwortete Leutnant Clancy.

»Haben sie weitere Anweisungen für mich? «

»Nein«, erwiderte Commander Stuart. »Leiten sie alles in die Wege. «

Die Termar 2 stand jetzt genau neben der großen Basis und der davor liegenden Frei-Fläche. Diese sollte zukünftig als Raumflug-Hafen ausgebaut werden. Die erste neue Basis des Neuen-Imperiums von Tarid & Natrid auf morinischen Boden war gegründet worden.

Commander Stuart hatte den Standort seines Schiffes verlegt, weil so die ganzen Transportkisten einfacher zu entladen waren. Der überwiegende Teil der Arbeits-Roboter hatte sich zwischenzeitlich wieder in das Schiff zurückgezogen. Sie hatten 250.000 Kisten entladen. Weitere 550 stammten von Noels Robotern, welche durch das Transmitter-Tor transportiert worden waren. Alle Kisten waren beschriftet und fein säuberlich in mehreren Lagerhallen gestapelt worden. Dem Lager-Personal standen ausreichend Lade-Roboter zur Verfügung. Alles nahm seinen Lauf. Commander Stuart war zufrieden und verschwand in seinem Quartier auf der Termar 2. Er wollte sich etwas ausruhen.

Ein eingehender Schiffsruf weckte ihn zwei Stunden später.

»Der Handels-Attaché von Morina ist wieder da und erwartet sie«, tönte es über den Schiffs-Funk.

Commander Stuart antwortete sofort.
»Ich komme gleich. «

Er knallte den Hörer in die Aufnahme.
»Ruhe zu finden, ist auf dem Morina-Planeten scheinbar schwierig«, dachte er. »Sie sind wie neugierige Kinder. Immer wollen sie schauen, ob etwas Neues passiert ist. «

Er stand von seiner Liege auf, richtete seine Kleidung, machte sich kurz frisch und schritt aus seiner Kabine.

Der Weg zu der Lagerhalle war schnell bewältigt. Vor der Halle sah der Commander bereits den Prince warten.

 »Sie haben bereits viel geschafft«, begrüßte der Handels-Attaché Prince Prine Pimona den Commander. »Beeindruckend, in welcher Geschwindigkeit sie arbeiten können. «

»Ja, wir haben nicht geschlafen«, entgegnete Commander Stuart ein wenig mürrisch. »Die Transmitter-

Brücke ist jetzt online. Wir können mit den Warenlieferungen beginnen. «

»Was können sie uns anbieten? «, fragte der Handels-Attaché.

»Was brauchen sie von uns? «, erwiderte Stuart. » Wir können eigentlich alles anbieten. Aber hierüber werden sich unsere Handels-Abteilungen unterhalten. Sie werden festlegen, welche Artikel als Erstes geliefert werden sollten. «

Der Commander überlegte einen Augenblick.
»Als Erstes kann ich ihnen den bereits angesprochenen, komplett neu konstruierten Schutzschirm offerieren«, sagte er. Sie können ihn erwerben. Er kann ihre Planeten hier im Morina-System absichern. Zukünftig aber auch die Planeten ihrer Handelspartner problemlos schützen. Bislang waren sie den Angriffen der Echsen schutzlos ausgesetzt. Der Schirm hält die Angriffe ab. Sie können unsere Schutzflotte schnellstens über den laufenden Angriff informieren. Die so herbeigerufenen Schiffe machen dann mit den Angreifern kurzen Prozess. «

»Was ist an diesem Schutzschirm neu? «, erkundigte sich der Handels-Attaché interessiert.

»Er besitzt 10-fach stärkere Schutz-Felder, als die bisherigen Schirme natradischer Fertigung und wurde bislang noch von keiner Waffe neutralisiert«, erklärte der Commander. «

Prince Prine Pimona pfiff durch seine Zähne.

»Mit einer solch massiven Verstärkung hätte ich nicht gerechnet«, antwortete er. »Können wir den Schirm in Aktion sehen? «

Commander Stuart dachte kurz nach.

»Wir haben bereits einen Schutz-Schirm um dieses Gebäude und die Anlage des Handels- und Konsulats-Bereiches anschließen lassen«, antwortete er. » Bitten sie ihr Militär um den Einsatz von 50 Jets. Sie sollten mit ihren stärksten Waffen ausgerüstet sein. Lassen sie ihre Jets aufsteigen und befehlen sie unseren neuen Schirm zu beschießen. Wir erhalten so einige praktische Details über die Brauchbarkeit dieses Schirmes. Ich bin mir sicher, dass der Schutzschirm problemlos halten wird. « Prince Prine Pimona, der Handels-Attaché von Morina, blickte entsetzt seinen Gesprächspartner an. Als er erkannte, dass es Commander Stuart ernst war, griff er nach seinem Kommunikationsgerät und sprach hinein. Kurz darauf drehte er sich wieder um und bestätigte das Vorhaben.

»Ich habe ihren Wunsch weitergegeben«, antwortete er. »Hoffentlich geht das gut. Bitte schalten sie den Schirm ein. Ich möchte noch etwas weiterleben. Sie sehen, dass ich Vertrauen in ihre Technik habe und somit auch auf ein vertrauensvolles Bündnis Wert lege. Ich werde die Halle nicht verlassen. «

Der Commander der Termar 2 lachte.

»Bitte die Außensensoren aktivieren«, befahl der Commander.

Er griff nach seinem Communicator.
»Hier ist Commander Stuart«, sprach er hinein. »Alle Schutz-Schirme aktivieren. Auf Maximum einstellen. Es erfolgt ein Angriff von außen. «

Er winkte dem Handels-Attaché ihm zu folgen. An der zentralen Kontrollstelle senkte sich ein Hologramm von der Decke herab. Es zeigte den Personen Live-Bilder von den Geschehnissen außerhalb der Halle und des sich aufbauenden Schutz-Schirmes an. Es dauerte nicht lange, da kamen die Jets der Morina angeflogen. Ohne Vorwarnung entluden sie ihre Waffen und beschossen gleichzeitig den Schirm. Pausenlos gingen die Salven auf den neuen Schutz-Schirm nieder. Nicht einmal die kleinste Veränderung der blauen Farbe zeigte an, dass die Schirme zu irgendeiner Zeit an ihre Überlastungs-Grenze gekommen waren. Nach 20 Minuten war des Beschusses, waren die Beobachter überzeugt. Problemlos wurden alle Salven der morinischen Jets absorbiert.

»Fantastisch«, freute sich der Handels-Attaché Pimona. »Unsere Jets feuern bereits mit der stärksten Stufe. Wie ist das möglich, seit wann kann so eine dichte Energie-Struktur erzeugt werden? «

»Das darf ich ihnen nicht beantworten«, antwortete Commander Stuart. »Wichtig ist jedoch für sie, dass der Schirm funktioniert. «

Prince Pimona sprach in seinen Kommunikator und ließ den Angriff der Kampf-Jets abbrechen. Sie zogen sich zu ihren Basen zurück.

»Was wollen sie hierfür haben? «, fragte der Handels-Attaché. «

»Was ist ihnen ihre Sicherheit und die ihrer Handelspartner wert? «, fragte der Commander. » Hierüber können sich auch unsere Handels-Abteilungen unterhalten. Ich denke, es wird der normale Preis sein, der für Schutzschirme üblich ist. Sie zahlen zunächst in Diamanten, teilten sie uns mit. Hiermit sind wir einverstanden. Machen sie sich doch bitte mit der neuen Währung Terun vertraut. Diese wird langfristig in der ganzen Galaxis als Zahlungs-Mittel eingeführt werden. Auf etwas möchte ich sie noch hinweisen.

Sie haben auch Verantwortung für die Planeten, die sich diesen Schutzschirm nicht leisten können. Wir möchten, dass jeder Planet einen Schutzschirm erhält. Senken sie den Preis, oder schenken sie den Planeten einen Schirm, die nicht mit üppigen Finanzmitteln ausgestattet sind. Versuchen sie in diesen Fällen einen anderen Weg der Abrechnung zu finden. Eine Möglichkeit wäre eine Vermietung, oder auch einen Warentausch, zu arrangieren. Jeder Planet hält interessante Rohstoffe bereit. Ziel ist es, die humanoiden Lebewesen in unserer Galaxis zu schützen. Auch die Planeten, die sich noch in der Entwicklung befinden und sich einen solchen

Schutzschirm derzeit nicht leisten können, gebührt ihre und unsere Aufmerksamkeit. Es sind Brüder, es sind humanoide Lebewesen, die vielleicht später auch ihre Kunden werden können.

Wir erwarten in dieser Angelegenheit von ihnen Zuverlässigkeit und die Bereitschaft neue Wege zu gehen. Keine Lebewesen sollen mehr dem Einfluss von Aggressoren ausgesetzt sein. Das ist die Philosophie des Neuen-Imperiums von Terra & Natrid. Wenn sie ohne Wenn und Aber zu einer Zusammenarbeit bereit sind, dann sehen wir in ihnen einen geeigneten Partner für uns. Würden sie diesen Wunsch bitte mit ihrer Regierung besprechen? «

Handels-Attaché Prince Prine Pimona nickte.
»Wir konnten unsere Regierung bereits, nach unserem Besuch bei ihnen im Sol-System, über ihre Wünsche entsprechend informieren«, teilte er mit. »Sie haben verstanden, dass wir nicht mehr wie in der Vergangenheit, vorgehen können. Auch auf unserem Planeten entwickelt sich ein neues Denken, dass alle Lebewesen in unserer Galaxis zu schützen sind. Wir werden ihre Ideen weiter ins All hinaustragen und entsprechend handeln. «

»Danke«, erwiderte Commander Stuart. »Ich bleibe ihr Ansprech-Partner. Sie können mich jederzeit rufen lassen, wenn Notfälle eintreten. Die normalen Angebote werden sich wöchentlich ändern. Immer neue Artikel werden offeriert. Das können nicht nur Waffen oder

Schutzschirme sein. Eine Vielzahl von neuen Produkten für die Wohnung, Haushalt, Beruf und Hobby, es werden Agrarprodukte sein und Textilien.

Diese Produkte stammen von der Erde und von Natrid. Sie werden uns ebenfalls Produkte vorstellen. Wir installieren in diesen Hallen eine Waren-Kommission. Diese wird prüfen, welche Artikel für uns interessant. Sie erkennt, welche Produkte sich lohnend vermarkten lassen. «

»Ich sehe, es läuft bei ihnen wie bei uns«, antwortete Handels-Attaché Prince Prine Pimona. »Dann kann ich sie wieder der Kontrolle ihrer Baumaßnahmen überlassen und mich zurückziehen. Ich werde die angesprochenen Punkte mit meiner Regierung besprechen. Wann können wir die Schutzschirme übernehmen? «

Commander Stuart dachte kurz nach.
»Direkt morgen? «, antwortete er. » Die Bezahlung kann später erfolgen. Sie quittieren mir den Erhalt und der Handel ist perfekt. Wir bereiten die Ausgabe vor. «

Handels-Attaché Pimona lächelte und bedankte sich. Er verbeugte und verabschiedete sich. Dann bestieg er das vor der Halle wartende Gefährt, welches sich schnell entfernte. Commander Stuart und Leutnant Clancy schauten ihm hinterher.

»Ich denke, das wird eine gute Zusammenarbeit werden«, bemerkte Commander Stuart. »Ich habe ein gutes Gefühl.

Sie bemühen sich, aus den Fehlern der Vergangenheit zu lernen. Hier entsteht eine neue Form des Denkens. Nichts tun, nur den Untergang seines Nachbarn mit ansehen, ist der falsche Weg. «

»Wir müssen ihnen zeigen wie«, erklärte Leutnant Clancy. »Sie sollten nach der Installation des Schutzschirmes auch leistungsfähige Hyperfunk-Anlagen einbauen, um so die Nachricht eines Angriffs weitergeben zu können. Nur so kann ein geschlossenes Frühwarn-Nachrichtennetz entstehen. Alle hieran angeschlossenen Völker werden dann wissen, wo der nächste Angriff erfolgt. «

Commander Stuart schaute seinen Captain an.
»Ich glaube, wir bleiben noch etwas«, sagte er. »Genau genommen gefällt es mir hier. Ich werde auch in Kürze Captain Mandjano zurückrufen. Er wird mit seinem Jet bereits genügend Aufnahmen gemacht haben. Vielleicht kann er uns noch etwas Interessantes berichten. «

Der Wurmloch-Knoten

Major Travis und Commander Brenzby standen auf der Brücke der Termar 1 und schauten auf den neuen Koordinatentisch.

»Eine großartige Sache, so ein CIC«, sagte Commander Brenzby. »Hier werden sämtliche Raumschiffe und Informationen angezeigt. «

Major Travis nickte.
»Ich bin hiervon auch begeistert«, antwortete er.
»Das Combat-Information-Center wird kurz CIC genannt. Technisch wird es direkt an die unterschiedlichen Cockpits auf der Brücke angeschlossen. Somit können sämtliche wichtigen Informationen zentral zusammenlaufen und auf dem großen Display angezeigt werden. Alternativ kann auf eine Galaxien-Karte umgeschaltet werden. «

Major Travis schmunzelte und drückte einen Knopf.
Die Kartenansicht des CIC veränderte sich.

»Das sind die Koordinaten von Commander Haught«, teilte er mit.

Er zeigte mit seinem Finger auf eine Position.
»Hier konnte der Commander den Wurmloch-Knoten der Green-Lizards lokalisieren«, teilte er mit.

Commander Brenzby nickte.

»In diesem kleinen Seitenarm der Milchstraße verstecken sich der Wurmloch-Knoten und 230.000 Schiffe der Green-Lizards«, sagte er. »Nach den Angaben von Commander Haught wird die Anzahl der Schiffe kontinuierlich verstärkt. Wir können demnach fast von einer Armada von 300.000 Schiffen ausgehen. «

»Es kann natürlich auch sein, dass bereits einige Schiffe zurück in ihre Heimat-Galaxie geflogen sind«, antwortete Major Travis. »Ich möchte nicht 300.000 Schiffe der Echsen auf dieser Seite des Wurmloch-Knotens finden. Sie ziehen bereits wieder aus, um die alten natradischen Stützpunkte, Kolonien, oder Planeten anzugreifen. Ich möchte diesen Angriffen endlich Einhalt gebieten. «

Commander Brenzby nickte.
»Das ist richtig«, erwiderte er. »Gehen wir jetzt einmal von einer Armada von 300.000 Schiffen aus, so könnten die Green-Lizards ihre große Flotte in 10 kleinere Divisionen zu je 30.000 Schiffen aufgeteilt haben. Diese schicken sie dann auf die Beutezüge aus. «

»Wenn ich mich recht besinne, haben wir immer gegen eine Übermacht von 20.000 bis 30.000 Schiffen kämpfen müssen«, antwortete Major Travis. »Wenn wir Pech haben, hat sich die Anzahl der Schiffe jetzt bereits verdoppelt. Wir haben es dann mit sage und schreibe 60.000 Schiffen pro Angriff zu tun. Die Tendenz ist weiter steigend. Wir können derzeit gar nicht so viele Schiffe produzieren, wie wir benötigen, um ohne Verluste aus den Angriffen herauszukommen. Stellen wir uns einmal vor, dass die ganze Armada in den Besitz der Koordinaten von der Erde gelangen würde. Wie sollen wir mit einer solchen Bedrohung umgehen. Es ist Zeit zu handeln. Wir werden etwas unternehmen müssen. Bereiten sie die Schiffe auf einen Abflug vor. «

Commander Brenzby salutierte und drehte sich zackig ab. Major Travis blickte weiter intensiv auf das CIC.

Nach einer Weile kam der Commander zurück.
»Die Befehle sind erteilt, die Schiffe bereiten sich vor«, teilte er mit.

Major Travis nickte und bedankte sich. Er blickte seinen Commander an.

»Die fünf Termar-Schiffe dienen der Koordination und Optimierung des Angriffsplanes«, erklärte Major Travis. »Der Manöver-Schlüssel heißt MT 145. Schwerpunkt werden fünf Angriffsflächen sein. Es werden Divisionen zu je 100 Schiffe eingeteilt. Diese fliegen als gemeinsame Einheit auf den Gegner zu. Dann zerfällt die Division in vier Gruppen. Je 25 Schiffe greifen synchron aus allen Richtungen Geschwader der Angreifer an. Aus westlicher, südlicher, nördlicher und östlicher Richtung kommend, fallen sie über die Verbände der Gegner her. Der Beschuss erfolgt wieder synchron auf alle in diesem Kessel erreichbaren Ziele. Nach einer kurzen Zeit von 15 Sekunden erfolgt ein gemeinsamer Standortwechsel per Hypersprung an die entfernteste, gegenüberliegende Position der gegnerischen Armada. Ein neuer Angriff nach dem gleichen Schema wird durchgeführt. Dann erfolgt wieder nach 15 Sekunden ein erneuter Wechsel an eine durch unsere Hypertronic-KI abgestimmte Position auf der Rückseite der Angreifer-Armada. Die Abstimmungen der Schiffs-KIs erfolgen per Hyperraum-Funkverbindung mit unserer befehlsführenden KI. «

Commander Brenzby nickte zustimmend.
Zusätzlich werden wir die neue Hyperspace-Kanone einsetzen«, erklärte Major Travis. Jeder Schuss muss sitzen. Wir haben eine Auflade-Phase von mindestens 10 Sekunden zu beachten. In dieser Zeit können wir nur die normalen Laser-Türme einsetzen. Aber diese werden auch durch unsere Raketen-Rampen unterstützt werden. «Major Travis dachte nach.

»Es nützt nichts«, entschied er. »Wir werden noch eine Konferenz mit allen Schiffs-Commandern einberufen müssen. Sie möchten sich bitte in einer Stunde in dem Konferenzsaal der Termar 1 einfinden. Unsere Hypertronic-KI nimmt ebenfalls teil, stellvertretend für alle KI's der Robot-Schiffe. Sie kann die Informationen dann später übermitteln. «

Major Travis schaute Commander Brenzby an.
Leiten sie alles in die Wege«, befahl der Major.

»Wird gemacht, Herr Major«, antwortete Commander Brenzby.

»Ich informiere Leutnant Carney und Heinze«, ergänzte Major Travis. »Wir gehen zu unserem Gefangenen. Vielleicht erhalten wir noch zusätzliche Informationen. «

Major Travis machte sich auf den Weg zu der Gefangenen. Tart 1 und Tart 2 folgten ihm unerbittlich. Schnell waren die Unterkünfte für das Personal des Schiffes erreicht. Leutnant Carney wartete bereits vor der Unterkunft von Heinze.

»Hallo Leutnant Carney«, sagte Major Travis freudig. »Wo ist unser Verbündeter? «

»Er kommt sofort«, antwortete sie. »Heinze, Major Travis ist da. «

Man hörte es rumpeln und scheppern, dann schritt Heinze aus der Kabine. Unter dem Arm hielt er vier Bananen.

»Heinze macht immer mehr Fortschritte und interessiert sich förmlich für alles«, lachte Leutnant Carney

.

»Vermutlich hat er einen Nachholbedarf an Wissen«, erwiderte Major Travis.

Freudig schaute der Ro seinen Vorgesetzten an.
»Wir können gehen«, sagte Heinze. »Für die Wartezeit bitte ich um Entschuldigung. Ich musste noch etwas suchen. «

Die Gruppe machte sich auf den Weg zu dem Arrestbereich. Dort war die Gefangene, eine junge Green-Lizard untergebracht. Tart 1 ging voraus und Tart 2 patrouillierte hinter der Gruppe. Sergeant Rowl Hardin und 4 Marines waren von Commander Brenzby informiert worden. Sie warteten bereits vor der Zellentüre der Gefangenen.

»Was machen sie denn hier? «, fragte Major Travis erstaunt.

»Wir sind zu ihrem Schutz gerufen worden«, antwortete Sergeant Hardin. »Wir wissen nicht, über welche Fähigkeiten die Green-Lizards verfügen. Wir sind hier, um zu verhindern, dass ihnen die Augen ausgekratzt werden. Wir werden aufpassen. Das ist alles. «

»Vielen Dank«, erwiderte Major Travis. »Ich hatte unsere Gefangene eigentlich positiv in Erinnerung. Sie wollte doch eine Veränderung bei ihrem Volk bewirken? «

Einer der Marines öffnete die Zellentür. Raise Zyran eben noch auf ihrer Liege sitzend, sprang auf und drehte sich den Besuchern zu.

»Endlich, warum dauert das so lange? «, fragte sie. » Sie wollten mich doch verhören, um die Geschichte meines Volkes zu verstehen. «

Major Travis nickte.
»Auch das«, sagte er.

»Treten sie ein«, antwortete sie.
»Danke«, antwortete Major Travis.

Heinze folgte Major Travis. Tart 1 und Tart 2 blieben neben der Türe stehen. Sergeant Hardin und die 4 Marines verteilten sich unbeachtet in der Zelle.

»Ich hoffe, wir dürfen ihnen einige Fragen stellen«, fragte der Major. »Uns sind einige Punkte noch nicht ganz klar. «

Die Green-Lizard nickte bedeutungsvoll.
»Fangen sie an«, antwortete die Green-Lizard ungeduldig. »Was möchten sie erfahren? «

»Wie dürfen wir sie ansprechen? «, erkundigte sich Major Travis.

»Mein Name ist Raise Zyran«, antwortete sie. »Nennen sie mich Raise. Das machen alle, die ich kenne. «

»Danke«, antwortete der Major.

Er blickte die Gefangene an.

»Wir wissen, dass sich ihr Volk für die direkten Nachfahren der Rigo-Sauroiden hält«, begann Major Travis. »Wir wissen auch, dass sämtliches humanoides Leben in der Galaxis, jetzt auch speziell in unserer Milchstraße, vernichtet werden soll. Warum ist das so? «

»Wie ich ihnen schon mitteilte, bin ich eine Linguistin und komme aus einer neuen Generation unseres Volkes«, erklärte sie. »Hierauf einzugehen wäre sehr umfangreich und würde viele Stunden dauern. Ich möchte daher die Geschichte nur grob anreißen. Sie wissen ja, dass unser Ursprung in der Andromeda-Galaxis zu finden ist. Alles geht zurück auf den Ursprung des Krieges zwischen den Rigo-Sauroiden und den Natradern. Ich will jetzt nicht mehr die Einzelheiten des großen Krieges vor 100.000 Jahren aufzählen, die uns Green-Lizards heute in der Schule immer noch beigebracht werden. Ich möchte lediglich darauf hinweisen, dass alle damaligen Sauroiden einen Suizid begangen haben. Das scheint ihnen auch bekannt zu sein.

Einige Jahrhunderte später besuchte uns eine fremde Rasse. Wo sie herkamen und was sie wollten, blieb lange im Verborgenen. Sie nannten sich die Worgass und bezeichneten sich selbst als Lebensbringer und als Hüter der Völker in der Andromeda-Galaxie. Sie sagten uns, dass alles Schlechte und Böse aus der Nachbar-Galaxie kommen würde. Diese würde Milchstraße genannt. Wir sollten uns vor der Milchstraße in Acht nehmen. Langsam und ohne dass wir es mitbekamen, infiltrierten sie unseren Planeten. Sie siedelten sich an, übernahmen wichtige Bereiche unseres öffentlichen Lebens, später auch die medizinischen Bereiche. Wir erkannten zu spät, dass sie heimlich Genmanipulationen an unseren Neugeborenen vornahmen.

Die Worgass hatten aus dem übrig gebliebenen Genmaterial, das sie nach dem Suizid der Rigo-Sauroiden zusammengesucht hatten, eine neue DNA erzeugt. Diese optimierten sie mit ihrem eigenen Genmaterial. Das war die Geburtsstunde unserer Rasse in ihren Brut-Zentren. Sie nannten uns Green-Lizards. Durch eine kontinuierliche Optimierung, es heißt eigentlich durch eine Manipulation des Genmaterials, wurde die Rasse der Green-Lizards immer weiter verbessert. «

Raise holte tief Luft.
Major Travis erkannte, dass eine Art Traurigkeit sie überfiel.

»Lassen sie sich Zeit«, sagte er. »Es muss schwer für sie sein, hierüber zu sprechen. «

Raise nickte und fuhr fort.
»Es wurde eine so genannte Drangphase eingearbeitet, die nichts anderes bedeutete, als dass sich der Hass auf alles was sich humanoide Lebensform nannte, entladen konnte. Andersartige Lebensformen in der Andromeda-Galaxie wurden angegriffen und vernichtet. Vorrangig wurden jedoch Ziele angegriffen, sie vermuten es bereits, alles Planeten, auf denen sich gerade neues Leben in humanoider Form entwickelte. Unserer Rasse wurde eingetrichtert, dass alle Andersartigen schlecht wären und dass sie Unheil über das Universum bringen würden. Sie müssten ausgelöscht werden. So waren wir lange Zeit in unserer eigenen Galaxie beschäftigt, um alle jungen Rassen zu eliminieren. Hierbei haben sich unsere

Vorfahren leider recht brutal angestellt und keine Fragen an die Worgass gestellt. Wir alle waren immer nur das ausführende Organ. Wir kannten es nicht anders und wurden immer wieder die Handlanger der Worgass. Dann kam der Zeitpunkt, an dem keine humanoiden Lebensformen mehr in unserem Sternen-System gefunden wurden. Wir dachten, dass die Worgass jetzt zufrieden waren. Leider irrten wir uns. «

Die Green-Lizard ließ eine kleine Pause vergehen.
»Die Worgass wussten von dem Krieg zwischen den Natradern und den Rigo-Sauroiden. Sie bauten den Wurmloch-Knoten und öffneten uns einen Durchgang zur Milchstraße. Wir wurden mit Raumschiffen und Waffen ausgestattet. Wie wir heute wissen, jedoch nicht in ausreichender Stärke. Vermutlich kannten die Worgass selbst nicht die Waffenstärke der Rassen und Völker in der Milchstraße. Sie waren besessen und nutzten uns als Handlanger, um weiterhin humanoide Völker anzugreifen und auszurotten. Es vergingen viele Generationen und Jahrtausende. «

»Wann kam der Zeitpunkt, ab dem die Vorgehensweise der Worgass hinterfragt wurde? «, erkundigte sich Major Travis.

»Hierauf komme ich noch«, erwiderte Raise Zyran. »Die Technik wurde uns von den Worgass gegeben. Jetzt gehörte auch noch der Wurmloch-Knoten dazu. Das ist nichts anderes als zwei riesige Transmitter-Tore mit immenser Energiezufuhr, die beide Galaxien verbinden.

Wir mussten Einsätze in der kleinen Magellanschen Wolke durchführen. Die Portale sind in der Lage, sämtliche Galaxien anzusteuern. Es war lediglich eine Erhöhung des Energiebedarfes nötig. Diese extreme Technik geht über das technische Verständnis meiner Rasse weit hinaus. Auch der Groß-Duplikator auf unserem Planeten Lizzit in Andromeda und die Konstruktionspläne, der von uns benutzten Raumschiffe, geht wieder auf die Worgass zurück. «

Major Travis hob den Finger.
»Darf ich hier kurz unterbrechen und eine Frage stellen? «, sagte er.

Raise stoppte ihre Erläuterungen und blickte ihn an.
»Warum ist bei ihnen diese Drangphase nicht gegeben? «, fragte Major Travis. » Warum hassen sie keine humanoiden Lebensformen, so wie wir welche sind. «

»Ich bin biologisch verändert und bereits ein Kind aus der dritten Generation einer neuen Rasse der Green-Lizards«, erwiderte Raise. »Ich wurde als ein Kind des Untergrundes geboren. Wir konnten die Drangphase aus unseren Genen heraus züchten. Unser größter Wunsch ist es jedoch, endlich ein Miteinander aller Völker in der Galaxis zu erreichen. Wir möchten die Vielfalt und die Unterschiedlichkeit fördern. Alle Rassen sollten sich eigenständig entwickeln, ohne Manipulation und Einmischung. «

Major Travis nickte.

»Ist dieser Gedanke denn den Worgass recht?«, fragte er.

Raise schüttelte ihren Kopf.
»Natürlich ist für die Worgass der neu entstandene Wunsch nach Frieden ein Dorn im Auge«, antwortete die junge Linguistin. » Die Worgass machen sich nicht die Hände schmutzig. Sie haben Killer-Kommandos auf uns gehetzt und wollten den Untergrund komplett auslöschen. Entdecken konnten sie uns noch nicht. Es gelang uns ihre Flotte zu infiltrieren und unsere eigenen Offiziere an wichtige Positionen zu setzen. «

Major Travis blickte zu Heinze hinüber.

Der nickte und flüsterte leise.
»Es ist alles korrekt, sie spricht die Wahrheit«, sagte er.

»Erzählen sie bitte weiter«, entgegnete Major Travis.
»Wir sind noch nicht so viele Mitstreiter im Untergrund, vielleicht an die 3.500 Individuen, aber wir werden unaufhaltsam mehr«, ergänzte Raise. »Einige von uns haben die Flotte infiltriert, um so wie ich Kontakte zu knüpfen, wenn sich eine Möglichkeit ergibt. Ich möchte bei ihnen um Asyl und um Hilfe für mein Volk bitten. Die Worgass müssen beseitigt werden. «

Commander Brenzby und Major Travis zogen ihre Augenbrauen hoch.

»Dann wären sie in den Augen der Menschen eine Verräterin«, antwortete Commander Brenzby.

Raise schaute ihn mit ihren grüngelben Augen an.
»Kann man eine Verräterin sein, wenn man seinem Volk helfen möchte? «, fragte Raise Zyran.

»Sie haben recht«, entschied Major Travis. »Wenn niemand den ersten Stein wirft, wird es auch nie eine Änderung geben. Seit wann ist die neue Rasse der Green-Lizards aktiv? «

»Man kann sagen, dass wir erst seit 350 Jahren Erfolg haben und das manipulierte Gen reparieren konnten«, antwortete Raise. »Nur auf diesem Wege bestätigten unsere Wissenschaftler, kann der Hass auf jede andersartige Lebensform wirklich beseitigt werden. Es waren viele Generationen notwendig, um diesen tiefen Hass Stückchen für Stückchen herausschneiden. Die Gruppe, für die ich hier stehe, ist der Meinung, dass wir jetzt so weit sind. Unsere Gruppe möchte Taten folgen lassen. «

»Warum ziehen ihre Kommandeure eine so große Menge Schiffe zusammen? «, fragte Major Travis. » Unsere letzte Zählung ermittelte 230.000 Schiffe in der Milchstraße und noch einmal eine größere Menge in ihrer Galaxis. «

»Das Produktions-Ziel ist auf 600.000 Schiffe festgesetzt worden«, antwortete die Green-Lizard. »Die Schiffe in meiner Galaxie wurden als Verstärkung der Invasions-Flotte gebaut. Sie sind aber derzeit noch mit anderen Aufgaben betraut. Die Duplikationen laufen synchron weiter. Sobald die 600.000 Schiffe vollständig produziert sind, werden die wartenden Schiffe in die Milchstraße verlegt. Dann können die Worgass hier mit 900.000 Schiffen agieren. Entsprechend dieser Stärke verdoppelt sich die Häufigkeit der Divisionen, die nach andersartigem Leben Ausschau halten werden. «

Major Travis und Commander Brenzby schauten sich entsetzt an.

»Wie schnell kann ihr Volk einen Wurmloch-Knoten bauen? «, fragte Commander Brenzby.

»Das kann ich ihnen nicht sagen«, antwortete Raise. »Hierum kümmern sich die Techniker der Worgass. Soweit ich zurückdenken kann, haben wir immer schon die Wurmloch-Knoten besessen. «

»Ich denke, wenn er nicht mehr existieren würde, müssten sich die Worgass mit dem Neubau beschäftigen? «, sagte Major Travis. » Wie lange dauert die Bauzeit für ein neues Tor? «

»Ich weiß es wirklich nicht«, antwortete Raise. »Vielleicht dauert es ein Jahr, vielleicht auch länger. Die Worgass arbeiten nicht sehr flink. Sie sind eher behäbig. «

»Wie sehen die Worgass aus? Woher kommen sie? Wo ist der Heimatplanet der Worgass? «, fragte Major Travis.

»Das entzieht sich meiner Kenntnis«, erwiderte Raise. »Hierüber wird nicht gesprochen. Es heißt sie kommen von weit her und wollen das Universum reinigen. Ihre erste Frage kann ich ihnen beantworten. Die Worgass sind Formwandler. «

»Was heißt Formwandler? «, fragte Commander Brenzby. Raise schaute ihn irritiert an.

»Sie sehen aus wie wir«, antwortete die Gefangene. »Sie haben eine identische Größe, das gleiche Aussehen, lediglich die Hautfarbe geht etwas intensiver ins Grüne. Es wird gesagt, dass die Worgass jede Form von Lebewesen annehmen können, denen sie begegnet sind. Keiner hat es bisher aber gesehen. Wie gesagt, es ist nur ein Gerücht. Hierdurch konnten sie aber hervorragend die Strukturen unserer Gesellschaft infiltrieren. «

»Warum möchten sie sich um Asyl bewerben? «, erkundigte sich Major Travis. «

»Aus dem einfachen Grunde, um ihre Rasse besser kennenzulernen«, antwortete Raise. »Wir wissen gar nichts über humanoide Lebensformen. Da ich auf meinem Planeten verfolgt werde und derzeit keine große Möglichkeit habe in meinen Forschungen weiter voranzukommen, möchte ich die Zeit nutzen und ihre Lebensform studieren. «

»Wäre das für mich auf ihrer Welt auch möglich? «, fragte Commander Brenzby.

Die junge Linguistin schüttelt den Kopf.

»Nein, ich denke, sie würden sofort eliminiert werden«, entgegnete sie. »Der Hass auf humanoide Lebensformen ist auf meiner Welt zu groß. Ich hoffe sehr, dass sie meinem Wunsch Rechnung tragen und mich unterstützen können. «

Major Travis nickte.

»Ich kann das nicht allein entscheiden«, antwortete er. »Wir werden ihren Wunsch mit unserer Regierung besprechen. Meine letzte Frage an sie lautet, wissen sie etwas über eine neue Technologie an ihren Schiffen. Kommen spezielle Waffen zum Einsatz oder arbeiten sie mit der gleichen Technik wie bisher? «

Raise blickte ihn an und antwortete sofort.

»Wir haben bislang keine Verbesserung in unserer Technologie vorgenommen«, erklärte sie. »Wir arbeiten immer noch mit der gleichen Technologie, die Hunderte von Jahren alt ist. Es ist kein nennenswerter Gegner bekannt, der eine Weiterentwicklung erforderlich machte. «

» Ich danke ihnen für ihre Offenheit«, sagte Major Travis. » Wir werden uns besprechen, wie wir mit ihrem Wunsch nach Asyl umgehen werden. Haben sie bitte etwas Geduld. Wir informieren sie über das Ergebnis. «

Raise bedankte sich freudig.

Major Travis, Commander Brenzby, Sirin und Heinze, beeilten sich in den Konferenzraum zu gelangen. Die anderen Commander der Termar-Schiffe hatten sich versammelt und warteten auf ihren Ober-Befehlshaber. »Schön sie zu sehen, meine Herren«, begrüßte Major Travis die Besucher. »Commander Brenzby kennen sie ja bereits. Unsere Verbündeten werden ebenfalls an dieser Besprechung teilnehmen. Ich konnte diesen Wunsch nicht abschlagen. Zumal ich auch hoffe, dass sie sich schnell an den Anblick unserer Gäste gewöhnen werden.«

Major Travis ließ eine kurze Pause vergehen.
»Commander Haught«, sagte er. »Schildern sie uns allen noch einmal, was sie an dem Wurmloch-Knoten der Worgass gesehen haben. «

»Gerne«, antwortet der angesprochene Commander.
»Die Reptilien ziehen eine Armee zusammen«, erklärte er. »Bei meinem Spionage-Auftrag haben wir die fliehenden Schiffe der Green-Lizards über viele Hypersprünge verfolgt. Anscheinend können ihre Schiffe nur kleinere Sprünge durchführen. Die Ortungs-Technik der Green-Lizards kann unser Tarnfeld nicht aufheben. Wir befinden uns also in einer relativen Sicherheit. Endlich nach vielen kleinen Sprüngen hatten wir das Ziel erreicht. Vor uns lag der gewaltige Wurmloch-Knoten, der die Andromeda-Galaxie mit unserer Milchstraße verbindet.

Es ist ein beeindruckendes Bauwerk. Wir haben mehrere Einschaltphasen miterlebt. Es kamen kontinuierlich

Schiffe der Echsen aus dem Tor. Ein Transfer erfolgte immer nur in eine Richtung. Anscheinend war das Tor nicht gleichzeitig von beiden Seiten nutzbar. Es wurde durch eine kleine Kontroll-Station gesteuert. Vermutlich sorgte diese auch für die Umstellung der Flugrichtung. Die Flotte, die wir verfolgt hatten, wartete, bis alle ankommenden Flotten durch das Tor geflogen waren. Erst dann setzten sie ihren Flug durch das Tor fort. Diese Wartezeit nutzten wir, um die einzelnen Schiffs-Divisionen zu zählen. Derzeit liegt die Gesamtzahl der Schiffe der Green-Lizards, diesseitig in der Milchstraße bei exakt 230.000 Schiffen. Es ist zu vermuten, dass sie ihre Präsenz weiter steigern werden. Wir beschlossen im Tarnmodus, dem Konvoi zu folgen.

Wir gliederten uns vorsichtig in ihrem Verband ein. Der machte sich auf das Tor zu passieren. Der Durchflug lief problemlos ab. Es gab keine Verzögerung. Innerhalb von Sekunden kamen wir auf der rückseitigen Position des Tores wieder heraus. In diesem Fall zeigten unsere Scans einen Arm der Andromeda-Galaxie an. Wir suchten uns eine Warteposition aus, hinter einem kleinen Asteroiden. Von hier aus gelang es uns, die Situation in dem System zu analysieren. Unsere Ortungen erkannte 300.000 Schiffe der Worgass, die in unterschiedlichen Umlaufbahnen in einer Wartestellung stationiert waren.

Von dem 5. Planeten des Systems, ich vermute es ist der Heimatplanet der Echsen, stiegen in einem Abstand von 15 Minuten immer wieder neue Schiffe unterschiedlicher Größe auf, die sich in die Divisionen der wartenden

Schiffe eingliederten. Ob diese Schiffe am heutigen Tage bereits auf unsere Seite des Tores verlegt worden sind, kann ich nicht sagen. Die Zeit ist auf unserer Seite. Wenn wir schnell vorgehen, verhindern wir die Verlegung weiterer Schiffe in die Milchstraße. «

»Danke für die Ausführungen, Commander«, sagte Major Travis.

»Wie soll das funktionieren? «, fragte Commander Cottle. » Was können wir gegen eine so große Armada ausrichten? «

»Indem wir ihren Wurmloch-Knoten vernichten«, antwortete Commander Haught.

»Stellen sie sich das sich nicht so einfach vor«, entgegnete Commander Rosenblatt.

Major Travis nickte zustimmend.
»Wir haben keine Erfahrungen mit den Wurmloch-Knoten der Worgass«, erklärte er. »Es wird ein großes Tor sein, das sehr viel Energie benötigt. Allein um die Minimal-Entfernung von 2,5 Millionen Lichtjahren zu überbrücken. «
»Wir werden bei unserem heutigen technischen Wissen keinen Reaktor bauen können, der diese Energien bereitstellen kann«, bemerkte Commander Haught.

»Das ist Sache unserer Wissenschaftler. Sie können sich die Technik an dem Groß-Duplikator anschauen«, antwortete Major Travis. » Auch er benötigt viel Energie aus dem Zwischenraum. Dieses Rätsel wird die Menschheit noch lösen müssen. Aber kommen wir zurück zu unserem Thema. «

Major Travis stand auf und spielte ein Bild auf der großen Leinwand ein. Es handelte sich um die Aufzeichnungen von Commander Haught. Das Bild zeigte den Wurmloch-Knoten der Worgass.

»Es handelt sich um ein großes rundes Tor«, sagte er. »Nach unseren Berechnungen ist es ausgelegt für Schiffe, bis zu einer Höhe und Breite von 3.000 Metern. So große Schiffe, die wir nicht besitzen, könnten aber im Besitz der Worgass sein. Commander Haught konnte bei seinem Spionageauftrag unbekannte Schiffe in einer Länge von 2.500 Metern ablichten. Schauen sie bitte auf den Schirm. «

Commander Brenzby legte die Fotos der Schiffe, die Commander Haught geschossen hatte, auf den Schirm. Ein Raunen ging durch die Menge.

»Was diese Schiffe genau zu leisten vermögen, können wir ihnen nicht sagen«, teilte Major Travis mit. »Auch nicht, ob diese Schiffe überhaupt jemals auf unsere Seite des Tores gelangen werden. Mir ist jedoch nicht ganz wohl dabei, wenn ich einer Rasse gegenüberstehe, die Wurmloch-Knoten-Tore bauen kann und über die Technik der Großduplikatoren verfügt. Ich möchte nicht wissen, zu welchen Leistungen ihre Schiffe möglich sind. Unser

Ziel kann es nur sein, den Wurmloch-Knoten zu zerstören. So verhindern wir das Eindringen dieser Schiffe in unsere Milchstraße. «

Der Major blickte die Zuhörer an.

»Diese Aufgabe habe ich für die Termar-Schiffe vorgesehen«, fuhr er fort. »Wir gehen wie folgt vor. Alle Schiffe werden vor dem letzten Sprung in den Tarnmodus schalten. So geschützt springen wir dann zu den Koordinaten des Tores und sondieren zunächst die Lage. Erst dann, wenn unsere Einschätzung bestätigt wird, greifen wir an und wenden unser Manöver MT 145 A an. Es erfolgt ein Angriff einer Gruppe über vier Flanken. Wir verfügen über 500 Schiffe der Königs-Klasse. Komplett ausgestattet, als neuste Konstruktion von Moturel 6. Ferner behaupte ich, dass diese Modelle noch wendiger sind und mehr Feuerkraft haben als unsere Schiffe von Noel. Ferner haben wir die 1.000 Schiffe der Flotten-Kampfstation-Konstalarosa.

Diese insgesamt 1.700 Schiffe teilen sich in 17 Schlacht-Geschwader auf. Jede Division führt das Manövermuster MT 145 A aus. Diese befiehlt, dass alle einzelnen Divisionen nach der Feststellung der Ziele in 4 Gruppen zu je 25 Schiffen zerfallen. Diese Unterdivisionen nähern sich im Tarnmodus den Angreifern, aus westlicher, östlicher nördlicher und südlicher Richtung. Es wird nur ein Schuss aus der neuen Hyper-Space-Kanone nötig sein, um ein Schiff der Echsen explodieren zu lassen. Dennoch arbeiten wir bei allen anderen Schiffen, die diese neue

Kanone noch nicht besitzen, mit den 20 Laser-Türmen pro Schiff. Nach dem Abschuss der kompletten Breitseite und Vernichtung des Gegners wird sofort per Hyper-Sprung die Position gewechselt. An den neuen Koordinaten wiederholt sich das gleiche Angriffsmuster so lange, bis der Gegner merkbar aufgerieben ist. Sie denken bitte daran, dass die Hyper-Space-Kanonen 10 Sekunden Zeit brauchen, um sich wieder aufzuladen. «

Major Travis schaute auf Heinze. Dieser kaute gerade an einer seiner mitgebrachten Bananen.

»Unser neuer Verbündeter Heinze kann Gedanken lesen«, teilte Major Travis mit. »Er wird zu jeder Zeit des Angriffes Denkmuster auffangen und versuchen Näheres über die Rasse der Green-Lizards herauszubekommen. Mir ist bekannt, dass die Echsen bis zum Tode kämpfen werden. Kapitulation ist kein Thema für sie. Falls sie sich doch hierzu entschließen sollten, dann werden wir das akzeptieren. «

Major Travis blickte sie Zuhörer an.
Die Termar-Schiffe fliegen getarnt dem Wurmloch-Knoten entgegen«, erklärte er. Aus einer geeigneten Entfernung werden wir Haft-Geschosse ausschleusen, die sich magnetisch an dem Wurmloch-Tor befestigen. Ich habe hierfür 50 Haftbomben vorgesehen, die sich über die ganze Fläche des Wurmloch-Tores verteilen werden. Diese Bomben können wir dann über einen ferngesteuerten Impuls zünden. Wie ich schon mitteilte, kennen wir nicht das Energiepotenzial dieses Tores. Wir

sollten allen Schiffen genügend Abstand zugestehen, oder sogar den Hypersprung in den vorigen Quadranten durchführen. Ich vermute, dass alle Asteroiden und Planeten in der näheren Umgebung in Mitleidenschaft gezogen werden. Es wird eine riesige Energiewand entstehen, die alles vernichten kann. Schön wäre es auch, wenn durch eine Energie-Rückkoppelung das Tor in Andromeda zerstört würde. «

»Wie kann das praktiziert werden? «, fragte Commander Cottle.

Major Travis blickte ihn an.
»Wenn ein schwerfälliges Schiff der Worgass sich dem Wurmloch-Knoten nähert, warten wir ab, bis es zur Hälfte in dem Tor verschwunden ist. Dann schießen wir mit allem auf das Schiff, was uns zur Verfügung steht. Ich hoffe so, dass dieses explodierende Schiff die zerstörerische Energie mit durch das Tor nimmt und diese erst auf der anderen Seite entfaltet. Diese gewaltige Energie könnte das Tor in Andromeda vernichten. «

»Woher wissen sie das alles? «, erkundigte sich Commander Cottle.

Major Travis sah ihn an.
»Das ist eine einfache Rechnung«, antwortete er. »Über den benötigten Energiebedarf eines solchen Tores, errechnet sich das Energievolumen, das zur Explosion gebracht werden muss. Hiermit kann dann auch die Größe der Explosion errechnet werden. «

»Wissen wir denn, ob wir das Tor überhaupt zum Explodieren bringen können?«, fragte Commander Rosenblatt.

»Das kann ihnen keiner beantworten«, erwiderte Commander Brenzby. »Die Worgass können Materialen verwenden, die in unserem Sonnensystem nicht vorkommen. Aber ich denke, sie werden auch nur mit Wasser kochen und die gebräuchlichsten und kostengünstigen Rohstoffe verwenden, die schnell abbaubar sind. Wir müssen es einfach ausprobieren. «

Major Travis blickte in die Runde.
»Wir haben uns verstanden? «, fragte Major Travis. »Die Termar-Schiffe werden als Erstes versuchen den Wurmloch-Knoten zu verminen. In dieser Zeit lenkt die Robot-Raumer den Gegner ab, indem sie das Angriffs-Muster MT 145 A anwenden. Nach der Verminung ziehen wir uns zurück und zünden die Haftbomben an dem Tor. Nach einer erfolgreichen Vernichtung des Zuganges in die Milchstraße, hierdurch haben wir die Green-Lizards von ihrer Unterstützung abgeschnitten, stürzen sich die Termar-Schiffe in den Kampf und versuchen so viele Schiffe der Gegner zu eliminieren wie möglich. Ich bitte sie nochmals eindringlich, den Lade-Rhythmus der Hyper-Space-Kanone zu beachten. «

Betretenes Schweigen war zu vernehmen. Jeder der Zuhörer wusste, dass eine schwierige Mission vor ihnen lag.

»Bereiten sie sich vor, gehen sie auf ihre Schiffe zurück«, beendete Major Travis die Zusammenkunft. »Der Abflug ist beginnt in einer Stunde. Wir benötigen 12 Sprünge, um ans Ziel zu kommen. Die Termar-Schiffe werden zwar dank ihrer neuen Antriebe weniger brauchen, doch wir nehmen Rücksicht auf die schwerfälligen Robot-Raumer. «

Wieder auf der Brücke eingetroffen, ließ Major Travis sich in seinen Kommando-Sessel nieder.

»Die Bestätigungen der Schwester-Schiffe wurden bereits übermittelt«, antwortete Sergeant Farmer. »Die Robot-Raumer haben das geplante Manöver bestätigt, ebenfalls die Robot-Schiffe der Konstalarosa. «

»Perfekt«, sagte Major Travis. »Wie viel Zeit noch bis zum Start unserer Mission? «

Commander Brenzby schaute auf den Zeitmesser.
»Es bleiben uns 15 Minuten«, antwortete er.

Die Zeit verging nur langsam. Alle Crewmitglieder waren in ihren Anzeigen vertieft. Ein Summer ertönte.
»Es ist so weit«, teilte der Commander mit.

Major Travis blickte ihn an.
»Geben sie den Befehl zum synchronisierten Sprung«, befahl er.

Majestätisch entschwand die Flotte im Hyperraum und ließ einen leeren schwarzen Raum zurück.

Der vierte Sprung war absolviert, die Flotte fiel in den Normalraum zurück.

»Geben wir den Reaktoren Zeit die Konverter zu füllen«, sagte Major Travis. »Ortungen, ist irgendwas Besonderes zu registrieren? «
»Nein«, antwortete Sergeant Dantow. »Der Raum ist leer. «

»Commander Brenzby, übernehmen sie bitte und informieren sie mich, wenn wir der zehnte Sprung hinter uns liegt «, befahl der Major.

»Sehr gerne, Herr Major«, antwortete der Commander. Ich halte die Augen offen.«

Major Travis verließ die Brücke. Er war froh sich noch etwas zurückziehen zu können. Sein Kopf musste frei werden.

»Es ist immer wieder möglich, dass trotz einer guten Strategie neue Situationen entstanden, auf die wir uns einstellen müssen«, überlegte er.

Tart 1 und Tart 2 standen noch vor seiner Kabine und bewegten sich nicht.

»Ist Sirin in der Kabine? «, fragte Major Travis die Personen-Schutzroboter.

Tart 1 antwortete blechern.
»Niemand ist eingetreten, ihre Kabine ist leer«, bestätigte er.
»Gut«, sagte der Major. »Bitte lasst niemanden herein. Ich benötige dringend einige Stunden Schlaf. «

»Befehl erhalten, Erhabener«, bestätigte Tart 1.

Das übliche Treiben auf der Termar 1 ging weiter. Alle Crewmitglieder gingen wie gewohnt ihren Arbeiten nach. Jeder neue Sprung erinnerte an die doch sehr große Flugstrecke, die überwunden werden musste. Trotz einer intensiven Ortung konnten keine neuen Schiffe der Sauroiden entdeckt werden.

Commander Brenzby meldete sich über den Schiffsfunk.

»Herr Major, wir haben jetzt noch drei Sprünge vor uns«, meldete er. »Ich sollte sie wecken. «

»Danke Commander, ich komme gleich«, antwortete Major Travis.

Es dauerte keine fünf Minuten, bis der Major die Brücke betrat. Er ging auf das CIC zu.

»Wo sind wir jetzt? «, erkundigte er sich.

»Wir befinden uns noch in der lokalen Gruppe der Milchstraße«, antwortete Commander Brenzby. »Unser Flug führt uns in den Perseus Arm. Hier wurde das Tor der Green-Lizards geortet. Achtung, wir führen einen weiteren Hyperraum-Sprung. durch«

Wieder ein Sprung weniger«, dachte Major Travis.
Er griff nach seinem Communicator und bat Sirin und Heinze auf die Brücke.

»Wir treffen in Kürze an unseren Zielkoordinaten ein«, teilte der Major mit. »Das Schiff fliegt tadellos. Kommt bitte auf die Brücke. «

Er vertiefte sich in die Anzeigen des CIC.

Das Schott fuhr auf und Heinze und Sirin taten ein. Schnell gingen sie auf Major Travis zu.

»Kannst du schon Gedankenmuster feststellen, Heinze? «, fragte Major Travis.

Heinze versteifte sich und esperte nach fremden Gedanken.
»Nein«, antwortete er. »Ich empfange noch nichts. «

»Pass gut auf und melde dich sofort, sobald du etwas empfängst«, entgegnete Major Travis. »Jede Information ist wichtig für uns. «

Ein weiterer Sprung führte die Flotte näher an ihren Zielort heran.

»Nur noch einen Sprung, dann werden wir unser Ziel erreichen «, bemerkte Commander Brenzby.

Major Travis schaute den Funkoffizier an.
»Sergeant Farmer«, befahl er. »Bitte öffnen sie mir einen Kanal an alle Schiffe. «

»Die Flottenfrequenz ist stabil«, erwiderte der Funkoffizier. »Herr Major, sie können jetzt sprechen. «

»Hier spricht Major Travis«, sprach er in den Communicator. »Alle Schiffe aktivieren jetzt den Tarnmodus. Nach der Aufladung unserer Hyperraum-Sprungkonverter werden wir den letzten Sprung durchführen. Wir werden dann die Zielkoordinaten erreicht haben. Bitte bestätigen sie meine Befehle «

»Die Bestätigungen der Schiffe unserer Flotte gehen ein«, bestätigte Sergeant Farmer.

»Den letzten Sprung durchführen«, befahl der Major.

Wieder entschwand die Flotte des Neuen-Imperiums in dem Hyperraum.

Getarnt und für die Augen möglicher Beobachter nicht sichtbar, materialisierte die große Flotte in dem Normalraum. Die Antriebe wurden in den Ruhe-Modus versetzt. Sämtliche Ortungs-Anlagen scannten die Umgebung und sammelten Informationen.

»Was haben wir? «, fragte Major Travis in Richtung von Sergeant Dantow.

»Wir bekommen gerade neue Daten angezeigt«, kam als Antwort. »Einen kleinen Moment, Herr Major. Der Wurmloch-Knoten ist aktiv, aber es kommen keine Schiffe heraus. Ich zähle lediglich 5.000 Schiffe zur Absicherung des Durchganges. «

Major Travis und Commander Brenzby sahen sich irritiert an.

»Wir kommen zu spät«, ärgerte sich Major Travis. »Die Schiffe sind schon in die Milchstraße aufgebrochen. «

»Es ist zu vermuten«, bestätigte Commander Brenzby. »Bitte Funkspruch an alle Schiffe«, befahl der Major. »Öffnen sie mir bitte den Flotten-Kanal. «

Sergeant Farmer bestätigte.
»Herr Major, bitte sprechen sie, der Kanal ist offen. «
»Hier spricht Major Travis auf einem codierten Flotten-Kanal«, meldete er sich. »Wir haben es mit weitaus weniger Schiffen zu tun als ursprünglich gedacht. Wo sich die anderen Schiffe aufhalten, entzieht sich unserer Kenntnis. Das geplante Manöver MT 145 A entfällt. Da es sich lediglich um 5.000 Feindschiffe handelt, greifen wir in Wellen zu 50 Schiffen frontal an. Wir wissen, dass die

Waffensysteme der Green-Lizards den Schutz-Schirmen unserer Schiffe nichts ausmachen. Alle Termar-Schiffe setzen die neue Hyperspace-Kanone ein.

Der Feind Kontakt findet voraussichtlich in sechs Licht-Minuten statt. Gehen sie sorgsam mit ihrer Energie um. Ich möchte noch darauf hinweisen, dass wir hier ein nicht menschliches Ziel haben. Wir werden es nicht dulden, dass die Echsen Jagd auf Lebewesen der Milchstraße machen, noch werden wir ihnen gestatten unsere Planeten, Stützpunkte oder Welten anzugreifen. Major Travis, Erbfolgeberechtigter Oberbefehlshaber der vereinigten Natrid & Tarid Streitkräfte und Erhobener im Gefüge der Kaiserkaste mit Rang 1. Bestätigt und eingesetzt von Noel von Natrid im Rahmen der Nachfolge-Programmierung von Admiral Tarin. Angriffsbefehl für alle Schiffe. «

Major Travis schaltete ab.

Er blickte Commander Brenzby an.
»Wir nähern uns im Tarnmodus dem Wurmloch-Knoten«, sagte er. »Die Termar-Schiffe sollen uns folgen. «

Commander Brenzby nickte und leitete den Befehl weiter. «

Die Robot-Schiffe von Moturel 6 und die Schiffe der Konstalarosa stürzten sich gemäß ihren Befehl auf die 5.000 Schiffe der Green-Lizard. Die schweren Laser-Türme schwenkten sich auf ihr Ziel ein. Im Dauerfeuer verließen massive Laser-Lanzen die natradischen Schiffe und hüllten die Schiffe der Lizards ein. Die gewaltigen Strahlen rissen die Schutz-Schirme auf, drangen durch die Wände der gegnerischen Schiffe und trafen auf die Generatoren der Schiffe. Die gewaltigen Detonationen übergaben die Besatzungen dem kalten Weltraum. Es war, als ob der Gegner unfähig war zu handeln. Zu überraschend kam der Angriff. Laser-Strahlen um Laser-Strahlen durchschlugen die Schutz-Schirme der feindlichen Schiffe. Reihenweise entstanden kleine Kunst-Sonnen im dunklen Weltall. Ebenso schnell reduzierte sich die Zahl der Angreifer.

Die Termar-Schiffe waren getarnt ausgeschert und näherten sich dem großen Wurmloch-Knoten.

»Sofort enttarnen und Abschuss der Haftbomben«, befahl Major Travis »Schicken wir ihnen unsere mitgebrachten Geschenke. «

Alle fünf Schiffe enttarnten sich und setzten ihre Hyper-Space-Kanonen ein. Die Hyper-Space-Kanonen steuerten die Haft-Geschosse ins Ziel. Der Vorgang wiederholte sich ganze 10 Mal. Alle ausgeschleusten Bomben hatten ihr Ziel gefunden.

»Jetzt heißt es warten und wieder in den Tarnmodus schalten«, befahl Major Travis.

»Funkspruch an alle Termar-Schiffe«, sagte Commander Brenzby. »Rückzug hinter die Kampflinie der Robot-Raumer. «

Die Flotte der Termar-Schiffe setzte sich in Bewegung.

»Ortung«, meldete Sergeant Dantow. »Es kommen drei 2.500-Meter-Schiffe aus dem Tor. Es sind gigantische Schiffe. «

Die Crew der Termar 1 erkannte die Schiffe auf ihrem Schirm.

Sofort feuerten die 2.500-Meter-Schiffe der Worgass auf die Robot-Raumer der Flotte.

»Sie scheinen uns nicht entdeckt zu haben«, sagte Major Travis. »Scannen sie die Schiffe, wir brauchen sämtliche Daten herüber. «

»Sie beschießen die Robot-Schiffe mit einem grünen Strahl«, erkannte Commander Brenzby. »Der erste Schutzschirm eines Roboter-Schiffes versagt bereits. Jetzt feuern sie gelbliche Strahlen aus ihren Geschütz-Türmen. Die Strahlen durchdringen die Natridstahl-Panzerung unser Schiffe.«

In einer noch nie da gewesenen grellen Explosion verging ein natradischer Raumer der Königs-Klasse in Feuer und Rauch.

»Sie haben gelernt«, sagte Major Travis. »Der grüne Strahl zerstört die Schutzschirme und die gelben Strahlen durchbohren die Raumschiffshülle. «

»Die Schiffe der Termar-Klasse folgen mir«, sagte Major Travis. »Funkspruch an alle Roboter-Schiffe. Sperrfeuer auf die drei Superschiffe konzentrieren. Wir versuchen die Schutz-Schirme zu knacken. In Scheren-Formation das hinterste Schiff der Worgass angreifen. Division 5 unterstützt mit Manöver MT 145 A. Alle Roboter-Schiffe synchronisierten das Laserfeuer ihrer Geschütztürme.

Die Robot-Schiffe von Moturel 6 näherten sich dem hintersten 2.500-Meter Schiff der Worgass. Dieses schoss pausenlos auf anvisierte Schiffe, die sich nicht rechtzeitig den Treffern entziehen konnten.

»Geben sie den Feuerbefehl«, befahl Major Travis.

Alle fünf Termar-Schiffe materialisierten im Rücken der großen 2.500-Meter-Raumer. Die Hyper-Space-Kanonen entluden ihre Geschosse. Hiernach kamen sofort die Breitseiten der Laser-Waffen-Türme zum Einsatz. Aus fünf Termar Schiffen entluden sich fast gleichzeitig alle 15 Geschütz-Türme. Pausenlos jagten die gelben, baumstammstarken Feuer-Lanzen den gegnerischen Schiffen entgegen. Die Geschoss-Bomben der Hyper-Space-Kanonen materialisierten und gaben ihre vernichtende Kraft an das hintere Schiff der Worgass ab. Major Travis glaubte ein Beben durch das Schiff der Worgass laufen zu sehen, als alle 5 Bomben konzentriert einschlugen. Der Schutzschirm des riesigen Schiffes wurde aufgerissen. Zeit genug für die Laser-Lanzen auf die ungeschützte Außenhaut des Worgass-Schiffes zu treffen, diese zu durchdringen und sich zu den Reaktoren durchzuschlagen. Jetzt schossen sich auch die Robot-Schiffe ein. Auch sie feuerten ihre ganzen Laser-Batterien ab. Das Schiff der Worgass steckte die Prügel ein und trudelte.

Wieder und wieder trafen die Breitseiten aus knapp 100 Robot-Geschützen das Schiff. Das Ende war gekommen. Stücke brachen aus der Bordwand aus. Explosionen rissen Teile der Konstruktion heraus. Feuer loderte auf, Dampf strömte aus unterschiedlichen Öffnungen des Schiffes. Dann, endlich registrierte die Termar 1 einen grellen Explosionsball. Das Schiff der Worgass hatte sein letztes Gefecht verloren. Es verging in dem lodernden Feuer der Hölle. Eine Energiewelle, bisher nicht vorstellbaren Ausmaßes, schüttelte die natradischen Schiffe durch.

»Tarnmodus und die Position wechseln«, befahl Major Travis.

Sofort vollführte die Termar 1 einen Sprung nach vorne und wechselte in den Tarnmodus. An der Position, an der sie eben noch gestanden hatte, schlugen jetzt die gewaltigen Laser-Lanzen der restlichen Worgass-Schiffe ein. Das Katz-und-Maus-Spiel ging weiter. Wieder näherten sich die Termar-Schiffe im Tarnmodus dem zweiten Schiff der Worgass, diesmal aber von zwei Seiten.

»Achtung, enttarnen und feuern«, ergänzte der Major.
»Wieder die gleiche Prozedur, wie bei dem ersten Mal. «

Die Geschosse jagten aus den Hyperspace-Kanonen
heraus. Sie entmaterialisierten sofort, um kurz vor dem
gegnerischen Schiff wieder in den normalen Raum zu
fallen. Auch bei dem 2. Worgass Schiff wurde mit einem
Schlag der komplette Schutz-Schirm überlastet und
ausgeschaltet. Sofort rückten die dicken Laser-Lanzen
nach und verwüsteten das Schiff. Luft strömte aus,
Wasser entwich ins All. Ganze Einrichtungs-Gegenstände
passierten die Flugroute der Termar 1. Die Robot-Schiffe
gaben dem Worgass-Schiff den Rest. Die gewaltige
Explosion zerfetzte das Schiff in einer gigantischen
Energiewelle.

Das letzte Schiff der 2.500-Meter-Giganten drehte eilig ab
und flog dem Wurmloch-Knoten entgegen.

Major Travis hatte das Vorhaben erkannt und griff nach
dem Flotten-Funk.

»Hier ist Major Travis«, sprach er in den Communicator.
»Das letzte Schiff will fliegen. Alle Geschütz-Türme auf
das fliehende Schiff ausrichten. Die Hyper-Space-
Kanonen aktivieren.

Die Robot-Raumer feuerten dem fliehenden Schiff ihre
Laser-Lanzen hinterher. Alle fünf Termar-Schiffe
aktivierten die Hyper-Space-Kanonen. Ein Feuerwerk
prasselte auf den Schirm des 3. Gigant-Schiffes nieder.

Der Schutz-Schirm verfärbte sich bereits rot. Dann trafen die Geschosse der Hyper-Space-Kanone. Der Schutz-Schirm des Schiffes fiel in sich zusammen und gab den natradischen Schiffen nun die nackte Außenhülle als Angriffsfläche frei. Die natradischen Schiffe schossen ihre Laser-Lanzen in die Antriebe des großen Schiffes. Dann hatte das Schiff das Tor erreicht. Wie es bereits halb in dem Tor verschwunden war, entwickelte sich im Heckbereich eine gigantische Explosion, die sich schnell nach vorne weiterfraß. Dann war das Schiff in dem künstlichen Horizont verschwunden. Die völlige Zerstörung entzog sich den Augen der Beobachter.

»Das letzte große Schiff ist entkommen«, meldete der Commander

Brenzby. »Es scheint aber in dem Tor explodiert zu sein. « »Ich hoffe es sehr«, antwortete Major Travis. » Die Geschosse unserer Hyper-Space-Kanonen haben getroffen. Es ist gut möglich, dass es bei dem seinem Austritt in der Andromeda-Galaxie explodiert und den ganzen Wurmloch-Knoten zerstört. «

»Es sind nur noch 567 Schiffe der Green-Lizards übrig«, sagte Commander Brenzby. »Sie kämpfen sehr tapfer, doch ihre Waffenkraft reicht bei weitem nicht aus, um unsere Schutz-Schirme zu beeinträchtigen. Wir haben sie eingekesselt. Sollen wir ihnen den Gnadenstoß geben? «

Major Travis schüttelte seinen Kopf.

»Funkspruch an die Green-Lizards«, antwortete Major Travis.

»Die Leitung ist offen«, erklärte Sergeant Farmer.
»Hier spricht Major Travis. Sie können uns nichts anhaben. Stellen sie die Kampfhandlungen ein und sie werden verschont. Fliegen sie durch den Wurmloch-Knoten, solange er noch offen ist. Wir werden diesen in Kürze schließen, Ende der Meldung. «

Er blickte zu Commander Brenzby.
»Erhalten wir eine Antwort? «, fragte der Major.

»Keine Antwort«, teilte Sergeant Farmer mit. »Sie reagieren nicht auf unseren Hyperkomm-Funkspruch. «

»Rufen sie die Schiffe der Konstalarosa zurück«, befahl der Major. »Sie möchten sich bitte sammeln und formieren. «

»Der Hyperkomm-Funkspruch ist raus«, sagte Sergeant Farmer.

Sergeant Dantow zeigte auf das CIC.

»Die Robot-Schiffe von Moturel 6 brechen die Kampfhandlungen ab und ziehen sich zurück. Die Schiffe der Konstalarosa haben sich formiert und sind sprungbereit. Die Termar-Schiffe folgen uns. «

»Es ist so weit«, sagte Major Travis. »Bitte den Impuls für die Magnet-Bomben senden. «

Der Waffen-Offizier bestätigte.
»Der Impuls wurde gesendet. «

Die Crew der Termar Schiffe beobachtete, wie in einer gewaltigen Explosion das Tor in tausend kleine Teile zerbarst. Die Energieversorgung des Tores entlud sich in einer Energie-Druckwelle ungeheuren Ausmaßes. Diese Subraumwelle baute sich in alle Richtungen auf und rollte auf die Termar-Schiffe zu.

»Sprungbefehl an alle Schiffe«, befahl Major Travis. »Notsprung in den vorigen Quadranten. Wir müssen von hier weg. «

In einer ungeordneten Formation sprangen die Schiffe in den Hyperraum, um ihn kurze Zeit später wieder zu verlassen. Sie bezogen eine Warteposition in dem vorigen Quadranten.

Die Termar 1, ihre Schwester-Schiffe, sowie die Flotte der Robot-Raumer von Moturel 6 und von der Konstalarosa, waren der Gefahr entkommen.

»Konnten wir berechnen, wie schnell sich die Energiewand fortgesetzt hat? «, fragte Sirin.

»Ja«, antwortete Commander Brenzby. »Unsere Hypertronic-KI hat ein Ergebnis ausgespuckt. Alles in einem Umkreis von zwei Lichtjahren wurde dem Erdboden gleichgemacht. Die gigantische Subraumwelle hat den Energiestau weitergetragen. «

»Wann können wir wieder zurück und uns die Auswirkungen ansehen? «, fragte Major Travis.

»Zur Sicherheit empfehle ich noch 1 Stunde zu warten«, bemerkte Sergeant Dantow. »Die Druckwelle ist zwar mit Licht-Geschwindigkeit unterwegs, doch ein Raumquadrant ist groß. Wir haben gesehen, wie sie auf uns losgerast kam. «

»Danke, Sergeant. »Wir warten noch. «

Die Stunde verging langsam. Major Travis und Commander Brenzby spielten am CIC diverse Möglichkeiten durch, um eine mögliche Neukonstruktion des Wurmloch-Knotens, durch die Worgass zu vereiteln.

»Der Durchgang ist vernichtet«, sagte Major Travis. »Ihr Tor in Andromeda nützt ihnen allein nichts mehr. «

Major Travis sah Commander Brenzby an.
»Vorausgesetzt, es gibt kein zweites Tor in der Milchstraße«, antwortete der Commander.

»Ich habe immer noch dieses ungute Gefühl«, sagte der Major. »Es ist eine Art Vorahnung, dass die Schiffe der Green-Lizards auf der Suche nach dem Planeten Natrid sind. Welcher Captain kann die Schiffe der Konstalarosa nach Hause begleiten? «

Commander Brenzby dachte nach.
»Ich kenne Captain Wolter recht gut«, antwortete er. »Er ist zuverlässig, loyal und besonnen. Er kommandiert die KÖK-238. «

»Ich kenne ihn nicht persönlich«, antwortete Major Travis. »Doch dein Urteil reicht mir. «

Er suchte mit seinem Blick den Augenkontakt zu Sergeant Farmer.

»Öffnen sie mit bitte einen Kanal zu der KÖK-238. «

»Wird erledigt«, antwortete der Funkoffizier.

Major Travis griff nach dem Communicator. Ein kurzes Knistern erfüllte die Leitung.

»Hier ist Captain Wolter, von der KÖK-238«, hallte es aus dem Hörer.

»Hier ist Major Travis«, sprach er in das Gerät. »Ich habe eine Aufgabe für sie, Captain. Würden sie bitte die 1.000 Roboter-Schiffe der Konstalarosa ins Sol-System überführen. Fliegen sie im Tarnmodus. Vermeiden sie Feindkontakte. Das Sol-System braucht die Schiffe als Verstärkung. «

»Danke für ihr Vertrauen, Herr Major«, antwortete der Captain. »Ich nehme den Befehl an. Wann sollen wir fliegen? «

»Jetzt direkt«, antwortete Major Travis. »Die Schiffe haben sich bereits formiert. Ich informiere sie noch, dass die Befehlsgewalt an sie übergeht. Melden sie sich nach ihrer Ankunft im Sol-System bei General Poison. «

»Danke, Herr Major«, antwortete der Captain. »Ich habe verstanden. «

»Viel Erfolg für den Rückflug«, antwortete der Major.
Die Leitung erstarb.

Commander Brenzby hatte bereits die Flotte der Konstalarosa informiert. Die Bestätigungen der Roboter-Raumer trafen ein. Sie wurden von der Hypertronic-KI der Termar 1 geprüft und bestätigt.

Major Travis und Commander Brenzby sahen auf dem Panorama-Bildschirm, wie sich die KÖK-238 vor die Formation der Konstalarosa-Schiffe setzte. Dann beschleunigten alle Schiffe fast zeitgleich und sprangen in den Hyperraum.

»Jetzt ist mir etwas wohler«, teilte der Major erleichtert mit.

Dann war es endlich so weit.

»Die Stunde ist um«, entgegnete Commander Brenzby. »Sollen wir zurückfliegen und die Lage sondieren? «

Major Travis nickte bedächtig.
»Sergeant Farmer«, sagte Major Travis. »Informieren sie bitte alle Schiffe, dass wir uns noch einmal den Raum-Quadranten ansehen, indem der Wurmloch-Knoten der Worgass gestanden hat. «

»Die Meldung ist raus«, bestätigte Funkoffizier Farmer.

Major Travis gab seinem Steuermann den Sprungbefehl. Die Termar 1 entschwand in den Hyperraum. Die kurze Strecke war schnell überbrückt. Das Schiff fiel in den Normalraum zurück.

»Den Bildschirm bitte einschalten«, befahl Major Travis. »Haben wir neue Ortungen? Ist etwas zu finden? «

Sergeant Dantow schüttelte seinen Kopf.
»Nur Trümmer, ich erfasse keine Energiesignaturen «, antwortete er.

Major Travis zeigte auf den Bildschirm.

»Da stand der Wurmloch-Knoten«, sagte er. »Er ist nicht mehr vorhanden. Ich sehe nur zahlreiche Trümmer, wohin das Auge sieht. Die Steuerstation der Worgass und die verbliebenen 567 Raumschiffe der Green-Lizards hat es auch erwischt. Keiner von ihnen konnte die Druckwelle überleben. Selbst die größeren Asteroiden sind nicht mehr da. «

Die Crew blickte auf den großen Schirm. Nichts als Trümmer, waren von den Asteroiden auszumachen.

»Fliegen wir zurück«, sagte Major Travis. Hier ist nichts mehr, was uns interessieren könnte. Die Worgass haben ihr Tor in der Milchstraße verloren. «

Commander Brenzby kannte den Gemütszustand von Major Travis.

»Wir haben sie gewarnt«, teilte er mit. »Sie wollten nicht hören. Sie haben beschlossen, in den Tod zu gehen. Wir hatten es mit einer extremen Energie zu tun. «

»Ich möchte hoffen, dass wir so etwas nie mehr wiederholen müssen und dass die Worgass nicht so schnell auf einen neuen Wurmloch-Knoten zurückgreifen können«, sagte Major Travis. »Durch die energetische Rückkoppelung, vielleicht auch durch die Zerstörung ihres letzten großen Schiffes, sollte auch ihr Tor in Andromeda zerstört worden sein. Als das letzte Schiff der Worgass durchflog, war die Verbindung noch aktiv. Dennoch stellt sich die Frage, wo sind die restlichen Schiffe der Green-Lizards hin? Commander Haught hatte 230.000 Schiffe notiert. Die Daten seiner Hypertronic-KI sind richtig. Wir werden uns auf deren Spuren begeben müssen. Sofortiger Rücksturz nach Katras. Dort warten Freunde auf uns. «

Suche nach Antworten

Die Flotte unter dem Befehl von Major Travis lag wieder bei Katras vor Anker. Major Travis schaute sich auf der Brücke um. Die Hälfte seiner Crew hatte Sonderurlaub bekommen und war auf dem Katras-Erzplaneten eingetroffen. Sie gab sich diversen Vergnügungen hin. Nachdem Katras seine Freizeit- und Erholungs-Zentren wieder eröffnet hatte, konnten die Raumschiff-Crews die Feinheiten der natradischen Elite genießen. Waren es die Gastronomie, die Sportanlagen, die Wellness und Fitness-Bereiche, oder sogar die Therme mit Frischwasser, die zur Verfügung stand. Die Auswahl war für die Crews enorm und sie wurde angenommen. Ebenso erfreuten natradische Spiel-Zentren und viele weitere Animations-Bereiche die Gäste. Die natradischen Arbeits- und Service-Roboter von Katras hatten die alten Räume, Hallen und Etablissements wieder aufgemöbelt, damit sich die Gäste wohl fühlen konnten.

»Es sei ihnen gegönnt«, lachte Major Travis, als er sah, welche Mühe sich Katras mit seinen Gästen gab. Sein Blick wurde wieder ernst. Commander Brenzby, Heinze und Sirin standen bei ihm.

»Mir bereitet das alles etwas Kopfschmerzen«, sagte der Major. »Wo sind die 230.000 Schiffe geblieben, die Commander Haught bei seiner Aufklärungs-Mission registriert hatte. Sind sie zurück in ihre Heimat-Galaxie Andromeda geflogen, oder haben sie bereits Aufgaben übernommen, um in unserer Milchstraße Anschläge zu verüben. «

»Sie werden wohl durch den Wurmloch-Knoten zurückgeflogen sein«, bemerkte Sirin.

»Da wäre ich mir nicht so sicher«, erwiderte, Commander Brenzby. »Bislang haben sich die Green-Lizards noch nie zurückgezogen. Ich tendiere dahingehend, dass sie sich auf den Weg gemacht haben, um Anschläge in unserer Milchstraße durchzuführen. «

»Was für Aktionen können das sein? «, fragte Major Travis. » Wir müssen in jedem Fall auf der Hut sein. Es gibt noch garantiert viele Anlaufpunkte im ehemaligen kaiserlichen Imperium von Natrid, die wir noch nicht kennen. Wenn sie als geheim eingestuft waren, dann kennt sie Sirin auch nicht. Vielleicht hat sich auch in den 100.000 Jahren der natradischen Abwesenheit, ein neues Leben auf diesen Planeten entwickelt. Lassen wir uns überraschen. Wir müssen die Flotte der Green-Lizards finden und verhindern, dass weiter Anschläge auf das imperiale Eigentum begangen werden«

»Vermutlich haben sie sich zu Divisionen mit je 20.000 oder 30.000 Schiffen aufgeteilt«, sagte Commander Brenzby.

»Wie können die Green-Lizards, die ja aus einer anderen Galaxie stammen, so gut über alle Anlaufpunkte des natradischen Imperiums informiert sein? «, fragte Major Travis.

Sirin und Commander Brenzby schüttelten den Kopf. »Wir wissen es auch nicht«, antwortete Sirin.

»Ich denke, sie besitzen alte Unterlagen«, bemerkte Heinze. »Wichtige Geheimdokumente des kaiserlichen Imperiums, in denen alle wichtigen Planeten, Kolonien, Stationen, Versorgungs-Stellen, Forschungs-Stationen, Förderanlagen, sowie bewohnte Planeten und andere Basen festgehalten wurden. Nur so ist es zu erklären, dass sie immer wieder neue Anlaufpunkte finden und dieses zerstören können. «

»Durch Gefangene oder Überläufer aus dem alten Krieg? «, fragte Commander Brenzby.

Sirin nickte mit trauriger Miene.
»Alle Natrader, die am Krieg beteiligt waren, mussten spezielle Schulungen durchlaufen, die sie vor Befragungen und Folterungen schützten«, erklärte sie. »Es kann nur so sein, dass einige Flottenmitglieder nach dem Verlust der Heimat keine andere Lösung mehr gesehen haben, als zu reden. Wer weiß, was die Rigo-Sauroiden den Verrätern versprochen haben. Die Überläufer des alten kaiserlichen Imperiums wurden aufgenommen und es wurde ihnen erst einmal Asyl gewährt. Im Gegenzug wurden den Sauroiden dann diese Pläne und Unterlagen zugesteckt. Wir werden es noch herausbekommen. «

Major Travis schaute Sirin an. Tränen rollten ihre Wangen hinunter. Noch immer nahm sie solche Art des Verrates mit. Auch diesen Personen war es zuzuschreiben, dass damals die Sauroiden so viel Schaden anrichten konnten.

»Gab es Unterlagen in der kaiserlichen Flotte, in denen alles exakt verzeichnet war? «, fragte Major Travis.

Sirin schüttelte den Kopf.
»Diese Unterlagen waren eigentlich nur dem Kaiser vorbehalten. «

»Das habe ich vermutet«, bestätigte Major Travis. »Ich frage mich, an welcher Stelle ist das Leck in dem Sicherheitskreislauf entstanden? Woher können die Green-Lizards Kopien dieser Unterlagen erhalten haben? «
»Eingehender Funkspruch von Katras«, meldete Sergeant Farmer. »Major Travis, sie möchten bitte auf den Planeten kommen. Noel ist soeben über das aktivierte Transmitter-Tor eingetroffen. «

Major Travis bestätigte kurz.
»Danke für die Mitteilung «, antwortete der Major. »Bestätigen sie bitte, dass ich auf dem Weg bin. «

Er schaute Sirin und Heinze an.
»Ich schließt euch bitte an«, befahl der Major. »Dann können wir das Gespräch direkt in größerer Runde führen. «

Die Offiziere machten sich auf den Weg in den Hangar.

»Heinze, ich werde dich gleich unserem natradischen Oberbefehlshaber vorstellen«, sagte der Major. »Hast du bereits Informationen über Noel aus den Archiven der Termar 1 recherchiert? «

Der Ro schüttelte seinen Kopf.
»Nein, das habe ich noch nicht«, antwortete er. »Es strömen so viele neue Informationen auf mich ein. Ich möchte diese in Ruhe verarbeiten. «

Der Hangar war schnell erreicht. Das Wartungs-Team hatte bereits einen Jet bereitgestellt.

Die Gruppe stieg in einen Tarin-Jet ein. Sirin übernahm das Steuer, Commander Brenzby saß neben ihr. Vorsichtig bugsierte sie den Gleiter aus der Parkbucht. Dann drehte sie die Nase des Jets dem geöffneten Schott des Hangars entgegen. Lächelnd beschleunigte Sirin und flog mit schneller Geschwindigkeit dem Planeten entgegen.

»Es macht ihr immer noch sehr viel Spaß den Tarin-Jet zu fordern«, flüsterte Major Travis dem Ro zu.

Noel und Katras warteten bereits auf den Major und die Offiziere des Neuen-Imperiums.

»Es ist schön sie zu sehen«, begrüßte Major Travis die beiden mobilen Arme ihrer Hypertronic-KI's. »Noel, was verschafft uns die Ehre ihres persönlichen Besuches? «

»Wie sie sehen, funktioniert die Transmitter-Verbindung zwischen Natrid und Katras wieder«, erwiderte Noel.

Er zeigte auf Katras.
»Mein Freund hat bereits wieder seine Lieferungen von Marsarit aufgenommen. Derzeit kommen sehr große Lieferungen in Natrid an. Diese werden wir aber nach Fertigstellung der Titan-Basis dorthin umleiten. Titan wird zukünftig die zentrale Eingangsstelle für alle externen Materialien sein und entsprechend aufnahmefähig sein. Ich habe so einige Daten über Funk aufgefangen. Die möchte ich gerne mit ihnen direkt abstimmen. Ich erhielt Informationen, dass sie einen Angriff gegen die Green-Lizards geflogen sind? «

»Ja«, bestätigte Major Travis. »Das ist richtig. Woher haben sie die Information? «

»Das ist erst einmal nebensächlich«, erwiderte Noel. »Ich habe immer noch Basen, Stützpunkte und Informanten, von denen sie nichts wissen. So soll es auch erst einmal bleiben. «

»Gut«, antwortete Major Travis. » Hierüber reden wir später noch. «

Der Major schaute in die Runde.

»Eigentlich war der Angriff ein voller Erfolg«, ergänzte er. »Wir konnten die Flotte der Green-Lizards vernichten und was noch viel wichtiger ist, den Wurmloch-Knoten schließen. Es kann derzeit kein Nachschub mehr in unsere Galaxis gelangen. Was mich jedoch etwas belastet ist, dass 230.000 Schiffe der Green-Lizards, die Commander Haught registriert hatte, nicht mehr anzutreffen waren. Wir standen lediglich 5.000 Schiffen gegenüber, die wir auch problemlos in Schach halten konnten. Diese Schiffe haben unseren Vorschlag zur Kapitulation ignoriert und trotzdem angegriffen. Wir mussten Schiff für Schiff vernichten. Die letzten Schiffe, ich glaube es waren noch 567 Stück, wurden bei der Überladung und Detonation des Wurmloch-Knotens zerstört. Uns sollte klar sein, dass wir mit solchen Maßnahmen alles zerstören, was sich im Umkreis von einem Raum-Quadranten befindet. Ferner müssen wir bedenken, dass auch bewohnte Planeten ausgelöscht werden können. Die Zerstörung eines Tores sollte daher nur in einem unbewohnten Raum stattfinden. «

»Das sehe ich auch so«, bestätigte Noel. »Bislang haben wir noch keine Erfahrungen mit solchen großen Energiegebilden gehabt. Auch wir werden dazulernen müssen. «

»Darf ich fortfahren? «, fragte Major Travis.

»Gerne«, antwortete Noel.
»Es stellt sich die Frage, was mit den restlichen Schiffen passiert ist?«, fragte er. »Sind sie durch den Wurmloch-

Knoten zurück in ihre eigene Galaxis geflogen, oder mit neuen Aufgaben in unserer Milchstraße betraut worden?«

»Ich werde roboterbesetzte Spähschiffe aussenden. «, sagte Noel. » Ferner können wir von allen Basen und Stationen Drohnen ins All schicken, welche die näheren Sektoren überprüfen. Sie werden uns informieren, sobald neue Informationen vorliegen. «

Er schaute Katras an.
»Stehen dir genügend Taluk-Schiffe zur Verfügung? «, fragte er.

Der angesprochen Robot nickte.
»Meine Lager-Hangar stehen voll mit ihnen«, antwortete er. »Diese Schiffe möchte eigentlich niemand haben. Das war auch bereits im kaiserlichen Imperium so. «

»Die Schiffe der Taluk-Klasse verblassen etwas neben den Schiffen der Königs- und der Kaiser-Klasse «, bemerkte Noel. »Die Schiffe sind wendig und ausgereift. Als robotergesteuerte Spähschiffe sind sie perfekt. Katras wird sie ausschleusen und sie im getarnten Zustand alle umliegenden Sektoren auskundschaften lassen. Vielleicht finden sie Hinweise auf die Green-Lizard-Flotte. «

»Das hatten wir gerade diskutiert, bevor sie uns die Ehre gaben«, sagte Major Travis. »Die Green-Lizards müssen Unterlagen besitzen, auf denen Informationen des alten kaiserlichen Imperiums verzeichnet sind. «

»Das ist ausgeschlossen«, antwortete Noel.

»Nichts ist unmöglich«, erwiderte Major Travis. »Es hat sich gezeigt, dass sie auch nicht alles wissen. Vermutlich sind viele Informationen aufgrund des großen Krieges nicht bei ihnen angekommen. «

Noel schien verwirrt zu sein.
»Das wäre durchaus möglich«, sagte er nur. »Ich benötige mehr Informationen zu diesem Thema.«

»Die bringen wir ihnen«, antwortete Major Travis. »Haben sie Geduld. «

»Wie läuft es auf Natrid? «, erkundigte sich Major Travis. »Die Produktion von Raumschiffen läuft auf Hochtouren«, erwiderte der Klon. »General Poison hat die Dringlichkeit erkannt, gibt sie aber nicht zu. «

»Sehen sie«, antwortete Major Travis. »Jetzt kennen sie ihn auch bereits ein wenig. «

Noel verzog keine Miene und fuhr fort.
»Wir konnten in der Zwischenzeit bereits eine stattliche Anzahl von Schiffen bereitstellen. Es werden täglich mehr. «
»Ist Oberst Cameron mit der Konstalarosa bereits bei ihnen eingetroffen? «, fragte der Major. » Ich hatte ihn beauftragt, die Station ins Sol-System zu bringen. «

Noel blickte Major Travis emotionslos an.

»Leider noch nicht«, antwortete er. »Aber sie wissen ja, dass diese Stationen aufgrund ihrer Baumasse nur sehr schwerfällig in den Hyperraum wechseln können.«

»Das ist mir durchaus bewusst«, erwiderte Major Travis. »Die Schiffs-Verbände der Konstalarosa werden separat durch Captain Wolter zurückgeführt. Wir brauchten sie noch für diverse Kampf-Handlungen. «

Noel blickte auf Heinze.
»Wer ist der Pelzige«, fragte er. »Halten sie jetzt Tiere auf den Kampf-Kreuzern? «

Major Travis schmunzelte.
»Er ist ein Angehöriger einer Rasse, die Verbündete des kaiserlichen Imperiums gewesen waren«, entgegnete er. »Er ist ein Ro. Sein Volk wurde von der natradischen Hypertronic-KI seines Planeten gerettet. Anschließend wurden alle Überlebenden seiner Rasse von der künstlichen Intelligenz genoptimiert.

Sein Volk hat sehr gelitten und Bedarf unserer Hilfe. Er ist sehr intelligent. Ich möchte fast behaupten, Heinze ist einer der intelligenteste seines Volkes. Er hielt es auf seinem Planeten nicht mehr aus und möchte uns unterstützen. Er ist ein ausgezeichneter Telepath, ein perfekter Telekinet und ein äußerst seltener Teleporter. Er ist ein Verbündeter, wie ich sie suche. Er möchte

Mitglied der neuen imperialen Flotte werden und seinen Dienst auf der Termar 1 absolvieren. «

Noel verneigte sich.
»Das ist ihre Entscheidung«, antwortete er. »Ich bin mir nicht sicher, ob das ohne größere Schulungen möglich sein wird. Ist er vertrauensvoll? «

»Ja«, antwortete Heinze in reinem Natradisch. »Ich habe ein fotografisches Gedächtnis. Ich lese einmal einen Text und kann ihn behalten und ihn anwenden. Sie sehen, ich habe mir ihre Sprache bereits zu Eigen gemacht. «

Noel verzog keine Miene.
»Sehr gut, so etwas gefällt mir«, antwortete er. »Ich sehe, sie haben die richtigen Leute in ihrem Team. Gibt es noch mehr von seiner Art? «

Heinze wollte etwas sagen, doch Major Travis schüttelte den Kopf.
»Im Moment nicht«, erwiderte er. »Ich möchte ihnen gerne noch weitere Einzelheiten von unserem Angriff auf die Green-Lizards erzählen. «

Noel blickte ihn an.
»Ich bin ganz Ohr«, erwiderte er. »Erzählen sie, ich bin gespannt. «

»Wie ich schon mitgeteilt habe, haben wir damit gerechnet auf 230.000 Schiffe der Aggressoren zu stoßen«, fuhr Major Travis fort. »Dies war den

Aufzeichnungen von Commander Haught zu entnehmen. Wir haben diese große Armada leider nicht mehr angetroffen. Wir sind lediglich auf 5.000 nicht vorbereitete Schiffe getroffen. Hiermit hatten wir ein leichtes Spiel. «

Der Major ließ eine kurze Pause vergehen.
»Das dachten wir zunächst«, fuhr er fort. »Als wir die Hälfte der Schiffe aufgerieben hatten, tauchten drei 2.500-Meter Schiffe der Worgass auf. Direkt aus dem Wurmloch-Knoten kommend, stürzten sie sich auf unsere Schiffe. Die fremden Schiffe verwenden einen grünen Energiestrahl, der die Schutzschirme unserer Schiffe innerhalb kürzester Zeit überlastete und ausfallen ließ. Danach war es sehr leicht für diese übergroßen Schiffe, durch gezielte Lasertreffer die Roboter-Schiffe der Königs-Klasse zu eliminieren. «

Major Travis blickte Noel an.
In diesem nur kurzen Moment verloren wir 13 robotergesteuerte Zerstörer mussten 36 Stück als beschädigt aus der Raumschlacht zurückziehen. Die Zerstörer werden derzeit von Katras repariert. Wir werden die Worgass als gefährlich einstufen müssen. Wir kennen noch nicht alles von ihnen. Ihre Technik, die sie auf den 2.500 Meter-Klasse Schiffe einsetzen, ist unserer Technik ebenbürtig. Der konzentrierte Beschuss aller Termar-Schiffe, in Verbindung mit den Hyperspace-Kanonen, brachte uns den Sieg. Das letzte Schiff der Worgass flüchtete zurück durch den Wurmloch-Knoten. Wir haben es zwar getroffen, leider konnte es schwer

beschädigt durch das Tor entkommen. Ich rechne damit, dass es auf der Gegenseite vollständig explodiert ist. Falls dies der Fall sein sollte, hat es dank seiner gigantischen Energieentwicklung, das Wurmloch-Tor in der Andromeda-Galaxie, in Stücke gerissen hat. Wir konnten es nicht prüfen. Nachdem die gegnerische Flotte auf eine Stückzahl von 567 Schiffe geschmolzen war, zogen wir uns zurück und zündeten die Haft-Bomben, die wir vorher an dem Wurmloch-Knoten in unserer Milchstraße befestigt hatten.

Nach dem Abzug unserer Schiffe wollten wir beobachten, wie sich das Wurmloch-Portal verhielt. Die Sprengung des Tores erzeugte eine starke Energie-Subraumwelle. Sie rollte förmlich auf uns zu. Ich ordnete den Alarmstart an und befahl den Commandern aller Schiffe, in den vorigen Raumsektor zu springen. So entgingen wir um Haaresbreite einer Katastrophe. Für die Schiffe der Green-Lizards kam jede Hilfe zu spät. Wir wissen jetzt, dass die Überladung eines Wurmloch-Knotens alles im näheren Umkreis eines Raum-Quadranten vernichtet. «

Major Travis ließ eine kurze Pause vergehen.
»Das Resümee an dieser Geschichte ist, die Worgass greifen aktiv die Milchstraße an«, ergänzte er. »Sie machen das nicht selbst, sondern schicken ihr Hilfsvolk, die Green Lizards, um die Invasion der Milchstraße durchzuführen.

»Damit habe ich gerechnet«, erwiderte Noel. »Der Durchgang ist erst einmal wieder verschlossen. Ich hoffe sehr, dass er nicht so schnell wieder geöffnet werden kann. In der Zwischenzeit haben wir Zeit, den weiteren Aufbau unserer Flotte voranzutreiben. Uns bleibt nur wenig Zeit, um überlebende Zivilisationen einzuladen, unserem Neuen-Imperium beizutreten. Die Transmitter-Strecke nach Morina ist auch fertig. Ich habe sie getestet und Commander Stuart besucht. Wir haben genug zu tun.«

»Warum habe ich das Gefühl, dass sie ablenken möchten«, erkundigte sich Major Travis. »Ich bitte sie in ihren Natrid-Archiven nach den Worgass zu forschen. Wer sind sie? Sie scheinen diese Rasse zu kennen. Warum setzten sie die Green-Lizards für eine Invasion der Milchstraße ein? Was haben sie gegen Natrid. Diese Fragen möchte ich bei meiner Rückkehr nach Natrid von ihnen beantwortet haben. «

Noel nickte einfühlend.
»Ich kümmere mich um die Recherche«, antwortete er. »In der Zwischenzeit bitte ich sie weiter nach Plan zu verfahren und die benannten Anflugs-Punkte des kaiserlichen Imperiums zu prüfen. Die Daten haben sie ja vorliegen. Die Zeit eilt uns davon. «

»Wichtig ist es, dass wir alle bereits wieder aktivierten Hypertronic-KI's ausreichend schützen können«, bemerkte Major Travis. »Wir brauchen eine Schutztruppe in unserem Universum, die alle bekannten Planeten vor fremden Invasoren schützen. Die neuen Super-Schutzschirme sind hierfür optimal geeignet. Wir sollten alle Schiffe, Stationen und Planeten hiermit ausrüsten. Wir wissen nicht, wie lange die Green-Lizards mit ihrer unterlegenen Waffentechnik noch arbeiten werden.«

Noel verzichtete auf eine Antwort hierauf.
»Ich muss wieder zurück«, beeilte sich Noel zu sagen. »Vielleicht darf ich ihnen noch mitteilen, dass General Poison bemüht ist, ihre Welt zu einigen. Er versucht mit allen Mitteln die EWK als einzigen Ansprechpartner in Sachen Weltraumfahrt, zu etablieren. Er möchte gerne alles unter dem Dach seiner Organisation vereinen und die EWK als zentralen Ansprechpartner bestätigt wissen.«

»Das wäre hilfreich«, antwortete Major Travis.» Ich möchte noch einmal auf die Konstalarosa zu sprechen kommen. «

Er blickte den Klon intensiv an.
»Katras informierte sie über wichtige Dinge, die während des Krieges nicht an Natrid übermittelt werden konnten«, entgegnete der Major.

Noel blickte seinen Kollegen an.

»Sie wissen es noch nicht«, teilte Katras mit. »Es gibt Spekulationen, dass es neun weitere Flotten-Kampfstationen, versteckt an wichtigen Positionen im All, geben soll? «

»Nein«, antwortete Noel. »Hierbei handelt es sich um Fehlinformationen, die von unseren Feinden gestreut wurden. Hiervon habe ich auch gehört. Diese Informationen entsprechen nicht den Tatsachen. «

»Das sind geheime Informationen, die mir Marin und Gareck anvertraut haben«, erwiderte Katras. »Sie haben maßgeblich an dem Bau der Stationen mitgearbeitet. «

»Es ist nicht zu glauben«, schimpfte Noel. »Warum wurde ich nicht hierüber informiert. «

»Vermutlich wie die Rigo-Sauroiden den Hyperraum-Funkverkehr abgehört hatten«, bemerkte Katras. »Die Existenz der Flotten-Kampfstationen sollte geheim gehalten werden. «

»Finden sie die restlichen neun Kampfstationen«, antwortete Noel emotionslos. »Wir benötigen sie unbedingt in unserem Imperium. «

»Seien sie beruhigt, wir werden sie finden«, antwortete Major Travis. »Moturel 6 hat zugesagt, unsere im Kampf verlorenen 13 Schiffe wieder aufzufüllen. «

»Die Hypertronic-KI von Moturel 6 ist sehr aktiv«, erwiderte Noel. »Sie konnte sich in der langen Zeit selbstständig weiterentwickeln und baut perfekte Raumschiffe. Sein sie mir nicht böse, ich möchte zurück. Es ist viel Arbeit zu erledigen. Wir sehen uns bald wieder. «

Noel verabschiedete sich mit dem alten Gruß der kaiserlichen Flotte, drehte sich um und ging dem Transmitter-Tor entgegen.

Sirin schaute Katras an.
»Lassen sie uns doch noch einmal mit Marin und Gareck sprechen«, sagte sie.

Katras drückte einige Knöpfe.
»Erledigt«, teilte er Sirin mit. »Sie sind auf dem Weg zu uns. «

Kurze Zeit später tauchten Marin und Gareck auf.
»Was ist denn jetzt schon wieder? «, fragte Gareck sichtlich genervt.

Marin fügte seinen Kommentar hinzu.
»Können sie uns einfach nicht in Ruhe arbeiten lassen? «, sagte er.

»Beruhigen sie sich«, antwortete Major Travis. »Wir benötigen ihre geistige Gabe. «

»Was können wir für sie tun? «, fragte Marin.

»Sie haben doch bei der Entwicklung aller Kampf-Stationen, sowie auch bei der Konstalarosa mitgearbeitet? «, sprach der Major die Wissenschaftler an.

Die beiden eifrigen Genies nickten.

»Wir waren maßgeblich an dem Bau beteiligt und haben die Kampf-Stationen fast allein entwickelt«, antwortete Marin.

»Sie kennen sich also bestens mit der Technik aus«, sagte Major Travis.

»Das ist sicher«, erwiderte Marin.
»Wo denken sie, könnten sich die anderen neun Kampf-Stationen versteckt halten. Wie kann ich sie wiederfinden? Können sie mir bei dieser Frage helfen? «

Marin und Gareck lachten ironisch.
»Das ist ja das Neue an diesen Kampfstationen«, lächelte Marin. »Sie werden alle von weiblichen Hypertronic-KI's geführt und sie unterliegen keinen Regeln. «

»Sie sind keiner festen Stationierung unterworfen und können frei entscheiden, ob sie sich zurückziehen, oder ob sie sich einem Kampf stellen wollen«, lächelte Gareck. »Seit der Krieg beendet wurde, halten die mündigen Stationen untereinander Kontakt. Dies erfolgt durch einen Impuls, der in den Hyperraum abgestrahlt wird. Die anderen Stationen können diese Impulse orten. Auf diesem Wege sollte jede Station wissen, wo sich die andere aufhält. Im Notfall konnte sie sich untereinander unterstützen.

Der Deaktivierungsbefehl von Admiral Tarin hat sie aber trotzdem in eine Art Dämmerschlaf versetzt. Sie durften sich innerhalb des Dämmerschlafes nur vor der

Vernichtung schützen. Andere Aufgaben wurden ihnen verboten. Ich glaube, sie wollen mittlerweile aufgespürt werden. Sie erwarten von uns, dass wir sie suchen und sie wieder vollständig aktiveren. «

Major Travis verzog sein Gesicht und blickte Sirin an. Diese zog ihre Schultern hoch.

»Man kann den Programmierungs-Prozess von Hypertronic-KI's des ehemaligen kaiserlichen Imperiums, sehr schlecht nachvollziehen«, bemerkte Major Travis. »Gibt es keinen überlagerten Befehl, der die Flotten-Stationen von außerhalb wieder aktivieren kann? «

»Doch den gab es«, antwortete Gareck. »Leider haben wir ihn verloren. «

»Wie kann man so etwas verlieren? «, fragte Commander Brenzby.

Marin blieb weiterhin ruhig.
»Diese geheimen Informationen waren mit vielen anderen wichtigen Informationen auf unserem Konstruktions-Mond Nors eingelagert. Sämtliche Speicherkristalle, mit allen wichtigen Daten, wurden bekannter Weise mit der Explosion des Mondes zerstört. Wir konnten in der kurzen Zeit nicht alle Daten sichern. «

»Ich verstehe«, antwortete Major Travis. »Ihre Aufgabe ist es jetzt vorrangig Vorschläge zu unterbreiten, wie wir diese Stationen finden und aktivieren können. Es ist möglich, dass sie später noch an diese Informationen gelangen werden. Ich brauche diese Flotten Kampfstationen zur Absicherung des Sol-Systems. Allein der Einsatz der Kampf-Stationen würde eine optimale Sicherheits-Reserve darstellen. Haben die restlichen Stationen auch einen Namen?

Marin und Gareck schauten sich an.
»Die Flotten-Kampf-Stationen sind unsere Kinder«, antwortete Gareck. »Die Namen können wir ihnen aus dem Kopf aufsagen. Die Erste kennen sie bereits, es ist die Konstalarosa. Ihr folgten die Limstalarosa, die Manstalarosa, die Antalarosa, die Atlantarosa, die Cantalarosa, die Quantalaroa, die Rontalarosa, die Xantalarosa und die Shilatalarosa. «

»Interessant«, bemerkte Major Travis. »Wie sind sie denn auf diese Namen gekommen? «

»Die Namen haben wir seinerzeit auf Atlantis für uns entdeckt«, antwortete Marin. «

»Das dachte ich mir«, lächelte Major Travis. »Das ist sicherlich eine andere Geschichte. Dazu möchte ich später etwas von ihnen hören. Sie haben unsere Problematik erkannt. Es halten sich vermutlich 300.000 Schiffe der Green-Lizards in unserem Sonnen-System auf, die zusammen oder aufgeteilt in unterschiedlichen Regionen Angriffe auf ihr und jetzt auch auf unser Eigentum durchführen. Das können Stationen sein, aber auch Planeten, Zivilisationen oder andere wichtige

Einrichtungen. Diese Green-Lizards sind entfernte Artgenossen der Rigo-Sauroiden, die so viel Unheil über ihr ehemaliges Imperium gebracht haben. Es sollte für sie selbstverständlich sein, eine Lösung zu finden. Machen sie sich Gedanken, wie wir die Echsen aufhalten könnten, oder wie wir zumindest die Flotten-Kampf-Stationen wiederfinden und aktivieren können. Ich möchte von ihnen verwertbare Vorschläge haben, wie wir einen Gegner aufhalten können, von dem wir nicht wissen, wo er sich versteckt. «

Marin und Gareck hatten den Wink von Major Travis als Missfallen ihrer Einsatzfreudigkeit verstanden.

»Wir haben verstanden und denken bereits über die Situation nach«, antworteten Marin und Gareck. »Sobald wir eine Lösung haben, melden wir uns bei ihnen. Die Späh-Schiffe, die sie ausgesandt haben, werten wir bereits als eine gute Aktion. Das Problem wird sein, wenn die Kampf-Stationen sich nicht orten lassen wollen, dann kann man sie auch nicht finden. Sie haben die Möglichkeit, sich bis zu 15 Minuten in die Zukunft, oder in die Vergangenheit zu versetzen. Sie wissen, was dies bedeutet. Sobald ein Feind in dem Quadranten auftaucht, in dem sich eine Kampf-Station befindet, kann sie sich für 15 Minuten aus deren Blickfeld entfernen. Sie entscheidet selbst, wann sie diese Technik einsetzt. Sie kann warten, bis die möglichen Gegner den Quadranten verlassen haben, oder auch entsprechende Kampfmaßnahmen einleiten. «

»Welche Möglichkeiten gibt es sie zu finden? «, fragte Sirin.

»Keine«, antwortete Marin. »Sie haben doch zugehört? « Sirin verzog ihr Gesicht. Die beiden Genies spielten mit ihren Nerven.

»Wir finden sie schon«, sagte Major Travis. »Ich habe noch immer meinen kaiserlichen Neolrith. «

»Sie verfügen über Stufe 1? «, erkundigte sich Marin.

»Ja«, bestätigte Major Travis.

Die beiden Genies schauten sich an und lächelten plötzlich.

»Dann sollte es gehen«, antwortete Marin. »Dieser Code-Geber ist ein Spielzeug unseres ehemaligen Kaisers. Mit seiner Befehlsstufe überlagern sie alle anderen erteilten Befehle. Das gilt eigentlich für die ganze natradische Technik. Wir können eine Verstärkung dieses Impulses durch unsere Technik bewerkstelligen. «

»Was soll das bringen? «, überlegte Major Travis.

»Die Stationen werden zum Antworten gezwungen«, antwortete Gareck. »Wir konnten es bislang noch nicht testen. Der große Krieg kam bekanntlich dazwischen. Aber wenn wir uns den möglichen Koordinaten der Stationen annähern und einen Impuls des Neolrith senden, dann ist es für sie unmöglich, diesen zu ignorieren. «

»Das hört sich gut an«, erwiderte Major Travis.

»Bereiten sie diesen verstärkten Impuls vor. Ist es möglich diesen zu kopieren? Können wir ihn unabhängig von meinem Impulsgeber versenden? Wenn ja, senden wir auch eine Kopie des Impulses durch unser Transmitter-Tor nach Morina. Der Impuls kann dann von allen Weiterleitungs-Stationen empfangen und weitergeleitet werden. Wir erreichen hiermit eine große Anzahl von Raum-Koordinaten. «

»Gute Idee«, antwortete Marin. »Diese Idee könnte von uns sein. Das ist möglich. Ihr Neolrith codiert den Impuls mit dem kaiserlichen Fingerabdruck. Kommen sie mit in unser Labor. Wir müssen den Impuls aufnehmen und auf einen Kristall speichern. Nur so können wir jedem Späh-Schiff eine Kopie geben und einen Befehl zur Standortänderung implantieren. Die Stationen können sich durch ihre Schiffe selbst einen Begleitschutz geben. Wir können ihnen mitteilen, dass sie sich unverzüglich ins Katras-System aufmachen sollen. «

»Perfekt«, antwortete der Major. »Das würde uns die Arbeit sehr erleichtern. «

Major Travis, Sirin, Tart 1 und Tart 2, Commander Brenzby, Heinze und Katras folgten den natradischen Wissenschaftlern in ihr provisorisches Labor.

»Richtig glücklich sind wir erst wieder, wenn wir auf Natrid oder Tarid unsere neu ausgestatteten Labors zugewiesen bekommen«, bemerkte Gareck.

Die Konstalarosa materialisierte im Sol-System, nahe dem Saturn-Mond Titan, der mittlerweile wieder als ausgebaute und aktive Aufnahmestelle für Güter aller Art fungieren durfte. Früher nur als Drehscheibe verwendet, sollte Titan nun seinem Ruf gerecht werden und als Sammelpunkt sämtlicher Handelswaren und Produktionsgüter und Betriebsstoffe dienen. Hier sollte die letzte Prüfung der eingehenden Ware erfolgen, bevor diese in das innere System zu den Planeten Natrid oder Tarid weitergeleitet wurde.

Die Raumüberwachung von Tattarr meldete Alarm. Sie hatte eine starke Erschütterung des Raum-Zeit-Gefüges geortet. Dieser Bereich lag nahe der Titan-Umlaufbahn.

»Was haben wir? «, fragte Noel.
»Einen Augenblick noch«, antwortete der Ortungs-Offizier. »Ich frage noch kurz die Daten der Titan-Aufklärung ab. «

Die Raumüberwachung auf Titan konnte das Eintreffen der Flotten-Kampf-Station und seiner 150 Begleit-Schiffe bereits registrieren, bevor sich die Station selbst ins zentrale Netz des natradischen Ortungs-Systems einloggen konnte.

»Hier spricht Oberst Cameron von der KÖK 501«, tönte es aus den Lautsprechern. »Ich rufe die imperiale Raumüberwachung in Tattarr. Bitte melden sie sich. «

Noel griff nach dem Communicator.

»Hier spricht Noel«, antwortete er. »Ich grüße sie Oberst Cameron. Sie bringen uns die Konstalarosa zurück? «

»Hallo Noel«, antwortete Oberst Cameron. »Sie vermuten richtig. Ich bringe ihnen die Flotten-Kampfstation Konstalarosa und bitte um Übernahme. Major Travis möchte die Konstalarosa für die Absicherung des Sol-Systems einsetzen. «

General Poison kam schnaufend in die Raum-Überwachung von Tattarr gelaufen. Er nahm Noel den Communicator aus der Hand.

»Hier spricht General Poison«, sprach er in den Hörer. »Gut gemacht. Fliegen sie zur Heimat-Verteidigung und lassen sie sich neue Aufgaben geben. Wir brauchen ihre Schiffe. «

Noel blickte ihn kopfschüttelnd an.

»Ich muss den Befehl leider zurückweisen«, antwortete Oberst Cameron. »Major Travis hat mich sofort zurückbeordert. Wir sollen den Bereich Katras absichern. Ich hoffe, dieser Befehl kollidiert nicht mit ihren Wünschen? «

»Wenn der Major das befohlen hat, dann müssen sie diesen Befehl ausführen«, murrte der General. »Dann fliegen sie schon zurück.«

Er unterbrach das Gespräch.

Der General sah auf seinen Monitoren, wie die 150 Schiffe der Königs-Klasse beschleunigten, eine Schleife um die Flotten-Kampfstation flogen und kurz hierauf in den Hyper-Raum sprangen.

Noel hatte sich in sein Büro zurückgezogen. Er war mit den Gebärden von General Poison nicht einverstanden. Er hatte die Information wohlwollend verarbeitet, dass die Flotten-Kampfstation im Sol-System angekommen war. Seine Antwort ließ nicht lange auf sich warten. Er stellte eine Verbindung zu der Konstalarosa her.

»Schön, dass du da bist«, begrüßte er die Flotten-Kampfstation. »Wir freuen uns, der Konstalarosa neue Aufgaben geben zu können. Ich übersende dir die neuen Koordinaten deiner Stationierung. Du wirst zwischen Luna und Tarid deinen Standort finden. Schütze den erdnahen Raum und sorge dafür, dass keine Fremden unbemerkt einfliegen können. Du wirst ab sofort in das neue Verteidigungs-Sicherheits-System integriert. Darf ich dich persönlich nach Tattarr zu einem Gespräch bitten. Meine Mutter möchte dir weitere Instruktionen zur Modifizierung und Anpassung des Systems einspeisen. Nehme bitte später einen Gleiter zur Lande-Plattform 15. «

»Die Einladung nehme ich gerne an«, antwortete Konstalarosa. » Meine Schiffe kommen später nach. Sie unterstützen Major Travis bei seiner Mission. «

» Ich weiß«, antwortete Noel. » Sie sind aber bereits auf dem Weg zu dir. Major Travis hat seine Mission erfolgreich beendet und deine Schiffe vollständig zu uns auf den Weg gebracht. Ich sende dir jetzt die neuen Positionsdaten.«

Es dauerte nur 15 Minuten, bis sich die Konstalarosa auf der vorgesehenen Position materialisierte. Noel hatte bereits die Erdverteidigung und speziell Commander Giacombo über die Ankunft informiert. General Poison ließ es sich auch nicht nehmen, direkt zu Noel zu kommen, um bei dem Gespräch dabei zu sein.

Ohne anzuklopfen, stapfte der General in das Büro von Noel.

Der blickte irritiert auf.
»Hallo General«, begrüßte Noel den Chef der EWK. »Über ihr Benehmen werden wir zwei demnächst einmal unter vier Augen sprechen. «

»Was meinen sie? «, brummte der General. » Ist ihnen eine Laus über die Leber gelaufen? «

Der Klon der natradischen Hypertronic-KI winkte ab.
»Lassen wir das, ich bemerke schon, dass sie mich nicht verstehen. Kommen wir zu dem Wesentlichen. Unsere erste Flotten-Kampfstation ist zurückgekehrt. Sie sehen, wir kommen immer ein Stückchen weiter. «

»Wir auf der Erde auch«, antwortete General Poison. »Man hat uns von Seiten der UN die volle Unterstützung zugesagt. Alle National-Staaten haben abgestimmt und akzeptiert, dass es zukünftig nur noch eine globale Weltraum-Behörde gibt. Das wird die EWK sein. «

»Dann kann ich ihnen meine Glückwünsche aussprechen«, sagte Noel. »Jetzt ist alles in einer Hand. Das ist für das Neue-Imperium sehr hilfreich. «

General Poison und Noel stiegen in einen Stadt-Gleiter, der sie auf dem schnellsten Wege zu den natradischen Konferenz-Räumen beförderte.

»Hatte ich ihnen schon gesagt, dass sie jetzt einen weiblichen Roboter kennenlernen werden? «, fragte Noel. » Können sie damit umgehen? «

»Bei ihnen wundert mich gar nichts mehr«, antwortete der General. »Ja«, räusperte er sich. »Sie hatten so etwas bereits einmal erwähnt. Ich bin genauso gespannt wie sie. «Das Gespann betrat den Konferenzraum.

»Ich darf sie darauf hinweisen, dass der Robot der Konstalarosa im Landeanflug ist«, teilte ein Ortungs-Offizier mit.

Noel bedankte sich und schritt mit General Poison an einen großen Echtzeit-Monitor. Sie sahen, wie der Gleiter vorschriftsmäßig aufsetzte und wie sich die Lande-Plattform in den Boden absenkte.

»Sie wird gleich hier sein«, sagte Noel. »Die Fahrt verläuft in der Regel sehr schnell. «

Haben sie etwas Neues von unseren Späh-Schiffen gehört, die auf der Suche nach den Schiffen der Green-Lizards sind? «, fragte der General.

»Nein«, antwortete Noel. »Bei mir ist leider nichts eingegangen. Wir haben fast 900 Schiffe der Taluk-Klasse im Einsatz, alle mit sehr sensiblen Ortungs-Geräten ausgestattet. Sie suchen eine große Reichweite ab. Jeder Raum-Quadrant wird geprüft. Leider bisher ohne Erfolg. «

»Das könnte im günstigsten Fall bedeuten, dass die Echsen gar nicht so viele Schiffe in der Milchstraße haben«, antwortete der General.

»Versteifen sie sich nicht hierauf«, erwiderte Noel. »Wir werden die Feind-Schiffe schon finden. «

Endlich war es so weit. Die Konstalarosa wurde von vier Kampf-Robotern des natradischen Sicherheits-Dienstes in den Konferenz-Raum begleitet. Sie wirkte zierlich, eher noch zerbrechlich, in der Mitte ihrer männlichen Kampfbegleiter. Die Gruppe blieb vor Noel und General Poison stehen. Die Kampf-Roboter salutierten und nahmen Haltung an.

»Konstalarosa meldet sich zurück in der Heimat, Exzellenz«, sagte der weibliche Roboter.

Noel nickte.

»Willkommen zu Hause, gut, dass du wieder da bist«, erwiderte Noel.

Er zeigte auf General Poison. «

»Darf ich dir meinen Freund und Mitstreiter vorstellen«, ergänzte Noel. »General Poison ist der militärische Führer von Tarid. Er ist dir genauso weisungsbefugt, wie ich es bin. «

Konstalarosa verbeugte sich vor dem General. Dieser salutierte und war förmlich sprachlos.

Eine Handbewegung von Noel veranlasste die Kampf-Roboter sich nahe der Türe, rechts und links zu positionieren.

»Ich bin fasziniert«, sagte Noel. »In den letzten Kriegstagen scheint vieles passiert zu sein, worüber ich nicht informiert wurde. Hier auf Natrid sind keine weiblichen Roboter im Einsatz. «

»Da unterscheiden sie sich nicht von mir«, antwortete Konstalarosa. »Durch meinen dauernden Außeneinsatz wurde ich auch nicht über die neuesten Dinge in unserem Heimat-System informiert. Erste aktuelle Informationen habe ich erst durch Major Travis erhalten. Er versprach mir eine neue Position innerhalb des Heimat-Systems anzubieten. Laut seinen Aussagen kann ich hier im

Moment hilfreicher sein als in den Außen-Bezirken des ehemaligen Imperiums. «

»Tarid verfügt mittlerweile über riesige Kapazitäten und Produktions-Werften, um alle unsere Schiffe und technischen Anlagen schnellstmöglich zu bauen«, erklärte Noel. »Wir werden das alte kaiserliche Imperium erst absichern müssen, bevor wir es vollständig beleben können. «

»Wie kann ich helfen? «, fragte Konstalarosa.
»Als Erstes wären wir dankbar, wenn du uns Informationen über den Verbleib deiner baugleichen Schwester-Station geben könntest. In meinem Archiv sind keine Datenbank-Verweise über eine Stationierung zu finden. «

Konstalarosa wartete einen Augenblick mit der Antwort. »Es gibt keine Unterlagen«, erwiderte sie. »Wir wurden seinerzeit programmiert, selbstständig Krisenherde anzusteuern und diese zu beseitigen. Es gab keine festen Anweisungen über Koordinaten oder Einsatzorte, denen wir folgen mussten. Darüber habe ich bereits Major Travis informiert. «

»Der ist aber nicht hier«, entgegnete Noel.
»So wie ich das sehe, ist es durchaus möglich, dass die Stationen weit verstreut im kaiserlichen Imperium agieren«, sagte der General.

»Wann erfolgte der letzte Kontakt zu einer deiner Schwester-Stationen? «, fragte Noel.

»Das war exakt vor 150 Jahren«, antwortete Konstalarosa. »Es gab keine Notwendigkeit für die Übermittelung von Positionsdaten. Alle Stationen orientierten sich an dem imperialen Koordinaten-System. «

»Neue Bedrohungen kommen auf uns zu«, erklärte Noel. »Wir müssen unsere Kräfte zusammenziehen, weil wir nicht wissen, wo die neue Armada der Green-Lizards auftaucht. Wir werden dich mit einem Transmitter-Tor ausrüsten, so dass wir nicht immer mit einem Gleiter bei dir andocken brauchen. Genau in der Mitte der Station, nahe der Kommando-Zentrale, wird das Transmitterzentrum liegen. Ferner werde ich dich mit unserem neuen Super-Schutzschirm ausstatten. «

»Wir kommen unserem Ziel immer näher«, sagte General Poison. »Die Konstalarosa verfügt normalerweise über 1.000 Schiffe in ihren Landebuchten. Diese unterstützen zwar im Moment Major Travis, doch sie werden bald zurück sein. Falls wir die neun Schwester-Stationen finden sollten, dann erhalten wir hoffentlich auch die jeweils weitere 1.000 Schiffe, die auf diesen Stationen stationiert waren. Wir könnten dann eine zusätzliche Flotte von 10.000 Schiffen aktiveren. «

»Sie wissen aber nicht, ob meine Schwester-Stationen die Schiffe noch vollständig an Bord haben«, bemerkte die

Konstalarosa. »Sie könnten in schwere Gefechte verwickelt worden sein? Das war unsere Aufgabe im großen Krieg. «

»Wir müssen die Stationen erst einmal finden«, versuchte Noel den General zu beschwichtigen. »Dann sehen wir weiter. «

»Ich habe Major Travis nach Hause beordert«, teilte der General mit. »Eine Ausgrabung erfordert seine Beteiligung. «

»Sie ziehen ihn von seiner Mission ab? «, stutzte Noel. »Was ist so wichtig? «

»Regen sie sich nicht auf«, lachte der General. »Wir haben seltsame Artefakte gefunden. Es wird nur ein kurzer Besuch werden. Er kommt über ihre eingerichtete Transmitter-Strecke. Sie bitte ich auch dazu. Vielleicht handelt es sich um Artefakte natradischen Ursprungs. Aber hierzu später mehr. Weisen sie die Konstalarosa bitte weiter in ihre Aufgabe ein. «

Major Travis stand auf der Brücke der Termar 1.
»Ich habe Oberst Conner mit einer Flotte von 250 Schiffen der Königs-Klasse losgeschickt«, informierte er Commander Brenzby. »Alle Schiffe wurden mit dem Aktivierungs-Kristall von Marin und Gareck ausgestattet. Die Flotte wird sich aufteilen und an unterschiedlichen Koordinaten den Aktivierungs-Impuls ausstrahlen. Ich hoffe sehr, dass wir einen Hinweis auf die restlichen

Stationen erhalten werden. Bisher tappen wir förmlich im Dunkeln. «

»Diese Stationen wären für das Sol-System sehr hilfreich«, bestätigte Commander Brenzby. »Vielleicht existieren sie aber auch schon lange nicht mehr. Die Rigo-Sauroiden haben damals mit einer gigantischen Flotte angegriffen. «

Der Major nickte.
»Das ist unser Problem«, antwortete er. »Es stehen zu wenige Informationen zur Verfügung. «

»Wie lange können wir auf diese Informationen warten, bevor wir ins Sol-System zurückmüssen? «, fragte der Commander.

Major Travis schaute ihn an.
»Ich weiß es nicht«, antwortete er. »Viel Zeit bleibt uns nicht mehr. «

Major Travis stand aus seinem Kommando-Sessel auf und ging zu dem CIC.

»Wo können sich die Stationen verstecken? «, fragte er.

»Eingehender Funkspruch von der KÖK-137«, meldete Sergeant Farmer. »Oberst Conner meldet sich. «

»Legen sie bitte auf meinen Communicator«, befahl der Major.

Er griff nach dem Gerät und öffnete die Frequenz.

»Hier ist Major Travis, haben sie Erfolg gehabt Oberst Conner? «, fragte er ungeduldig.

Die Leitung knisterte und wurde klarer.

»Hier spricht Oberst Conner«, hallte es aus der Leitung. »Wir haben jetzt den 17. Raum-Sektor abgeflogen. Das Glück scheint diesmal auf unserer Seite zu sein. Wir haben eine Rückmeldung von fünf Flotten-Kampfstationen erhalten, die sich als gemeinschaftliche Blockade-Linie nahe dem Doppelstern Prokyon positioniert haben. Unsere Sender konnten nur eine schwache Antwort aufzeichnen. Wir sind auf dem Weg zu den Koordinaten. Erst vor Ort können wir eine vollständige Aktivierung und die Verlegung der Stationen nach Katras einleiten. Vorausgesetzt die Flotten-Kampf-Stationen sind noch einsatzbereit. «

»Danke für die Informationen, Oberst Conner«, antwortete Major Travis. »Wir drücken ihnen die Daumen. «

»Danke, Herr Major«, antwortete der Oberst.
Die Leitung brach ab.

Der Major blickte Commander Brenzby an.
»Wir haben erste Hinweise auf fünf Flotten-Kampfstationen«, teilte er mit. »Oberst Conner ist auf dem Weg zu den Koordinaten. «

Bevor Commander Brenzby etwas sagen konnte, kam Sergeant Farmer mit dem Ausdruck einer Infofolie angelaufen.

»Herr Major, ich habe hier eine dringende Depesche für sie«, meldete er. »Sie kommt direkt von General Poison und ist mit einer Alpha-Order belegt. «

Major Travis nahm sie an sich.
Er blickte auf den maschinell erstellten Text.

»Wir werde die Mission kurz verlassen und nach Hause zurückkehren«, sagte Major Travis. »General Poison hat uns einen dringenden Befehl zugeleitet. Er hat angeblich Hinweise gefunden, die wieder auf eine neue unbekannte, außerirdische Rasse hinweisen. Wissenschaftler sind bei Ausgrabungen in Norwegen auf eine Höhle in einem Bergmassiv gestoßen. Sie befindet sich im Geiranger Fjord. Wir werden die Gruppe der Archäologen und Wissenschaftler begleiten, für den Fall, dass sie tatsächlich etwas finden. «

»Ich verstehe«, antwortete Commander Brenzby. Dann werde ich den Hyperkomm-Funkspruch bestätigen.

»Danke«, antwortete der Major.

Commander Brenzby eilte in die Funkleitstelle.
»Sergeant Farmer, bestätigen sie bitte unsere Zusage«, befahl er. »Wir treffen morgen früh über die Transmitter-

Strecke von Katras in Natrid ein. Informieren sie bitte den General, dass wir viel Zeit haben. «

Am nächsten Morgen standen Major Travis, Commander Brenzby, Sirin und Heinze auf dem Boden der EWK. Schnell wurde die Gruppe in die heiligen Hallen des Generals gebracht.

»Da kommt ja meine Elite«, lächelte General Poison erleichtert.

Er bemerkte sehr wohl, dass die Besucher nicht besonders glücklich über ihren Rückruf waren.

»Was gibt es denn so Dringendes, Herr General? «, fragte Major Travis ärgerlich. »Warum lassen sie uns nicht unsere Mission zu Ende bringen. Ist diese nicht mehr so wichtig für das Neue-Imperium? «

»Kommen sie mal wieder auf den Boden zurück«, murrte der General. »Sie gehen ja schnell wieder zurück. «

Sein Blick fiel auf Heinze.
»Was haben sie für ein lustiges Wesen dabei?«, fragte General Poison. »Halten sie sich jetzt Tiere auf ihrem Schiff? Stellen sie mir doch bitte den Pelzigen kurz vor. «

»Der Pelzige heißt Heinze und ist ein Verbündeter von uns«, sagte der Major trocken. »Er ist ein begnadeter Telepath, Teleporter und ein Telekinet. Alles Eigenschaften, die durchaus wichtig sind für uns.«

»Aber er ist doch noch gar nicht in den Diensten der EWK angestellt«, monierte der General.

»Das ist wohl die kleinste Formalität«, entgegnete Major Travis. »Ich denke, das werden wir kurz vor unserer Abreise noch erledigen können. Aber kommen wir zum Grund unseres Rückrufes. Was ist so wichtig? «

Der General schaute den Major an.
»Wissenschaftler sind bei Ausgrabungen in Norwegen, in einem Bergmassiv im Geiranger Fjord, auf außerirdische Hinweise gestoßen«, erklärte General Poison. » Sie begleiten diese Gruppe mit ihrem Team. Ich möchte wissen, ob da etwas Besonderes dran ist. In dem Fjord sind die Wissenschaftler auf ein seltsames Höhlensystem gestoßen. Der Eingang ist 14 Meter über der Wasser-Oberfläche gefunden worden.

Angeblich ist die Höhle über 210.000 Jahre alt. Sie kann unmöglich mit den Händen gegraben und bearbeitet worden sein. Es sieht eher aus, als ob die Wände und die Durchgänge in den Fels gebrannt worden sind. Man hat uns um Hilfe gebeten, da die Wissenschaftler an einem Tor angekommen sind, das mit normalen Kräften nicht zu öffnen ist. Es sind Hieroglyphen an den Wänden, die wir aber nicht mit denen auf Natrid vergleichen können. Sie scheinen wiederum anderen Ursprungs zu sein. «

Der General schaute in die Runde.

»In diesem Fall sind es einfache Höhlenmalereien, die auf Sternen-Konstellationen hinweisen«, ergänzte er. »Schauen sie sich das bitte in Ruhe an. Ich habe nach Noel geschickt. Er soll sie unterstützen. Wir können dann direkt ausschließen, ob es natradische Zeichen sind. Vielleicht sind ihm diese Zeichen schon einmal anderswo begegnet. Ihre Maschine steht bereit, fliegen sie bitte sofort los. Danach berichten sie mir bitte, was ihr Ausflug gebracht hat. Nach ihrer Rückkehr bekommt Heinze einen Dienst-Ausweis der EWK. Ich hoffe, sie sind zufrieden. «

»Danke«, antwortete « lächelnd. »So kenne ich sie. «

Die Truppe der Wissenschaftler um Sebastian Talier hatten bereits einen notdürftigen Landeplatz für den EWK-Helikopter eingerichtet. Etliche Zelte waren aufgebaut worden, in denen Artefakte und Fundstücke analysiert wurden. Der einfliegende EWK-Helikopter wurde eingewiesen und setzte sanft auf dem hergerichteten Podest auf. Das Team von zwölf Wissenschaftlern wartete außerhalb des Landekreises. Die Mienen erheiterten sich, als sie das Gespann unter Major Travis erstmalig zu sehen bekamen. Sofort verdunkelte sich ihr Gesichtsausdruck wieder, als die Personenschutz-Roboter Tart1 und Tart 2, welche die Gruppe flankierte, sich Platz verschaffte.

Die Gruppe der EWK blieb vor Sebastian Talier stehen. Das Bild des Professors hatte sich in den Kopf von Major Travis eingebrannt. General Poison hatte ihn als Kapazität bezeichnet.

»Sie wurden bereits angekündigt«, sagte der leitende Wissenschaftler. »Ich bin Professor Sebastian Talier. Sie müssen Major Travis sein? Warum bringen sie ihr Haustier mit? Es ist viel zu gefährlich für Kängurus dort oben. «

»Ich bin Major Travis«, bestätigte der Offizier der EWK. »Ich stelle ihnen kurz meine Mitarbeiter vor. Commander Brenzby, Sirin und Noel als Experten für außerirdische Technologien.«

»Mich können sie Heinze nennen«, bemerkte Hein-Ze-Sa-Ro.

Die Wissenschaftler schrien auf.
»Sind wir jetzt schon so weit, dass wir Tieren Sprechmodule einsetzen? «, fragte einer von ihnen.

Major Travis schüttelte den Kopf.
»Heinze ist ein Außerirdischer, ein Verbündeter, der auf unserer Seite gegen unsere Feinde aus dem All kämpft. «

Den Wissenschaftlern schien die Antwort zwar nicht zu gefallen, aber sie begnügten sich zunächst damit.

»Folgen sie uns bitte«, sagte Professor Talier.

Die Gruppe ging auf ein 15 Meter großes Gerüst zu.
»Am Ende des Gerüstes befindet sich der Eingang zu der Höhle«, sagt ein Wissenschaftler. »Vermutlich hat sich im

Laufe der letzten 1.000 Jahre der Erdboden etwas abgesenkt. Steigen sie bitte auf die Plattform. «

Langsam hob sich die Plattform an und näherte sich dem Höhleneingang.

»Von der Nähe aus betrachtet, wirkt der Eingang nicht sehr klein«, sagte Major Travis.

Die Gruppe kletterte in die ovale Öffnung. Sebastian Talier ergriff das Wort.

»Die Höhle weist exakt in allen Kammern identische Maße aus. Die Wände besitzen eine Höhe und eine Breite von 5 Metern. Wir haben alles nachgemessen. Es ist nicht die kleinste Abweichung zu finden. Sie sind glatt bearbeitet, als ob jemand die Wände geschliffen hat. Porenlos und fugenlos, ohne Risse oder Vertiefungen, die eventuell durch Eruptionen im Laufe der Jahrtausende hätten entstanden sein müssen. «

Sirin ging in die Höhle und schaute interessiert nach rechts und links. Ihre rechte Hand ließ sie über die Wände gleiten.

»Die Wände sind eindeutig mit Laser-strahlen bearbeitet worden«, sagte sie. »Sie brauchen nicht weiter zu recherchieren. Unsere Baumeister haben das früher immer so gemacht. «

Die Wissenschaftler blickten sie irritiert an.

»Da sind die Höhlen-Zeichnungen«, sagte Sebastian Talier.

»Ich sehe sie«, antwortete Sirin. »Drei Personen, die mit dem Finger in den Himmel zeigen. Es sieht aus, wie eine Sternen-Konstellation. «

Noel war neben sie getreten und holte einen Scanner heraus. Er richtete ihn auf die Zeichnung an der Wand. Der Scanner gab leise Pips-Töne von sich.

»Die Daten werden verarbeitet«, bemerkte Noel. »Die Personen weisen exakt auf die Wandzeichnung hin. Das ist eine Darstellung des Sternbildes Orion. Der Standort von Tarid ist bekanntlich im Orion-Arm angesiedelt. Orion liegt zwischen dem Eridanus und dem Einhorn auf dem Himmelsäquator. Er ist in Mitteleuropa etwa von August bis April zu sehen, auf der Südhalbkugel in höheren Breitengraden etwa von Juli bis Mai. «

Er blickte die Malerei an.
»Momentan hat das Sternbild durch die Präzessions-Bewegung nahezu seine nördlichste Stellung erreicht«, fuhr er fort »In 13.000 Jahren wird Orion von Mitteleuropa aus nicht mehr vollständig zu sehen sein. Aufgrund der Vielzahl seiner hellen Sterne und ihrer einprägsamen Anordnung ist Orion das auffallendste Sternbild des Winterhimmels. Es soll einen mythischen Himmelsjäger darstellen. Die Sterne Beteigeuze und Bellatrix bilden die Schulter, die Sterne Rigel und Saiph die Füße. Das Haupterkennungsmerkmal des Orion ist aber

die auffällige Reihe der Sterne Alnitak, Alnilam und Mintaka. Die drei Sterne bilden den Gürtel des Orion und liegen in dem großen hellen offenen Sternhaufen Cr 70. Die Entfernung beträgt 1.3 Millionen Lichtjahre. Warum die drei Personen hierauf zeigen, darüber können wir nur spekulieren. «

Er ließ einen kurzen Augenblick vergehen.
»Es kann bedeuten, dass wir sie uns anschauen sollen, oder vielleicht sind die Wesen möglicherweise von dort gekommen «, ergänzte er. »Es lässt sich anhand des Bildes nicht weiter rekonstruieren. Sicher ist nur, dass dieses Sternbild eine besondere Bedeutung besitzt. «

Professor Talier winkte der Gruppe, ihm zu folgen. Der Verlauf des geraden Höllenganges ändert sich. Sein Verlauf ging steil bergab. Der Ganges verbreiterte sich auf sieben Meter.

»Das ist interessant«, sagte Professor Talier. »Warum war der Gang am Eingang nicht so breit? Gibt es hierfür einen Grund? «

»Es könnte noch ein anderer Zugang existiert haben, der bisher nicht gefunden wurde«, bemerkte Major Travis. »Diese Breite scheint einfach angenehmer gewesen zu sein, falls Apparaturen und Anlagen transportiert werden mussten. «

Das Licht der installierten Notbeleuchtung flackerte in der Hölle. Die Feuchtigkeit schien sich durch die große Anzahl der schwitzenden Arbeiter noch zu erhöhen. Die Wissenschaftler hatten Gerüste aufgebaut, Geräte herangeschafft, Kisten geöffnet und untersuchten in akribischer Kleinarbeit Fundstücke und jede noch so kleine Anomalie. Dann endete der breite Gang abrupt. Eine Felswand versperrte den weiteren Weg.

»Wir sind angekommen«, erkläre Professor Talier. »Sie sehen das Ende des Ganges. Lassen sie sich hiervon nicht täuschen. Die Wand sieht aus wie Fels, jedoch ist es kein Fels. Es ist ein synthetischeres Material, das selbst unsere stärksten Bohrer nicht durchdringen konnten. Wir haben es mit Sprengstoff probiert, es zeigte ebenfalls keine Wirkung. «

Major Travis schaute Noel an.
»Setzen sie bitte ihren Scanner ein. Vielleicht hilft er uns ja. «

Noel trat vor, hob seinen Scanner hoch und richtete diesen auf die Wand. Ein leichtes Summen zeigte die Aktivität des Scanners an. Alle glatten Flächen, die Ecken und auch der Boden und die Decke ergaben keine Ergebnisse.

»Ich bedaure«, sagte Noel, »Der Scanner hat nichts registriert. Es scheint alles normal zu sein. Normal heißt in diesem Fall, es ist reiner Fels. «

»Das eben ist es nicht«, antwortete Sebastian Talier. »Sie können mit ihrer Hand über die Fläche fahren, dabei werden sie feststellen, dass es kein Fels ist. Dieses Material wirkt kunststoffartig und ist warm. «

Die Besucher wollten es sich nicht nehmen lassen und führten ihre Hände langsam über die Oberfläche.

»Tatsächlich«, erwiderte Noel. »Als stünde eine Energiequelle dahinter. «

Major Travis winkte Tart 1 und Tart 2 heran.
»Wir werden versuchen, das Material zu schneiden«, erklärte Tart. »Bitte treten sie zurück. «

Tart 1 und Tart 2 hoben ihren Waffenarm und hatten die Laser als Brennstrahler eingestellt. Jeder Versuch das kunststoffartige Material zu durchdringen, blieb jedoch ergebnislos. Die Laser-Strahlen prallten von dem Material ab, ohne die kleinste Veränderung zu bewirken.

»Das reicht«, sagte Major Travis. »Auf diesem Weg funktioniert es nicht. «

Er winkte Heinze heran. Das pelzige Wesen, das aussah wie ein Känguru der Erde, jedoch ohne einen Schwanz, trat näher.

»Ich spüre eine telepathische Sicherung«, teilte er mit. »Ich durchbreche sie jetzt. Dahinter erkenne eine Energie-Versorgung. Ich folge dem Energiefluss zum Öffnungs-Mechanismus. «

Heinze hatte extra laut gesprochen und den Weg seines Geistes dargelegt. Er drehte sich um und zeigte seitlich auf die Wand. Wieder setzte er seine geistigen Kräfte ein. Eine Steinplatte klappte auf und gab zwei Knöpfe frei. Der erste leuchtete in gelber Farbe, der zweite in schwarzer Farbe.

»Der gelbe Knopf öffnet die Tür«, sagte Heinze.

»Gut gemacht«, freute sich Major Travis.
»Ist noch etwas zu espern? «

»Ich empfange nicht identifizierbare Gedanken-Muster«, bestätigte Heinze. »Ich kann nicht sagen, ob sie gefährlich oder ungefährlich sind. Es sind junge Gedankenmuster, sie scheinen im Anfangsstadium ihrer Entwicklung zu sein. «
 Tart 1 trat einen Schritt vor und drückte auf den gelben Knopf.

Sekundenlang bemerkte die Gruppe, wie Servo-Motoren ihre Arbeit aufnahmen. Sand rieselte von den Wänden der Höhle auf die Köpfe der Forschergruppe.

»Da«, sagte Sirin.
Sie zeigte auf die Wand vor ihnen. Sie bewegte sich und gab den Blick in eine noch größere Halle frei. Diese war mit technischen Apparaturen nur so überfüllt.

Noel setzte wieder seinen Scanner an und teilte das Ergebnis mit.

»Laut meiner Kohlenstoff-Spektrometer-Anzeige sind die Geräte über 250.000 Jahre alt", erklärte er. Sie scheinen alle noch einsatzfähig zu sein. Jedes einzelne Gerät besitzt eine aktive Energieversorgung. Sie sind aus einem nicht identifizierbaren Material hergestellt worden. «

»Sie haben es gehört«, warnte Major Travis. »Spielen sie nicht an den Geräten herum. Wir brauchen hier Speziallisten, ansonsten geht die ganze Anlage unter Umständen hoch. «

»Wir haben verstanden«, sagte Professor Talier.

»Da steht ein Sarkophag«, sagte Commander Brenzby erstaunt.

Als ob jemand den Startschuss gegeben hatte, liefen die Wissenschaftler hierauf los. Noel hatte den Sarkophag bereits gescannt. Er schaute Major Travis an.

»Es ist kein normaler Sarkophag«, teilte er mit. »Er ist mit einem energetischen Schloss gesichert. Er scheint eine autarke Versorgung zu besitzen. Wenn dieser bereits über 250.000 Jahre in Betrieb ist, dann würde ich gerne die Technik einer Untersuchung unterziehen. Diesen langen Zeitraum würden unsere Energiemodule nicht ohne eine Wartung überstehen. «

»Können wir den Deckel öffnen? «, fragte Major Travis.

»Ich denke schon«, antwortete Noel. »Es ist keine Kodierung vorhanden, sondern es handelt sich nur um ein einfaches Energieschloss. «

Major Travis drehte sich nach Heinze um.
»Kannst du die Energiemuster sondieren? «, erkundigte er sich.

»Ich versuche es«, antwortete der Ro. »Es ist nicht nur ein Sarkophag der Tote beerdigt, sondern ein sogenanntes Zell-Auffrischungs-Gerät. Es sorgt auch für eine Einbalsamierung von Toten auf höchstem Niveau und verhindert den Zerfall der Zellen. Ich vermute, dass hiermit Klon-Material erhalten wurde. Wir könnten theoretisch DNA mitnehmen und Noel kann auf Natrid das Klon-Verfahren einleiten. Was dabei herauskommt, kann aber keiner Voraussagen. Ich habe oben auf dem Deckel eine elektronische Tastatur festgestellt. «

Das Gesicht des Ros verzerrte sich.
»Es ist eine Tasten-Eingabe erforderlich«, ergänzte Heinze. »Ich versuche die korrekte Reihenfolge zu ermitteln. «

Wieder vergingen einige Sekunden.
»Ich habe die Tastenfolge ermittelt«, teilte er mit. »Die Reihenfolge muss eingehalten werden.

2 x Taste gelb drücken,
2 x Taste schwarz drücken,
2 x Taste rosa drücken,

1 x Taste grün als Bestätigung drücken.
Danach sollte sich das Sicherheits-Schloss öffnen. «

»Alle treten bitte zurück«, befahl Commander Brenzby.

Er betätigte in der angegebenen Reihenfolge die Tasten der kleinen Tastatur. Ein kurzes energetisches Flackern beendete Das Schirmfeld des Sarges. Erneut stürmten die Wissenschaftler heran und drückten den Deckel des Sarkophage zur Seite. Erstaunte Rufe folgten dem ersten Blick in die Ruhestätte.

Noel und der Major traten an den Sarkophag. In ihm lag der perfekt erhaltene Körper einer humanoiden Person.

»Es sieht so aus, als wäre die Person erst gestern gestorben «, sagte Noel.

»Ja«, bestätigte Major Travis. »Die 250.000 Jahre sieht man dieser Person nicht an. Sie ist eindeutig nicht Natradisch, fast eher Terranisch. Der Körper wirkt auf mich eher engelhaft. Professor Talier übergeben sie bitte der EWK eine DNA-Probe. Wir werden Analysen erstellen. «
Sirin war zwischenzeitlich auch an den Sarkophag getreten.

»So einen Menschen habe ich auch in meiner langen Zeit noch nicht gesehen«, sagte sie. »Der Kopf ist viel zu groß und auch der Körper weist mindestens eine Länge von 1,95 Meter auf. «

»Das stimmt«, sagte Major Travis. »Vor 250.000 Jahren gab es keine Menschen in dieser Größe. Es ist auch nicht die typische Form eines Homo-Sapiens. Er ist größer als die Angehörigen aller frühen Rassen auf der Erde. «

»Er muss auch keine 250.000 Jahre alt sein«, bemerkte Sirin. »Wer sagt uns denn, dass die Person nicht erst vor 50.000 Jahren gestorben ist. Das Gerät hält den Körper scheinbar frisch. «

Die anwesenden Personen schauten sich an.

Major Travis schaute auf den Körper, hinab zu den Füßen der toten Person.

»Es ist kein Körperbau von unserer Erde«, erkannte er.

Die Wissenschaftler horchten auf.
 »Ich denke, das wird die DNA-Analyse bestätigen«, ergänzte Major Travis. »Schauen sie sich einmal die Hände des Fremden an. Jede Hand besitzt nur vier Finger. Es ist keine Mutation, alles scheint normal gewachsen zu sein. «

»Er liegt auf etwas«, bemerkte Commander Brenzby.

Die Wissenschaftler drehten den Körper langsam auf die Seite und zogen ein silberfarbenes Amulett mit Kette hervor. Vorsichtig hoben die Wissenschaftler es auf und reichten es Major Travis.

»Es ist ungefährlich«, sagte Noel. »Laut meinem Scanner sendet es keine Energie aus. Es scheint ein Schmuckstück zu sein. Irgendetwas ist auf der Oberfläche eingraviert. «

»Es ist das gleiche Symbol, welches wir draußen an der Wand gesehen haben«, erkannte Major Travis. »Es zeigt wieder das Sternbild des Orion. «

Noel schaltete seinen Scanner ab.
»Es ist aus dem gleichen Material angefertigt, dass auf der Erde und auf Natrid nicht vorkommt«, erklärte er. »Es ist eindeutig außerirdischen Ursprungs. «

Major Travis blickte Noel an.
»Wer konnte zu den Hochzeiten des natradischen Imperiums auf Tarid eine Basis bauen«, erkundigte er sich. »Warum haben ihre sensiblen Ortungs-Anlagen auf Tarid das nicht registriert? «

Noel schaute ihn an und war sprachlos.

»Ich bin überfragt«, antwortete der Klon der natradischen Hypertronic-KI. »Meine Mutter und ich werden alte Archive öffnen müssen. «

»Was bedeuten wohl diese ganzen technischen Anlagen in der Halle«, fragte Commander Brenzby.

»Sie sind noch funktionstüchtig«, bemerkte Major Travis.

Sirin verzog ihr Gesicht.

»Nach 250.000 Jahren ohne Wartung, das bezweifle ich«, monierte sie. »Eine solche Technik gelingt nur mit Wartungsrobotern über diesen langen Zeitraum am Laufen zu halten. «

»Ich möchte diese Geräte nicht demontieren, ehe ich nicht weiß, wofür sie gedacht waren«, antwortete der Major.

Die Wissenschaftler drückten unterschiedliche Knöpfe an den Steuerkonsolen. Wie von Geisterhand aktiviert, flammten einige Bildschirme auf und erhellten die dunkle Höhle. Außenaufnahmen wurden sichtbar. Insgesamt zehn Bildschirme zeigten unterschiedliche Gebiete an, die scheinbar überwacht worden waren. Auf fünf Schirmen wurde die blaue Wasseroberfläche eines Ozeans angezeigt. Die anderen Bildschirme waren auf Land-Koordinaten gerichtet.

»Es müssen Sensoren vorhanden sein, die diese Bilder übertragen«, teilte Commander Brenzby mit.

Major Travis blickte intensiv auf die Monitore.

»Das erste Bild zeigt die Straße von Gibraltar«, sagte er. » Die Einfahrt vom Atlantischen Ozean ins Mittelmeer ist sichtbar. Die Säulen des Herakles, so nannte man in der Antike die Straße von Gibraltar. Westlich hiervon sollte laut Plato der Kontinent Atlantis gelegen haben. Platon siedelt sein mythisches Inselreich Atlantis jenseits der Säulen des Herakles an, da für die alten Griechen hier der bekannte Teil der Welt endete. Auf der Erde wurde die Existenz von Atlantis immer als Legende angesehen und nicht bewiesen. «

Noel blickte Sirin an.
»Schöne Mythen«, antwortete er. »Ich habe gerade die anderen Bild-Positionen errechnen lassen. Sie sind alle auf die ehemalige Position unserer Atlantis-Basis gerichtet. Aber diese Geschehnisse sind jetzt 100.000 Jahre her. «

Noel nickte beruhigend.
»Das heißt also, dass zu der Zeit der Atlantis-Basis der geheime Beobachtungs-Posten noch aktiv war«, bemerkte er. Die Natrader wurden beobachtet. Aber warum und von wem? In meinen Unterlagen geht zu keiner Zeit ein Bericht hervor, in dem wir Götter in Atlantis vorgefunden haben. Wir haben eine eigene Herrenrasse angetroffen, die sehr fortschrittlich war, im Gegensatz zu den anderen Stämmen der damaligen Erde. Wie aber schon bekannt ist, konnten wir in unseren Laboren noch eine Optimierung der Gene der damaligen Menschen herbeiführen. Die Atlanter eigneten sich für hervorragende Offiziers-Dienste und für Elitegarnisonen, speziell für den Bereich Kampf und die Strategie. Wir haben nie mehr eine Rasse gefunden, die sich derart konzentriert auf alle Probleme einstellen konnte. «

»Warum weist der Sarkophag ein Alter von 250.000 Jahren auf? «, fragte Sirin.

»Ich kann es auch nicht beantworten«, entgegnete Noel. »Vielleicht war er ein DNA-Spender.

»Es gibt noch weitere Legenden auf der Erde«, sagte Major Travis. »Ich vermute ganz stark, dass die massive Einwirkung der Natrader die damaligen atlantischen Götter zum Rückzug gezwungen haben. Sie waren nur wenige, doch die Natrader waren viele und sogar auch noch Nachbarn. Die ehemaligen Götter begnügten sich mit einer Beobachtungsaufgabe. Hatten sie eine Möglichkeit die Erde zu verlassen? Waren sie bereits seit 250.000 Jahren da? War ihnen die Reproduktion nicht möglich? Wir werden die Analyse den Wissenschaftlern überlassen müssen. Mich interessieren mehr die technischen Geräte. Ist etwas hiervon für uns nutzbar? Eigentlich sollten sich Marin und Gareck hierum kümmern. «

»Ich werde sie zur Unterstützung Professor Talier senden«, erwiderte Noel.

»Würden sie das bitte mit General Poison absprechen, dass sie mit den Wissenschaftlern zusammenarbeiten dürfen? «, sagte Major Travis.

Noel nickte.
»Selbstverständlich, ich werde das mit General besprechen«, entgegnete er.

»Versuchen sie auch eine genaue Analyse der Sternkarte durchführen zu lassen«, sagte Major Travis. »Wir brauchen eine exakte Positionsangabe. Ohne diese ist eine Bestimmung des Ursprungsortes nicht möglich. «

Das EWK-Team verabschiedete sich bei den Wissenschaftlern, die sich unbeirrt mit den gefundenen Geräten beschäftigten. Der Turbostrahl-Helikopter hob sanft ab und flog in die Richtung der EWK-Zentrale auf der Isle of Man zu.

Heinze war in sich gesunken, schien das Gesehene zu verarbeiten. Sirin hatte ihren Kopf an die Schulter von Major Travis gelegt und Noel notierte etwas in seinem Eingabemodul. Einzig Commander Brenzby blickte aus der Kanzel in die untergehende Sonne.

»Was kommt als Nächstes auf uns zu, wie setzt sich dieses Puzzle zusammen? «, fragte er sich. » Wer waren die selbsternannten Götter und woher kamen sie? «

»Die Erde scheint im Laufe ihrer Geschichte viele Götter beherbergt zu haben«, sagte Heinze.

»Ja«, antwortete Major Travis. »Das wird immer klarer. Aber bei den ganzen Göttern frage ich mich, welche wohl die Richtigen waren. «

»Das werden wir wohl klären müssen«, erwiderte Sirin.

»Aber bitte alles nacheinander«, antwortete Major Travis. »Wir werden noch viele Rätsel lösen müssen. Konzentrieren wir uns wieder auf die Flotte der Green-

Lizards. Ich möchte die Gefahr bereinigen. Es kann nicht sein, dass alle Rassen im Universum Angst vor den Echsen haben und wir nichts dagegen ausrichten können. Jetzt spielen wir Menschen mit. Wir werden einen Weg finden. «

Verbündete

Morass war es leid. Er musste sich spurten. Der Hohe Rat hatte eine Dringlichkeits-Sitzung einberufen. Das Nichterscheinen konnte mit der Aberkennung der Parlamentarier-Würde bestraft werden. Es musste etwas Schreckliches passiert sein. Normalerweise wurden diese Sitzungen nicht innerhalb von so kurzer Zeit einberufen. Er machte sich auf den Weg. Seine rote Robe wehte im Wind. Die Sonne stand bereits hoch oben am Firmament über dem Heimat-Planeten der Green-Lizards. Die Sitzung war überraschend im heiligen Saal des großen Antenato anberaumt worden.

Morass kannte den großen Antenato nicht. Es war ihm auch egal. Er lief die Treppen zum Palast hoch, durch die Hallen und schnüffelte mit der Nase. Es waren Fremde da. Morass konnte es riechen. Es handelte sich wahrscheinlich wieder um diese verdammten Worgass. Sie beeinflussten den Hohen Rat.

»Sie tun uns nicht gut, sie bringen uns Unglück und Verderben«, dachte Morass. »Was wollen sie schon wieder hier. Wann hört das endlich auf? «

Er öffnete die Türe des Sitzungssaales.
»Schließen sie die Türe«, forderte ein Parlamentarier. »Sie sind wieder der Letzte, wir haben bereits angefangen. «

Vier Worgass standen vor dem Podest der Ältesten. Sie blickten mit grimmigen Gesichtern über die Anzahl versammelten Parlamentarier. Der Vorsitzende gab das Wort an die Worgass.

»Wir haben ihnen eine einfache Aufgabe gegeben«, sagte der Sprecher der Worgass. »Sie erhielten Technik von uns, die sie unterstützen sollte und wir haben ihnen den Wurmloch-Knoten gegeben. Leider waren sie nicht in der Lage diese Technik effektiv zu nutzen. Sie haben erbärmlich versagt. In der Offensive lassen sich hiermit die besten Erfolge erzielen. Das Überraschungsmoment war auf ihrer Seite. Jetzt sind unsere größten und wichtigsten Schiffe zerstört, zusätzlich die neue Invasions-Flotte vollständig vernichtet. Den Humanoiden ist es gelungen, die Explosion des letzten Groß-Raumschiffes auf unserer Seite des Tores zu verlagern. Bei seiner Rückkehr hat die gigantische Energie-Eruption des Schiffes den Wurmloch-Knoten zerstört.

Die freigelassene Energie des aktivierten Durchganges hat sich mit geballter Kraft entfaltet und eine Energiewelle verursacht, die alle im Standby-Modus wartenden Invasions-Schiffe zerstört hat. Das konnte nur passieren, weil ihre Besatzungen den Befehl erhielten, die Schutz-Schirme deaktiviert zu lassen. Nur durch ein Wunder ist unser Planet nicht in Mitleidenschaft gezogen worden. Sie wissen, wie wichtig dieses Wurmloch für unser Vorhaben war. Die Humanoiden in der Milchstraße existieren weiterhin. Sagen sie mir bitte, was das für ein Erfolg ist? «

Einer der Parlamentarier stand auf.

»Reden sie nicht von ihrem Planeten«, fluche er. »Sie sind ungebetene Gäste auf dem Heimat-Planeten der Green-Lizards. Geben sie uns nicht die Schuld für ihr eigenes Versagen. Die Explosion wurde durch eines ihrer Schiffe verursacht. Wir sind es leid, alle Fehler für sie ausbaden zu müssen. Haben wir für sie hier in unserer Galaxie nicht bereits viele Planeten mit humanoiden Leben vernichtet? Wie lange soll das noch so weitergehen? Wir verstehen den Sinn dieser Angriffe nicht. Der Krieg unserer Vorfahren endete vor 100.000 Jahren. Ihr Krieg ist nicht mehr unser Krieg. Warum müssen wir in eine fremde Galaxie eindringen und dort humanoide Lebewesen jagen. Zumal wir noch mit minderer Waffentechnik von ihnen ausgestattet wurden. Vielleicht wäre es besser für uns, wenn sich unsere Wege trennen würden. «

Einer der Worgass zog seinen Energie-Strahler aus seinem Gürtelholster, richtete diesen auf den Redner der Green-Lizards und drückte ab. Sekundenlang stand dieser in dem Strahl der Energie-Waffe. Der Redner loderte auf, seine Glieder zuckten schmerzhaft.

Innerhalb von Sekunden fraß sich die Glut durch seinen Körper und löste ihn in seine Bestandteile auf. Zurück blieb ein Haufen Asche.

Ein Raunen ging durch den Saal.

»Ist das der Dank von euch Kreaturen, Fragen zu stellen und unsere Befehle zu sabotieren? «, fragte der Wortführer der Worgass. »Wissen sie, wie lange der

Aufbau eines neuen Wurmloch-Knotens dauert. Ihre eigene Flotte in der Milchstraße ist jetzt länger als 24 Monate von uns abgeschnitten. Erst wenn wir unseren Wurmloch-Knoten hier fertiggestellt haben, können wir die Gegenseite in der Milchstraße wieder aufbauen. Für den Bau jedes Tores benötigen wir 12 Monate. «

Verärgert blickte der Wortführer der Worgass die Delegierten an.

»Unsere Flotte und ihre Angehörigen werden sie abschreiben können«, sagte der 2. Worgass. »Wir werden diese Schiffe nicht mehr wiedersehen. Die 300.000 Schiffe werden vernichtet, oder als verschollen eingestuft werden. Die Besatzungen werden sie nicht mehr wiedersehen. Sie glauben doch nicht, dass die Humanoiden lange zusehen werden, wie eine Armada von 300.000 Schiffen in ihrem Gebiet herumfliegt. Was sagen sie dazu? «

Überraschend sprach einer der Ältesten.
»Seit Jahren folgen wir ihren Wünschen und Anweisungen«, teilte er mit. »Wir haben die 300.000 Schiffe auf die von ihnen vorgegebenen Koordinaten gesandt. Der Wurmloch-Knoten in der Milchstraße wurde in diesem Moment nur noch durch 5.000 Schiffe geschützt. Dieser Befehl von ihnen war sehr leichtsinnig und unbedacht. Die Folgen sehen sie jetzt. Die Humanoiden scheinen stärkere Waffen zu besitzen. Wir kommen mit unserer Schiffs-Bewaffnung nicht dagegen an. «

»Hieran wird gearbeitet«, erwiderte der erste Worgass. »Sie bekommen in Kürze stärkere Waffen, die wesentlich leistungsfähiger sind. Sehen sie zu, dass so etwas nicht noch einmal passiert, ansonsten hat die Rasse der Green-Lizards ihre Daseinsberechtigung verspielt. «

Morass Zyran hob den Arm.
»Wann starten wir eine Rettungsaktion? «, fragte er. » Meine Tochter war auf einem der Schiffe. So geht es auch vielen anderen von uns. Sie haben Angehörige in der Flotte. «

Der Wortführer der Worgass schaute in seine Richtung. »Hören sie nicht zu, Echse«, tobte der Worgass. »Wir haben die Flotte bereits abgeschrieben, eine Hilfe ist nicht möglich. Sie sind die nächsten 24 Monate auf sich selbst gestellt. Wenn wir Glück haben, gibt es sie nach Errichtung des neuen Wurmloch-Knotens noch. Hätten sie den Durchgang besser geschützt, müssten sie sich jetzt keine Sorgen machen. «

»Warum hassen sie humanoide Lebensformen so? «, erkundigte sich Morass gelassen.

»Diese Frage ist für sie nicht von Bedeutung«, antwortete der Worgass. »Sie haben lediglich zu gehorchen. Wir haben ihre Rasse gezüchtet. Ihnen wurden Intelligenz und Verstand eingehaucht und wir haben ihnen unsere Technik gegeben. Ansonsten wären sie nichts, außer einem gehirnlosen Reptil ohne jegliche weitere Entwicklungsfähigkeit. «

»Das haben wir bereits oft von ihnen gehört«, erwiderte Morass. »Vielleicht sollten wir die Zusammenarbeit mit ihnen beenden und endlich versuchen unser eigenes Leben zu führen. «

Der Worgass schaute intensiver in die Richtung von Morass. Seine Augen verengten sich zu kleinen Schlitzen.

»Das Gespräch ist beendet«, sagte er. »Sie haben ihre neuen Vorgaben. Sammeln sie ihre Kräfte und duplizieren sie weiter neue Schiffe. Warten sie auf die Errichtung der neuen Wurmloch-Knoten in 24 Monaten. Die Versammlung ist jetzt beendet. «

»Ich bitte den Hohen-Rat noch zu bleiben«, sagte der zweite Worgass.

Schnell leerte sich der Sitzungssaal. Die 3 Worgass hatten ihre Arme vor ihrer Brust verschränkt und standen vor dem Podest der Ältesten-Vertretung.

»Wer war der letzte Redner? «, erkundigte sich der Wortführer der Worgass.

»Das war Morass, ein Parlamentarier aus einer edlen und alten Familie unseres Volkes«, antwortete einer des Ältesten-Rates. »Er hat stets treu dem Nest gedient. «

»Er stellt zu viele Fragen«, erwiderte ein Worgass. »Ich möchte ihn eliminiert sehen. Er wiegelt andere auf. «

»Nein«, sagte der Älteste. »Er hat eine Tochter, die er sehr liebt. Sie ist in der verschollenen Flotte. «

»Stellen sie ihn zur Rede und mäßigen sie ihn, oder eliminieren sie ihn. Ansonsten übernehmen wir das. «

Der Ältestenrat wusste, was das bedeutete. Schon einmal hatten die Worgass unter ihrem Volk ein Blutbad angerichtet. Auch damals wollten die Lizards nicht tun, was die Worgass von ihnen verlangten.

»Sie spielen sich als Herren auf«, dachte Morass. »Sie geben uns Green-Lizards niemals frei. Wir sind Abhängige von unseren unnachgiebigen Schöpfern. Schlimm genug, dass sie uns im Reagenzglas erzeugt haben. Seit Jahrhunderten müssen wir für die Worgass den Schmutz beseitigen. Lieber ziehe ich einen ehrenvollen Tod vor. «

»Die Worgass ziehen sich zurück«, sagte einer der Ältesten. »Ruft Morass zurück. Er soll bitte noch einmal kommen. «

Einer der Green-Lizards lief aus dem Saal und versuchte Morass zu finden. Der Vorsitzende des Ältesten-Rates sah seine Kollegen an.

»Was können wir tun? «, fragte er. » Ich habe es allmählich satt, den Worgass ihre Wünsche zu erfüllen.

Das ist nicht der Lebensinhalt von uns Green-Lizards. Unsere Schuld ist bereits lange bezahlt. Wir mussten so viele Untaten durchführen, dass wir nicht mehr reinen Gewissens vor unserem Gott Ursus treten können. «

Betroffen nickten die restlichen Ratsmitglieder.

Endlich kam Morass zurück.

»Was gibt es denn noch Wichtiges? «, fragte er.

Der Älteste schaute ihn an.

»Du redest dich um Kopf und Kragen«, klagte er. »Wir haben Anweisungen für dich. Du kannst diese Aufgabe übernehmen, oder dich eliminieren lassen. Du stellst zu viele unangenehme Fragen. Die Worgass mögen das nicht. «

»Es kann doch nicht sein, dass wir nur für die Worgass leben«, antwortete Morass. »Mir widerstrebt es schon lange, dass wir andauernd nach ihrer Pfeife tanzen müssen. Soll das die nächsten Jahrtausende so weitergehen? «

»Ich kann deine Unzufriedenheit verstehen«, bemerkte der Älteste des Rates. »Welche Möglichkeiten haben wir denn? Die Worgass sind uns technisch überlegen. «

»Sie sind nicht unverwundbar«, antwortete Morass. »Die Worgass haben drei ihrer 2.500-Meter-Schiffe, ihren so hochgelobten Wurmloch-Knoten und ihre neue Invasions-Flotte verloren. Den Durchgang konnten die Fremden aus der Milchstraße einfach von ihrer Seite aus schließen, indem sie das letzte zurückkehrende Schlachtschiff der Worgass zur Explosion brachten. Es scheint sich ebenfalls um eine sehr mächtige Rasse zu handeln. Die Worgass haben Angst vor ihnen. Wir sollten diese Schwachstelle nutzen. Die Zeit, in der wir nur ihre Befehle befolgten, die sollte endgültig vorbei sein. Habt ihr es noch nicht bemerkt? Ihre Flotten vernichten derzeit alles, was vor ihren Ortungsgeräten auftaucht. Die Worgass teilten uns hochnäsig mit, dass wir von ihrer guten Laune abhängig sind. In ihren Augen hätten wir unsere Daseinsberechtigung verspielt. Was passiert, wenn sie uns nicht mehr brauchen sollten. Werden wir dann auch vernichtet werden, so wie der Parlamentarier, der soeben ihre Befehle in Frage stellte? «

Die Mitglieder des Ältestenrates schauten sich betroffen an.

»Das ist durchaus möglich«, antwortete der Vorsitzende. »Ich verstehe den Einwand von Morass. Wir sollten aufhören ihren Befehlen zu folgen. Vielleicht helfen uns die Fremden aus der Nachbar-Galaxie dabei, die totalitären Worgass loszuwerden. «

»Glaubst du das wirklich? «, fragte Morass. »Auch nachdem wir so viele ihrer bewohnten Planeten angegriffen haben? «

»Ja«, entgegnete der Älteste. »Das sind Erfahrungswerte. Ich glaube wirklich, dass wir die Fremden treffen sollten. Die Waffensysteme ihrer Schiffe sind überlegen.

Ge4naugenommen haben unsere Kriegsschiffe keine Chance. Wir sollten Kontakt aufnehmen und sie bitten, um im Kampf gegen die Worgass zu unterstützen. «

»Die Milchstraße ist 2,5 Millionen Kilometer entfernt«, bemerkte Morass. » Wie sollen wir das schaffen? Die Entfernung ist zu groß. «

»Wie wollen wir uns ansonsten aus der Knechtschaft der Worgass befreien? «, fragte der Älteste. »Fliege einfach los und suche deine Tochter. Wenn du hierbleibst, werden die Worgass dich in Gefangenschaft nehmen. Fliege los und finde eine Lösung. Der große Ursus wird dich begleiteten. «

***

Heran hatte an dem geheimen Transmitter-Portal angedockt. Er war ein Lantraner. Die höchste bekannte Form der Schöpfung. Heran war Spezialist für Transmitter-Tore, Transmitter-Portale und Transmitter-Stationen und für die Wartung und Instandhaltung zuständig.

»Es passiert jetzt immer häufiger, dass die alte Technik versagt«, dachte Heran. »Sie ist doch angeblich für die Ewigkeit konstruiert, doch es zeigt sich jetzt, dass die Energie-Verbindungen zerfallen. Die Konstrukteure werden wieder alles schönreden. Darin sind sie besonders gut. Allein in diesem Portal wurden in den letzten drei Monaten fünf Ausfälle registriert. Ich muss es wieder richten, obwohl wir eigentlich alle wissen, dass hier eine Neuinstallation notwendig wäre. Warum muss ich die vielen Tausend Transmitter-Portale warten, wenn sie keiner mehr benutzt? «

Die Rasse der Lantraner war schon lange über die eigene Reisefreudigkeit hinausgewachsen. Zeit spielte für sie keine Rolle mehr. Sie gehörten zu den Ersten in der Galaxie. Sie hatten andere Hobbys. Sie beschäftigten sich nur noch virtuell mit Reisen, ansonsten wäre das ewige Leben zu eintönig geworden. Heran war ein Handwerker, Techniker und Transmitter-Experte. Er liebt diesen Job, obwohl er ihn öfter verfluchte.

Liebevoll strich er mit seiner Hand über die zentrale Steuerkonsole der geheimen Wurmloch-Station. Die fremden Zeichen hierauf waren von einer alten vermutlich untergegangen Rasse. Die Lantraner hatten die Erbauer der geheimen Wurmloch-Stationen nie kennengelernt. Dennoch konnten sie diese Technik erlernen und sie weiterentwickeln.

»Wie wäre ein schneller Transport zwischen den Sternen-Inseln, ohne diese Wurmloch-Steuer-Stationen möglich? «, dachte er.

Heran überlegte angestrengt.
»Durch das Auseinanderdriften der Galaxien wurden die Verbindungen immer anfälliger. Kontinuierlich müssen die Portale neu justiert und eingestellt werden. «

Heran ließ sich in den Kontroll-Sessel fallen und grübelte.

»Ein Kontakt zu anderen Völkern existierte schon lange nicht mehr«, dachte er. »Jeder unseres Volkes konzentriert sich auf seine Aufgaben. Das ist lange her, als wir den direkten Kontakt zu vergleichbaren Zivilisationen gesucht haben. Viele Völker sind weggezogen, andere sind untergegangen, keine sind an ihrem ursprünglichen Ort geblieben. «

Er wischte seine Gedanken beiseite.
»Doch«, dachte Heran. »Ich werde meine Aufgabe weiter bewältigen. Ich bin Spezialist für diese Wurmloch-Technik. Kaum ein anderer meines Volkes will sich mit dieser trockenen Materie beschäftigen. Nur ich kann diese Arbeit bewältigen. Niemand erkennt die Tragweite der Ereignisse, wenn wieder eine Anzahl Tore nach und nach ausfallen. Sie werden erst den Tarnmodus verlieren, dann immer mehr Energiebereiche abschalten. Falls keine Reparatur erfolgt, muss mit der Detonation des ganzen Tores gerechnet werden. Als Sicherheits-Vorkehrung wurde in letzter Instanz eine Selbst-Zerstörung programmiert. Dies auch nur, damit diese Technik nicht in die Hände der jungen Rassen fällt Sie müssen sich das Wissen erarbeiten. «

Heran kannte die Gesetzgebung der hohen Empore.
»Sie ist äußerst streng und ihre Gesetze mussten befolgt werden«, wusste er. »Kein Lantraner durfte den jungen Rassen zu viel Wissen vermitteln. Früher hatten die Lantraner das anders gesehen. Sie versuchten junge

Rassen zu unterstützen, um ihnen zu einer schnelleren Weiterentwicklung zu verhelfen. Leider artete diese Hilfe aus. Viele junge Rassen verfielen in kriegerische Auseinandersetzungen mit ihren Nachbarn. Das führte meistens bis zu der völligen Vernichtung der unterstützten Rasse. Der Zentralrat der Lantraner erkannte das leidvoll und befahl die Unterstützung der jungen Rassen einzustellen. «

Er blickte auf seinen Scanner und stutzte.
»Der Fehler liegt in einem der Energiemodule«, dachte Heran.

Er griff in seinen großen Werkstatt-Koffer und zog das passende Ersatzteil heraus. Heran schaute es an.

»Da haben wir dich«, murmelte er. »Du bist genau richtig. «

Schnell tauschte er das Modul aus. Er klappte die Wartungsklappe an der Konsole zu und aktivierte die Energieversorgung. Erleichtert stellte er fest, dass alle Anzeigen auf Grün fuhren.

»Ich bin fertig«, dachte er. »Der Schaden ist behoben. « Dieses Portal sollte nach dem Austausch des defekten Energiemoduls wieder die nächsten Jahre funktionieren. « Er hatte immer genügend Ersatzteile dabei. Heran schaute auf das Display und stellte eine Ringverbindung her. Die Transfer-Strecke wurde dargestellt und blinkte grün. Die Durchgangs-Fähigkeit der fluktuierenden Energie konnte bestätigt werden.

»Ein Tag geht schnell zu Ende, wenn man genügend Arbeit hat«, dachte Heran.

Er blickte auf seinen Arbeitsauftrag.
»Das nächste defekte Tor liegt am Rand von Andromeda«, stellte er fest. »Die Strecke nach Andromeda beträgt 2,5 Millionen Lichtjahre. Diese sollte mein Evolutions-Raumschiff in drei Wochen überbrücken. «

Heran wollte sich aber nicht drei Wochen lang in seinem Raumschiff langweilen.

»Ich werde mit meinem Evolutions-Raumschiff ein künstliches Wurmloch erzeugen und hindurch schlüpfen«, dachte Heran. »Nicht viele lantranische Evolutions-Schiffe sind mit dieser Technik ausgestattet. Die Installation ist sehr aufwendig. Als Ausgang kann ich exakt die Position des defekten Tores in der Andromeda-Galaxie programmieren. Das Fluchen über die veraltete Technik macht keinen Sinn. Es müssen neue Tore installiert werden. Irgendwann ermüdet das beste Material. «

Heran ging zu der Andockschleuse, verschloss die Transmitter-Steuerstation. Er setzte in sein Evolutions-Raumschiffes über. Der Lantraner liebte die vielen bunten Anzeigen des Kontroll-Displays seines Schiffes. Seine Hände drückten Schalter und Knöpfe.

»KI, bitte einen Eintrag ins Logbuch übernehmen«, befahl er. »Erfasse unsere Position und notiere, dass die Wurmloch-Station wieder aktiv ist. Ich versetze sie in den Tarnmodus. «

»Der Auftrag wurde als erledigt notiert, Gebieter«, hauchte die Hypertronic-KI ihm zu.

Heran drückte einige Knöpfe und sah auf seinem Monitor, wie die Kontroll-Station ihr Tarnfeld aktivierte.

Zufrieden lehnte er sich in seinem Kommandosessel zurück. Diese Aufgabe war gelöst.

»KI, bitte erzeuge ein künstliches Wurmloch zu den nächsten eingespeisten Koordinaten«, befahl er.

Die Hypertronic-KI des Schiffes antwortete in gewohnter Schnelligkeit.

»Dein Wurmloch nach Andromeda wird initiiert, Heran«, antwortete die Hypertronic-KI.

Er sah auf seinem Monitor, wie sich das künstliche Wurmloch öffnete. Der Durchgang strahlte in hellblauer Energie.

»Jetzt aber schnell«, dachte er.
Er zog den Beschleunigungshebel zu sich. Sein Evolutions-Schiff sprang nach vorne und stieß in das helle Loch ein.

»Ich bin drin«, dachte Heran.

Er drückte den roten Knopf an seinem Kontrollpult. Das künstliche Tor des Wurmloches fiel in sich zusammen. Heran und sein Evolutions-Raumschiff waren verschwunden. Es sah so aus, als wäre nichts passiert. Rein gar nichts deutete auf die soeben erlebten Vorkommnisse hin.

Heran wusste, dass dieses Vorgehen nur eine Notlösung sein konnte. Es wurde von dem Zentralrat der Lantraner auch nicht gerne gesehen. Die regulären Pforten mussten einsatzbereit sein, ansonsten konnte ein solcher Durchgang nicht gefahrlos benutzt werden. Die natürlichen Verbindungen waren schon immer da gewesen. Es waren Verbindungen zu allen existierenden Galaxien untereinander. Wer sie erbaut hatte, entzog sich dem Wissen von Heran. Die Öffnung eines solchen Wurmloches war eine Schwierigkeit. Dieses konnte nur mit ausgefeilter Technik gewährleistet werden. Das wussten nur die wenigsten Rassen. Meist waren es die alten Rassen, die das Universum bereits untersucht und sich hiernach zurückgezogen hatten. Es gab ein ungeschriebenes Gesetz unter den alten Rassen, das besagte, dass die jungen Generationen ohne Hilfe ihr Wissen entwickeln sollten. Natürlich waren kleine Hinweise erlaubt, aber die komplette Wissensübertragung durfte nicht stattfinden.

Die Lantraner hatten sich zurückgezogen. Sie suchten keinen Kontakt mehr zu den neuen heranwachsenden

Völkern. Früher hatten sie viele Welten unterstützt. Viele Species wollten aber ihre Hilfe nicht. Sie waren als Götter aufgetreten und wollten Weisheit vermitteln. Dies war jedoch kläglich gescheitert. Die neuen Rassen hatten ihre Götter von dem Thron gestoßen und versucht ihr eigenes Leben zu leben. Nach und nach verloren die Lantraner ihren Spaß an der Vermittlung ihres Wissens.

»Die neuen Rassen wollten sich nicht helfen lassen«, dachte Heran. »Sie ergründen lieber alles selbst. Wir akzeptierten diesen Weg, obwohl wir wussten, dass es ein schwieriger Weg werden würde«.

Morass lag mit seinem kleinen Raumschiff direkt neben den Trümmern des vernichteten Wurmloch-Knotens der Worgass.

»Das war ein beeindruckendes Bauwerk«, dachte er. »Das explodierte Groß-Raumschiff der Worgass hat das Tor vernichtet. Die Worgass sagen uns, die Humanoiden sind schuld hieran? «

Morass freute sich.
»Das haben die überheblichen Worgass noch nie erlebt«, freute er sich. »Es gab tatsächlich jemanden, der es fertigbrachte, ihnen in die Suppe zu spucken. «

Morass wusste, dass die Worgass tobten. Jemand hatte diesen Überwesen Einhalt geboten.

»Vielleicht sind das die von uns gesuchten Verbündeten? «, dachte er. » Der Kampf gegen sämtliche Rassen im Universum muss aufhören. Seit dem Anbeginn unserer Art wird uns befohlen, Elend und Leid über alle Völker der Galaxis zu bringen. «

Morass wusste, dass nicht nur er diese Gedanken in sich trug.

»Es ist eine neue junge Generation herangewachsen, die offen Fragen stellte«, dachte er. »Die nicht aus Dankbarkeit ihrer Erschaffung, wie Hunde hinter ihrem Herrchen herliefen. «

Morass blickte auf die Außenbild-Monitore. Unzählige Trümmerstücke von der stolzen Invasions-Flotte hingen im All und zogen Kreise auf unterschiedlichen Umlaufbahnen. Er drehte seinen Kopf und blickte wieder auf die Trümmer des Wurmloch-Knotens.

Morass verstand nichts von der Wurmloch-Technik. Er wusste lediglich, dass er hier hineinfliegen musste und dass er auf der anderen Seite herauskommen würde. Nur funktionierte das im Moment nicht. Das große Tor war vernichtet. Sein 100-Meter-Raumschiff konnte auf keinen Fall die lange Strecke von 2,5 Millionen Lichtjahren zur Nachbar-Galaxie überbrücken. Er harrte bereits fünf Tage in seinem Raumschiff aus. Er hoffte auf ein Ereignis, das ihm helfen könnte. Morass schaute wieder auf die Trümmer des Tores, die leblos im All hingen. Plötzlich entstand neben dem ehemaligen Tor ein energetisches

Flimmern. Dieses Flimmern festigte sich zu einem runden Energie-Kreis.

»Es ist nicht so hoch und nicht so breit, wie das kreisrunde Tor von den Worgass, ansonsten sieht es doch sehr ähnlich aus«, dachte Morass. »

Das Flimmern stabilisierte sich. «

Morass traute seinen Augen nicht. Ein Raumschiff sprang heraus und bezog unterhalb des Energie-Kreises eine Warteposition. Das künstliche Wurmloch fiel in sich zusammen. Morass sah, wie sich das Schiff weiter in den offenen Weltraum zurückzog.

Er entschied dem Schiff zu folgen. Der Green-Lizard beschleunigte sein Raumschiff und flog dem fremden Schiff hinterher.

»Das Schiff scheint es nicht eilig zu haben«, dachte Morass. »Wo will es hin? Hier am Rande von Andromeda kommt nur noch die große Leere. Hier ist nichts mehr? «

Erstaunt bemerkte Morass, wie mitten im Nichts eine kleine Station sichtbar wurde. Das fremde Schiff dockte an. Dann verschwanden das fremde Schiff und die Station wieder im Dunkel. Alles sah aus, wie vorher. Nichts erinnerte mehr an das Vorhandensein.

Morass flog die Koordinaten an und bremste ab.

»Hier muss es sein«, dachte er. »Ist der große Usus auf meiner Seite? Das wird sich noch herausstellen. «

Heran war angekommen. Er hatte die Wurmloch-Station in die Andromeda-Galaxie angesteuert.

»Achtung«, meldete seine Hypertronic-KI. »Das System ist voller Raumschiff-Trümmer. Ich messe Reste von einer gigantischen Energie-Verzerrung. Meine Analysen zeigen, dass es sich um die Zerstörung eines Wurmloch-Tores gehandelt hat. «

Heran lachte auf.
»Die unfähigen Worgass haben ihr eigenes Wurmloch zerstört«, sagte er. »Das war ja zu vermuten. Sie bleiben ein unfähiges Pack. Schön, dann sitzen sie hier fest und können aus der Galaxie nicht mehr heraus. «

»Ich docke an der Kontroll-Station an«, meldete seine KI. Heran lehnte sich in seinem Sessel zurück. Die Hypertronic-KI hatte den Andock-Vorgang bereits hundertfach erfolgreich durchgeführt.

»Andockverfahren erfolgreich beendet«, meldete die KI. »Ich stelle atmosphärische Bedingungen auf der Station her. «

»Gehe wieder in den Tarnmodus«, befahl Heran.
»Ist bereits durchgeführt, das Schiff und die Station wurden wieder getarnt«, antwortete die KI. »Du kannst übersetzen, Gebieter. «

Heran stand auf und griff nach seinem Werkzeugkoffer. Er ging zu dem Schott, öffnete es und trat in die kleine Kontroll-Station ein. Schnell war er in der Steuer-Zentrale angelangt. Er aktivierte alle Systeme.

Eine kleine Kontroll-Anzeige meldete "Fehler im System". »Das ist die Kontroll-Einheit der Energie-Routine«, dachte Heran.

Er setzte das Reparaturmodul auf die Konsole auf und schloss es an.

»Es wird wieder den gleichen Fehler finden, wie bei den anderen Stationen auch «, vermutete er.

Er drückte einen Knopf des Gerätes. »Keine Änderung«, dachte er. «

Heran verspürte eine lange, nicht gekannte Erregung. Er drückte ein zweites und drittes Mal auf den Knopf.

»Keine Änderung«, bemerkte Heran erneut. Das Reparaturmodul zeigte rote Warnlampen an.

»Jetzt wird auch noch eine Teil-Überlastung angezeigt? «, erkannte Heran ärgerlich. » Das Tarnmodul wird gleich ausfallen. Die Steuerstation des geheimen Wurmloches wird gleich für fremde Augen sichtbar werden. «

Er musste sich beeilen.

»Zum Glück habe ich passende Ersatzteile dabei«, lächelte er. »Das ganze Tor-System ist marode. Ich will noch einmal versuchen den Zentralrat von der Dringlichkeit einer Erneuerung zu überzeugen. «

Heran machte sich an die Arbeit. Er nahm die Deckplatte der Energie-Verteilung ab. Kleine Kontroll-Tasten wurden sichtbar. Sie waren anscheinend der Energiegeber für das Tor. Die Energie-Versorgung der Stationen war in der Regel unerschöpflich. Heran prüfte die sich selbst regenerierenden Energie-Kristalle. Sie alle hingen korrekt in den Halterungen.

»Hieran kann es nicht liegen«, erkannte er.
Heran registrierte plötzlich ein Vibrieren und ein Zittern, das durch die Kontroll-Station lief. Ein unangenehmes Gefühl stellte sich bei ihm ein. Heran schaute auf seine Instrumente.

»Der Zwischenversorger ist defekt«, erkannte er.
Heran öffnete die Verkleidung einer zweiten Kontroll-Steuerung.

Was er sah, erschreckte ihn.
»Sabotage«, dachte er. »Das ist bisher noch nicht vorgekommen. Die Energie-Steuerung ist mutwillig herausgerissen geworden. Wer konnte so etwas gemacht haben? Jetzt wird es ernst. Ich muss alle betreffenden Stationen kontrollieren. Irgendjemand will die geheimen Stationen sabotieren. «

Er hoffte, dass diese nicht alle schon beschädigt waren. Der Lantraner aktivierte die Anzeige des kompletten Tor-Netzwerkes. Erleichtert erkannte er, dass keine weiteren Ausfälle angezeigt wurden. Heran erneuerte den Zwischenversorger und die Energie-Steuerung. Dann nahm er die Kontrollstation wieder in Betrieb. Er suchte die Anlage nach Spuren ab, konnte aber keine mehr finden.

»Es ist eindeutig Sabotage«, dachte er. »Hier will uns jemand ärgern. «

Heran ließ die Aggregate hochlaufen und erzeugte ein Wurmloch. Er stellte die Automatik wieder ein. Das Portal würde sich selbst wieder verschließen.

Durch die offene Verbindungstür des Schotts zu seinem Raumschiff hörte er ein schrilles Piepsen.

»Dies ist ein Alarm-Zeichen«, dachte er. »Ich bin nicht allein. «

Heran spurtete in sein Raumschiff. Auf den Monitoren sah er noch, wie ein kleines 100-Meter-Schiff der Green-Lizards in dem geöffneten Wurmloch verschwand.

»So eine Schweinerei«, sagte Heran. »Wo kommt das Schiff denn jetzt her. Ich werde langsam unvorsichtig. «

Heran war ansonsten ein Kontrollfreak und zuverlässig. Er hatte sich sehr über die Entscheidung des Zentralrates geärgert, als dieser beschloss, keine Neuinstallationen von Wurmloch-Toren mehr zu genehmigen. Er wusste, dass ein kleiner Fehler das ganze System gefährden konnte.

»Sie muss funktionieren«, dachte Heran. Er drückte drei Schalter. Die Kontrollstation zeigte grünes Licht und nahm ihre Arbeit wieder auf, gleichzeitig fiel sie in den Tarnmodus zurück.

»Das wäre geschafft«, sagte er. »Die Station funktioniert wieder vorbildlich. Jetzt muss ich aber das Schiff der Worgass abfangen. «

Er beschleunigte sein Evolutions-Raumschiff und flog in das künstliche Wurmloch hinein. Dieses schaltete sich nach seinem Eintritt sofort wieder ab. Er kannte das Verfahren seit vielen Jahrtausenden. Schon immer waren die Lantraner für die Wartung der geheimen Wurmloch-Stationen zuständig gewesen. Es war ein ungeschriebenes Gesetz.

»Das kleine Raumschiff kann noch keine große Strecke zurückgelegt haben«, dachte Heran. »Vermutlich wird es auch keine große Geschwindigkeit erzielen können. «

»Sollte er das Schiff vernichten? «, überlegte er. »Keiner würde eine Frage stellen, das Problem wäre beseitigt. «

Er schüttelte seinen Kopf.

»Das ist nicht unsere Art«, dachte er zu sich selbst. »Wir vernichten nicht, wir helfen anderen Rassen. So war es immer und so wird es auch immer bleiben. Auch wenn wir uns zeitweise von den Geschehnissen etwas zurückgezogen haben, heißt das nicht, dass wir nicht mehr da sind. Zeit ist für uns unerheblich, wie für jeden Unsterblichen. Viel schwieriger ist es, die Lange weile zu bekämpfen. «

Heran überholte das kleine Schiff. Dann schaltete er einen künstlichen Ausgang frei und kappte den weiteren Verlauf des Wurmloches. Die beiden Schiffe strömten durch ein sich aufbauendes Energiefeld in den Normalraum zurück. Heran legte ein Fesselfeld um das Schiff des Green-Lizards und zog es langsam an sein Schiff heran.

»Zugang öffnen«, befahl Heran seiner KI.
Drei lantranische Roboter eilten herbei und kümmerten sich um die Technik der Luke des fremden Schiffes.

»Eingang ist freigelegt«, antwortete einer der Roboter. »In das Schiff wurde Schlafgas gepumpt. Sollen wir die Besatzung holen? Vermutlich ist nur mit einem Besatzungs-Mitglied zu rechnen. «

»Bitte in das Schiff eindringen, die Besatzung entwaffnen und in den Verhörstuhl setzen «, antwortete Heran.

Die Roboter drangen in das kleine Raumschiff ein. Sie wurden fündig. Morass war in den Schlaf gefallen. Die Roboter trugen ihn in das Evolutions-Schiff und setzten ihn in den Verhörstuhl. Ein Energiefeld fesselte ihn an Armen und Beinen.

»Nur zur Vorsicht«, dachte Heran. »Man weiß nie, wie weit die Intelligenz von reptilen Wesen fortgeschritten ist. «
 Ein Roboter injizierte ein Serum.
»Er kommt zu sich«, teilte der Roboter mit.

Heran näherte sich vorsichtig der exoiden Gestalt.
»Wie geht es ihnen? «, übersetzte der Bordcomputer direkt in die Sprache der Lizards.

»Gut«, antwortete Morass. »Wo bin ich, warum bin ich angeschnallt? «

»Wir kennen ihre Rasse«, sagte Heran. »Sie können gewalttätig sein. Wir verabscheuen diese Art der Kommunikation. «

»Wir auch«, antwortete Morass empört. »Sie können mich losbinden. «

»Seit ihrer Existenz führen sie Kriege, jagen andere Rassen und bringen Tod und Elend unter die Völker ihrer Sterneninsel«, bemerkte Heran.

»Das ist richtig, aber die Ursache geht nicht von uns aus«, erwiderte Morass. »Ich möchte lieber heute, als morgen den Kreislauf durchstoßen. Mein Name ist Morass. Ich werde verfolgt. Es gibt eine große Untergrund-Bewegung auf unserer Welt, die gegen unsere Herren rebellieren. Unser Ältestenrat hat das erkannt, wird dieses jedoch nicht bestätigen können. Er hat mich mit einem kleinen Raumschiff ausgestattet, um Hilfe bei den mächtigen Humanoiden in der Milchstraße zu erbitten. «

Heran glaubte, nicht richtig zu hören.
»Sie führen Kriege gegen humanoide Rassen und wollen sie jetzt um Hilfe bitten? «, fragte Heran. » Sind sie noch bei Trost? «

»Die Worgass zwingen uns dazu«, antwortete Morass. »Sie haben es in unserem DNA-Code hineingeschrieben. Wir können nicht anders, als ihren Befehlen folgen. Allein durch eine DNA-Mutation konnten wir diesen Befehl ausschalten. «

»Die Worgass sind uns bekannt«, antwortete Heran. »Sie waren in ihrer Urform eine intelligenzlose Wasser-Lebensform. Sie sind nicht so alt wie wir, dennoch äußerst unangenehm, technisch wissend und hassen alles, was nach humanoiden Lebensformen aussieht. Der Hass scheint in den letzten Jahrhunderten noch intensiver geworden zu sein. «

»Der Hass wurde von Generation zu Generation größer«, bestätigte Morass. »Wir wollten durch Gespräche die Situation ändern, jedoch alle Parlamentarier und Gesprächsgruppen, die von uns ausgeschickt wurden, kamen nicht mehr zurück. Den Worgass ist ein Leben nicht heilig. Sie fühlen sich als die Krone der Schöpfung. «

»Wir haben natürlich auch ihr Volk beobachtet«, sagte Heran. »Sie haben in den letzten Monaten und Jahren einiges an Rückschlägen erleiden müssen. Wie haben die Worgass reagiert? «

»Immer mit Vernichtung der entsprechenden Einsatzgruppen«, antwortete der Lizard bereitwillig. »Fehler werden bei den Green-Lizards nicht geduldet. Die betreffenden Personen unserer Rasse werden sofort aussortiert und eliminiert. «

»Warum machen die Worgass das? «, fragte Heran. » Was führen sie im Schilde. «

Morass nickte traurig.
»Das möchten wir auch gerne wissen«, antwortete er. »Nach den vielen Jahrtausenden der Knechtschaft versuchen wir uns endlich von den Worgass zu lösen. Ich finde, wir haben eine Berechtigung hierzu. «

Heran schaute ihn intensiv an und nickte.
»Jedes Volk hat eine Berechtigung sich selbst zu entwickeln«, sagte er. »Keiner sollte es beeinflussen. Diese Thesen stoßen bei mir auf offene Ohren. Ich werde ihnen helfen. Wohin wollten sie? Welches Ziel hatte ihre Reise? «

»Ich möchte in der Milchstraße Verbündete finden«, antwortete Morass. »Es gibt dort eine mächtige Rasse, deren Raumflotte vor kurzem den Wurmloch-Knoten der

Worgass und ihre ganze Invasions-Flotte zerstören konnte. Auch die 2.500 Meter messenden Kriegsschiffe der Netzwerkdenker wurden vollständig zerstört. Die Worgass geben uns hierfür die Schuld. Sie benötigen jetzt 24 Monate, um zwei neue Tore zu bauen. Diese Zeit möchte ich nutzen, um Freunde und Verbündete für uns zu finden. «

Heran lachte amüsiert.
»Die Menschen waren das«, antwortete er erstaunt. »Sie sind sehr aktiv geworden und haben sich auch einer neuen Technologie bemächtigt. Sie versuchen ein Neues-Imperium aufzubauen und hoffen in die Fußstapfen der Natrader treten zu können. Es wird sich lohnen, sie anzusprechen. Es ist eine von Erfolg verwöhnte, humanoide Rasse der besten Art. Sie stehen noch am Anfang ihrer Entwicklung, doch sie haben bereits mächtige Freunde. Das wissen sie selbst noch nicht. Es ist eine neue Rasse im Universum zugegen, die Ordnung in das Chaos bringen wird. Sie werden das Böse vernichten und Glück, Freiheit und Wohlstand ins Universum tragen. Diese Rasse nennt sich Terraner. Suchen sie nach ihnen. Sie werden offene Ohren für ihre Wünsche haben. Ich weiß noch etwas, das wichtig für sie ist. Dort finden sie auch ihre Tochter. «

Morass Augen fingen an zu leuchten.

»Was wissen sie über meine Tochter?«, fragte er erstaunt. »Wie geht es ihr? Wo ist sie?

»Mehr kann ich dir nicht sagen, weil wir offiziell noch nicht in Erscheinung getreten sind«, antwortete Heran. »Unsere Rasse beobachtet nur. Wir haben aufgehört jungen Rassen zu sagen, was sie tun sollen. Wenn wir gefragt werden, geben wir Antwort. Mehr ist im Moment nicht möglich. Ich bringe sie in die Milchstraße. Ab da sind sie auf sich selbst gestellt. Fragen sie nach einem Major Travis. Wie ich sehen konnte, leitet er derzeit die Geschicke der Menschheit. «

Morass sagte nichts mehr. Er war dankbar, dass er in die Milchstraße gebracht wurde. Allein hätte er es nicht geschafft. War es Glück, war es Zufall, oder war es Vorsehung. Er konnte sich einen Vorsprung vor den Worgass verschaffen.

»Kann ich sie bei Bedarf irgendwie erreichen? «, fragte Morass.

»Im Normalfall nicht, aber ich liebe spannende Geschichten«, antwortete Heran. »Ich beobachte sie ab jetzt. «

Er gab Morass ein dreieckiges Sendegerät, in der Form eines Armbandes mit einem grünen und roten Edelstein.

»Gehen sie vorsichtig hiermit um«, ermahnte Heran den Lizard. »Der grüne Knopf bedeutet Hilfe, der rote Knopf äußerste Gefahr. Spielen sie nicht mit den Tasten herum, betätigen sie diese nur im Notfall. Ich kann sie entsprechend orten. Gehen sie jetzt zurück in ihr

Raumschiff. Wir erreichen in Kürze unser Ziel. Ich kopple ihr Schiff ab und werde danach wieder verschwinden. Versuchen sie den Sirius-Sternhaufen zu erreichen. In der Nähe des Planeten-Systems Katras werden sie Major Travis finden. Halten sie sich zurück, es werden dort viele Schiffe sein. Auch die Trümmer vieler zerstörter Schiffe ihrer Rasse. «

Heran blickte den Green-Lizard an.

»Sie haben eine Menge angreifender Schiffe eliminiert«, teilte Heran mit. »Ich meine die Schiffe ihres Volkes. Halten sie ihren Groll zurück. Die Terraner haben sich nur verteidigt. Die Flotte ihrer Angehörigen hat sie angegriffen. Versuche sie ihre Schiffe rechtzeitig anzufunken. «

Morass wurde nachdenklich.
»Ist ein Gespräch überhaupt noch sinnvoll? «, fragte er sichtlich enttäuscht.

»Ich denke ja«, antwortete Heran knapp.

Der Lantraner drehte sich zu seinen Instrumenten um.

»Es wird Zeit«, sagte Heran.

Morass verschwand in der Luke seines Schiffes, die sich kurze Zeit später schloss. Heran beschleunigte sein Evolutions-Schiff und zog das Schiff von Morass mit in das geöffnete Wurmloch. Die Milchstraße war schnell erreicht. Die zwei Raumschiffe durchglitten den künstlichen Horizont und fanden sich im Normalraum wieder. Heran koppelte das Schiff des Green-Lizards ab und überließ es dem All. Danach verschwand sein Evolutions-Schiff wieder in einem neuen Wurmloch, in die Richtung seiner Heimat.

Morass gab die Koordinaten des Sirius-Systems von Heran in seinen Computer ein.

»Hier soll ich diesen Major Travis finden? «, dachte er. » Es werden noch einige Sprünge nötig sein, um das Ziel zu erreichen. Aber die größte Strecke ist bereits überbrückt. Wartet am Ende meine Tochter auf mich«?

Morass startete die Maschinen seines kleinen Schiffes und sprang in den Hyperraum.

Major Travis und sein Team waren von dem Abstecher zur Erde zurück. Die Transmitter-Straße war eine Erleichterung für die lange Reise. Sie standen entspannt auf der Brücke der Termar 1 und schauten dem Treiben im All zu.

»Es kehrt wieder Leben in diesen Sektor ein«, sagte Commander Brenzby.

»Ja«, antwortete Major Travis. »Das ist ja das, was wir wollten. Das Imperium der Natrader neu beleben und die Technik verstehen lernen. Wir werden uns, neben der Suche nach den ausgewanderten Natradern, auch noch auf die Suche nach einigen Göttern begeben müssen. Es werden sich eine ganze Menge selbsternannte Götter auf der Erde zu unterschiedlichen Zeiten getummelt haben. Haben sie alle die Entwicklung der Menschheit beeinflusst? Was waren das für Rassen? «

»Eingehender Funkspruch«, meldete Sergeant Farmer. »Stellen sie durch«, antwortete Major Travis.

»Hier ist Raumschiff KÖK-137, unter dem Kommando von Oberst Conner. Ich rufe Major Travis. Bitte antworten sie. «
»Stellen sie bitte auf meinen Communicator«, befahl der Major.

Er griff nach seinem Gerät und öffnete die Frequenz.
»Ich höre«, sprach Major Travis in den Hörer.

»Hier ist Oberst Conner«, hallte es in der Leitung. »Unser Einsatz war erfolgreich. Wir konnten die Kampfstationen wieder aktivieren. Sie sind mit dem Positionswechsel einverstanden, da auch ihre Vorräte an Masarith-Energieträger-Kristallen fast aufgebraucht sind. Sie freuen sich wieder für das Imperium tätig zu werden. Wir geben den Stationen Begleitschutz in Richtung Katras. In wenigen Sprüngen werden wir eintreffen. Bitte geben sie uns eine Einflugs- Genehmigung und informieren sie die wartende Flotte. «

»Gut gemacht, Oberst Conner«, freute sich der Major. »Bringen sie die Flotten-Kampfstationen zu uns. Alles

Weitere ergibt sich hier im System Katras. Wir erteilen ihnen die Einflugs-Genehmigung. «

Sergeant Farmer sandte sofort die Bestätigung. Die wartende Flotte wurde über das Eintreffen informiert.

Commander Brenzby und Major Travis schauten auf den großen Panorama-Bildschirm. Die Zeit schien unendlich zu sein. Dann endlich zeigte das CIC neue Schiffs-Signaturen an.

»Neue ID-Codes im System«, meldete Dore Dantow.

Nach anfänglicher Rotdarstellung erkannte das CIC die eigenen Schiffskennungen. Sofort wechselte die Farbe von Rot auf Grün. Ein Hinweis dafür, dass keine Gefahr drohte und eigene Geschwader ins System gesprungen waren. Fünf riesige Punkte zeichneten die auf dem CIC ab. Sie wurden umringt von 250 Roboter-Kreuzern der Königs-Klasse.

»Sergeant Farmer«, sagte Major Travis. »Öffnen sie bitte einen Kanal an unsere Schiffe und die Stationen. «

Der Funkoffizier nickte Major Travis zu.

»Hier spricht Major Travis, Erbfolgeberechtigter Oberbefehlshaber der vereinigten Tarid & Natrid Streitkräfte. Erhobener im Gefüge der Kaiser Kaste mit Rang 1, bestätigt und eingesetzt von Noel von Natrid im Rahmen der Nachfolgeprogrammierung von Admiral

Tarin. Ich danke für die Ausführung meiner Befehle und die Verlegung ihrer Stationen an den Standort Katras. Besonderen Dank möchte ich der KÖK- 137 und seiner Begleitung aussprechen, für die hervorragende Arbeit und die problemlose Überführung. Alle mobilen KIs der Kampfstationen, bitte ich zu einem Gespräch in den Konferenzsaal der Termar 1 zur weiteren Lage-Besprechung. Katras, Sirin, Commander Brenzby, Tart 1 und Tart 2, sowie Heinze, Marin und Gareck bitte ich auch an dem Gespräch teilzunehmen. «

Nach einer Stunde waren die weiblichen Cyborgs der Flotten-Kampfstationen vollständig eingetroffen. Major Travis vermittelte den mobilen KIs die gleiche Geschichte, die er bereits Konstalarosa überspielt hatte. Marin ergänzte, dass diese Kampf-Stationen erst in den letzten Kriegsjahren gebaut worden waren. Weitere Modelle konnten nicht mehr produziert werden, weil der Krieg bereits in die Endphase ging und der Mond Nors mit den Konstruktionsplänen vernichtet wurde.

Die Kampfstationen besaßen eine Höhe von 35 Kilometern und eine Breite von 12 Kilometern. Sie waren sehr aufwendig in der Montage gewesen. Im dem Zustand der Auslieferung waren sie mit 1.000 Raumschiffen, neuester Technologie und unterschiedlicher Größe bestückt. Die gigantischen Stationen wurden auch als feuerspeiende Drachen tituliert. Es wurde nicht an Abwehr-Geschütztürmen gespart. Als Besatzungen konnten in Hochzeiten 15.000 Offiziere, 90.000 Personen als Personal und 50.000 Zivilisten ihren Dienst auf jeder

Kampfstation absolvieren. Die maximale Aufnahme wurde auf 420.000 Personen reglementiert. Alle Kampfstationen waren autarke Einheiten, die sich auf Ewigkeit selbst versorgen konnten.

Der Major blickte die weiblichen Roboter an.
»Sind sie zu neuen Aufgaben bereit? «, fragte Major Travis.

»Wir freuen uns auf unsere Aktivierung und auf die Verlegung in das heimatliche System«, antwortete der Cyborg der Station Shilatarosa. »Die lange Zeit der Deaktivierung hat unsere Systeme verstopft. Wir dürfen nicht vergessen Wartungsarbeiten zu veranlassen und alle Systeme überprüfen zu lassen. «

»Der große Krieg ist lange vorbei«, bemerkte Major Travis. »Sie alle dürfen sich wieder als vollständig aktiviert betrachten. Eine neue Zeit bricht an. Wir werden das alte kaiserliche Imperium neu beleben und hoffen sehr auf ihre Mithilfe. Leider warten neue Feinde auf uns. «

Major Travis drückte seinen Neolrith und sandte den von Noel erhalten Befehlscode an die KIs. Er bemerkte, wie die Cyborgs diesen Code aufnahmen. Es war keine Möglichkeit in ihrer Programmierung, diesen kaiserlichen Befehl abzulehnen.

»Ich habe ihnen soeben die neuen Befehle übermittelt«, sagte Major Travis. »Wir brauchen ihre Hilfe und ihre Schiffe. Sie übernehmen derzeit keine aktiven Angriffs-

Aufgaben, sondern kümmern sich um die Verteidigung des neuen Bündnisses zwischen Natrid und Tarid. «

Die KIs akzeptierten monoton.
»Commander Brenzby, bitte übernehmen sie die weitere Einweisung, Programmierung und Überspielung der Daten an die Kampf-Stationen. Sie sollten auf dem aktuellen Stand sein, bevor sie ins Heimatssystem überwechseln. «

»Wird erledigt«, antwortete der Commander.

Laute Alarmsirenen unterbrachen das Gespräch.
»Was ist jetzt wieder los? «, fragte Major Travis. Commander Brenzby wurde gerade über seinen Ohr-Sender informiert.

»Ein Schiff der Green-Lizards wurde geortet und befindet sich im Anflug«, teilte er mit. »Sollen wir das Schiff abfangen? «

Major Travis überlegte kurz.
»Ein einzelnes Schiff dürfte uns wohl keine Probleme bereiten«, antwortete er. »Warten sie noch ab. «

»Entschuldigen sie«, sagte Major Travis zu den Cyborgs der Kampfstationen. »Ich werde auf der Brücke gebraucht. Marin und Gareck weisen sie weiter ein. «

Major Travis und Commander Brenzby eilten auf die Brücke der Termar 1.

Der Oberbefehlshaber blickte seinen Funk-Offizier an.
»Bitte funken sie das Schiff an«, befahl er. »Es soll sich identifizieren und keine kriegerischen Maßnahmen durchführen. Senden sie dem Schiff eine Eskorte von zehn Schiffen. Die Begleit-Schiffe sollen darauf achten, ob das Schiff seine Waffen scharf macht, oder ob es im deaktivierten Zustand verbleibt. «

Sergeant Farmer nickte und gab den Befehl durch.

Major Travis blickte Commander Brenzby an.
Warum kommt nur ein Schiff der Green-Lizards in diesen Sektor geflogen? «, fragte er. » Was führt der Pilot im Schilde? «

Der Communicator von Major Travis piepste. Der Major öffnete die Verbindung.

»Eingehender Funkspruch von dem fremden Schiff«, meldete Sergeant Farmer. »Das Schiff bittet um Asyl. Achtung, ich wiederhole, das fremde Schiff der Green-Lizards bittet um Asyl. «

Major Travis schaute Commander Brenzby irritiert an.
»Die Besatzung eines Echsen-Schiffes bittet um Asyl? «, wiederholte er die Mitteilung.

»Das sind ja ganz neue Verhaltensregeln der Echsen«, bemerkte Commander Brenzby.

»Ein Trupp Spürroboter kann das Schiff entern und nach möglichen Gefahren, Bomben oder anderen Überraschungen Ausschau halten. Sie können das Schiff von oben bis Unten durchleuchten. «

Major Travis nickte ihm zu.
»Leiten sie alles in die Wege«, antwortete er. »Wir sollten äußerst vorsichtig sein. «

Das fremde Schiff verringerte seine Geschwindigkeit und bezog eine Warteposition in der Nähe der natradischen Schiffe. Die 10 Robot-Raumer hatten sich kreisrund um das Schiff des Lizards positioniert. Zwei Gleiter mit Marines näherten sich dem kleinen Schiff des Green-Lizards. Sie dockten an und drangen in das Schiff ein. Es gab keine unvorhergesehenen Probleme. Es dauerte nur 15 Minuten, da meldete sich der Anführer des Spür-Trupps.

»Alles in Ordnung«, meldete der Marines. »Wir haben keine Bomben, oder vergleichbare Sprengkörper gefunden. Es handelt sich um ein Konsulats-Schiff ohne Bewaffnung. Wir empfehlen eine Kontakt-Aufnahme. Wir lassen 4 Kampf-Roboter zur Vorsicht im Schiff. Wir werden jetzt den Green-Lizard zu ihnen überführen. «

»Danke«, antwortete Major Travis. »Lassen sie das Schiff in der Warteposition liegen. Fliegen sie mit ihren Gleitern in den Hangar der Termar 1 und bringen sie bitte den Gefangenen zu mir. «

Die Marines-Gleiter flogen in die Andockbucht 7 der Termar 1.

Major Travis und Commander Brenzby verfolgten die Aktion auf einem Bildschirm des Schiffes.

»Begrüßen wir unseren Gast«, sagte der Major. »Ich möchte gerne wissen, was er von uns will. Gehen wir in den Hangar. Die KIs der Kampf-Stationen werden von Marin, Gareck und Sirin weiter instruiert. «

Die Offiziere der Termar 1 verließen die Brücke der Termar 1 und schritten zum nächsten Lift. Er brachte sie schnell in den Hangar des Schiffes.

Die Gleiter der Marines setzten auf. Die KI der Termar 1 schloss den Hangar-Schott und stellte die Atmosphäre auf dem Deck wieder her. Major Travis, Commander Brenzby, Sirin und Heinze schritten auf das Schiff zu. Der Schott öffnete sich quietschend. Die Marines führten einen Gefangenen heraus. Es war eine 1.60 Meter große Gestalt. Vorsichtig, fast schon ängstlich schaute sie sich um. Dann kam sie auf die Wartenden zugeschritten.

»Mein Name ist Morass Zyran«, stellte sich der Lizard in reinem Natradisch vor. »Ich bin der 43. Parlamentarier von Lizzit und in einer Sondermission unterwegs. Bitte hören sie mich an. Ich habe einen weiten Weg hinter mir und möchte um Asyl bitten. Ferner auch um ihre Hilfe. «

Major Travis, Commander Brenzby und Heinze schauten sich an.

»Das ist ja ganz etwas Neues«, antwortete Major Travis. »Warum sollten wir ihnen Asyl anbieten? Sie bekämpfen uns, seit sie uns das erste Mal gesehen haben. Wie ist ihr Sinneswandel zu verstehen. «

Morass schaute die humanoiden Lebensformen an. Sie sahen hässlich aus. Aber hierüber wollte er einmal hinwegsehen. Humanoide Lebensformen waren in den Augen von Echsen, oder Sauroiden immer hässlich anzusehen. Er akzeptierte die Lebensformen und kam zum Thema zurück.

»Das stimmt«, sagte er. »Seit Anbeginn unserer Zeitrechnung haben wir gekämpft und versucht im Namen der Worgass alle humanoiden Lebensformen auszulöschen. Dies war nicht unser Wunsch. Wir mussten den Befehl unserer Herren ausführen. «

»Eine kurze Zwischenfrage, wenn sie erlauben? «, erwiderte Major Travis. » Haben sie etwas mit Raise Zyran zu tun? «

»Ja«, antwortete Morass. »Sie ist meine Tochter. Ist sie hier? Darf ich sie sehen? «

Major Travis schmunzelte.
»Das ist aber schön«, antwortete er. »Dann können wir ja eine Familien-Zusammenführung feiern. «

Er sprach kurz in seinen Funk- Communicator.
»Bitte bringt Raise Zyran ins Konferenzzimmer«, teilte er mit. »Sie hat Besuch bekommen. «

Der Major blickte wieder den Green-Lizard an.
»Folgen sie uns bitte in einen anderen Raum«, bat er.

Die Gruppe wurde von vier Kampfrobotern begleitet. Schnell waren Die Personen in dem Konferenz-Raum angekommen. Major Travis bot seinen Gästen eine Sitzgelegenheit an.

»Möchten sie etwas zu trinken«, fragte er. »Wir wissen zwar nicht, was die Green-Lizards zu sich nehmen, aber ich denke Wasser wird wohl von jeder Rasse akzeptiert werden? «

Der Communicator des Majors piepste.
»Ja«, antwortete er.

»Die Gegangene ist jetzt hier«, erklärte ein Marines.

»Einen Augenblick noch«, antwortete Major Travis. «
Er blickte den angespannten Morass an.

»Sie sprechen die natradische Sprache sehr gut«, entgegnete er.

Morass lächelte.

»Die habe ich von meiner Tochter gelernt«, antwortete der Green-Lizard. »Sie ist Linguistin. «

»Wir haben etwas für sie«, sagte Major Travis. »Ich hoffe sehr, dass wir hierdurch einen gemeinsamen Punkt finden, dass sie anfangen uns zu vertrauen. «

Major Travis drückte den Knopf an seinen Communicator. »Bringen sie bitte die Gefangene herein. «

Die Tür klappte auf. Zwei Marines brachten Raise Zyran herein. Sie schaute sich kurz um und hielt verblüfft inne. Die Marines warteten vor der Türe. Dann endlich erkannte die den Besuch.

»Vater«, sagte sie erstaunt. »Was machst du hier? «

Morass war aufgesprungen und lief ihr entgegen. Sie umarmten sich.

»Schön, dass du noch lebst«, erwiderte Morass. »Bei den Worgass wärst du bereits eliminiert worden. «

»Ja, ich weiß«, antwortete Raise. »Wir müssen uns entscheiden und endlich mehr über andere Rassen in unserer Galaxis lernen. Viele von ihnen sind bereits wesentlich fortgeschrittener als wir. Die Worgass haben unsere Entwicklung beeinflusst und uns nur als Kanonenfutter respektiert. «

»Warum bist du hier? «, fragte Raise. » Du bist ein Parlamentarier und kein Untergrund-Kämpfer? «

»Ich bin hier, um Asyl zu beantragen«, antwortete Morass. »Die Situation auf Lizzit spitzt sich zu. Die Worgass werden immer unnachsichtiger und nehmen keine Entschuldigungen mehr an.

Rückkehr der Kampfstationen

»Wie ist es überhaupt zu der Zusammenarbeit mit den Worgass gekommen?«, fragte Major Travis.
Morass schaute ihn durchdringend an.

»Das geht zurück auf die dunkle Geschichte unserer Vergangenheit«, antwortete er. »Es existieren keine Aufzeichnungen mehr hierüber. Wir sind lediglich auf die Informationen der Worgass angewiesen. Nachprüfen können wir ihre Angaben nicht. «

Morass holte tief Luft, bevor er weitererzählte.
»Unsere Wissenschaftler haben Proben genommen und unsere DNA geprüft«, teilte er mit. »Wie von den Worgass berichtet, ist unsere Rasse aus einer alten DNA der Rigo-Sauroiden, die damals schon Natrid angegriffen hatten und neuer künstlicher exozider DNA in Laboren erschaffen worden. Die Worgass haben in die künstliche DNA-Befehle programmiert, die uns zwingen, sämtliche humanoide Lebewesen zu eliminieren. Es ist ein Zwang, dem wir uns nicht widersetzen können. Lediglich durch eine Änderung der DNA bei unserem neu gebrüteten Nachwuchs, gelang es uns diesen Befehl zu deaktivieren. Wir sind ein Kunstprodukt der Worgass und haben gar keine Berechtigung zum Leben. Die Evolution hatte uns nicht als Lebensform vorgesehen. «

»Es ist sehr interessant, hier zusammenzusitzen und ihre Geschichte zu hören«, sagte Major Travis. »Jetzt verstehen wir endlich alles. «

Sirin erhob sich und blickte die Green-Lizards an.
»Ist es auch möglich, dass die Rigo-Sauroiden bereits von den Worgass manipuliert wurden? «, fragte sie. » Die damaligen Sauroiden haben so erbittert gegen uns gekämpft, dass man schon fast eine Beeinflussung durch die Worgass vermuten konnte. «

»Wir haben nicht die kompletten Informationen über die Worgass«, antwortete Raise. »Wir durften ihre Geschichte nie studieren. Das wurde immer von ihnen abgelehnt. Aber möglich ist es schon, da es sich bei den Worgass bekanntlich um eine sehr alte Rasse handelt. Irgendetwas muss ihnen von humanoiden Wesen angetan worden sein. Ansonsten ist dieser Hass nicht zu erklären. «

»Bei aller Mühe und allen Recherchen, es bleiben viele Fragen unbeantwortet«, sagte Morass. » Der derzeitige Stand ist, dass sie unsere allmächtigen Herrscher sind. Wir dürfen nur ihre Befehle ausführen, aber keine Fragen stellen. «

»Das gilt in der Regel für alle Rassen, denen eine herrschende Klasse vorsteht«, antwortete Major Travis. »So entsteht über viele Jahrhunderte meistens eine Knechtschaft. Befreien hiervon kann man sich nur, indem man die Götter von ihrem Thron wirft und versucht eine normale Ordnung herzustellen. «

»Deswegen bin ich hier«, antwortete Morass. »Wir sehen keine andere Möglichkeit mehr. Wir möchten sie um Hilfe bitten, uns gegen die Worgass zu unterstützen. «

Major Travis, Commander Brenzby, Sirin und Heinze sahen sich an.

»Wie soll das funktionieren? «, erkundigte sich Commander Brenzby. » Der Wurmloch-Knoten wurde geschlossen. Wir haben keine Möglichkeit mehr, kurzfristig nach Andromeda vorzudringen. «

»Das ist mir sicherlich bewusst«, sagte Morass. »Aber sie haben die Worgass mit der Vernichtung des Wurmloch-Knotens dermaßen beleidigt, dass sie nicht aufhören werden, nach Lösungen zu suchen, um sie anzugreifen. Vermutlich werden sie nach dem Bau von zwei neuen Wurmloch-Toren mit neuer Technologie und neuen Waffen wieder in die Milchstraße eindringen. Die Planung, die Konstruktion und die Errichtung eines solchen Tores dauert nach ihrer Zeitrechnung 24 Monate. Ihre Rache wird fürchterlich sein und viele Unschuldige treffen. Die Worgass werden mit aller Macht zurückschlagen. Vermutlich werden sie die Truppen der Green-Lizards um ihre eigenen Armeen verstärken. Sie bieten zwar immer nur wenige Schiffe auf, aber diese Schiffe haben es in sich. Meistens sind es ihre 2.500 Meter-Giganten mit einer enormen Waffenleistung. «

»Haben sie vielleicht die Konstruktions-Zeichnungen, oder Informationen über ihre Waffenstärke mitgebracht?«, fragte Major Travis.

Morass nickte lächelnd.
»Der Hohe Rat wurde von mir überzeugt, dass wir eine Gegenleistung erbringen müssen«, antwortete er. »Ich habe vertrauliche Daten auf einen Speicherkristall gezogen. Den bekommen sie später von mir. Jetzt wo man mich ausgeschickt hat, um zu ihnen Kontakt aufzunehmen, steht einer gegenseitigen Zusammenarbeit nichts mehr im Wege. Es hat vielen Green-Lizards das Leben gekostet, um an diese geheimen Unterlagen zu gelangen. Ich übergebe ihnen diese jetzt, als Vertrauens-Vorschuss für einen zukünftigen Beistandspakt. «

Morass reichte Major Travis den Speicher-Kristall.
»Danke«, erwiderte Major Travis.

Morass ergriff noch einmal das Wort.
»Mit der Bitte um ihre Unterstützung, überreiche ich ihnen die Konstruktions-Zeichnungen der 2500-Meter-Zerstörer der Worgass«, sagte er. »Anhand dieser Datenfolien werden sie sämtliche Schwachstellen an den Raumschiffen lokalisieren können. Die Worgass versprachen uns eine bessere Waffentechnologie. Diese Zusage wurde nie eingehalten. Vermutlich haben sie zu viel Angst, dass wir diese Waffen gegen sie selbst richten könnten. «

Major Travis hielt den Speicherkristall Tart 1 hin. Dieser trat einen Schritt vor und nahm den Kristall an sich. Beim Anblick des 2,20 Meter großen Roboter sprang Morass erschreckt einen Schritt zurück.

»Haben sie keine Angst«, sagte Major Travis. »Wenn man ihn nicht ärgert, ist er harmlos. Er scannt nur den Kristall. «

»Alles in Ordnung«, antwortete Tart 1. »Es handelt sich um einen reinen Datenspeicher. «

»Ihre Unterstützung hilft uns sehr«, sagte Major Travis. »Ich werde den Kristall sofort über eine Transmitter-Strecke nach Titan und dann weiter nach Natrid leiten lassen. Dort wird er ausgewertet. Wir haben zwar noch Zeit, bis sich der neue Wurmloch-Knoten wieder öffnet, aber allzu lange sollten wir nicht nach den Schwachpunkten suchen. Ich habe noch eine Frage zum Abschluss an sie. Wie haben sie die große Entfernung von der Andromeda-Galaxie bis hierhin zur Milchstraße überbrückt? Der Wurmloch-Knoten bestand ja nicht mehr? «

»Das ist eine seltsame Geschichte«, antwortete Morass. »Ich kann sie selbst kaum glauben. Es ist fast ein Wunder. Lange Zeit verharrte ich mit meinem Raumschiff, neben dem geschlossenen Knoten auf der Andromeda-Seite. «

»Darf ich sie kurz unterbrechen«, fragte Major Travis. »Wieso sprechen sie von einem geschlossenen Wurmloch-Tor auf der Andromeda-Seite. Wir haben nur das Tor in der Milchstraße vernichtet? «

»Wissen sie es nicht? «, staunte Morass. » Ihr Kampf war erfolgreich. Das dritte große Schlachtzerstörer der Worgass wurde von ihnen so schwer beschädigt, dass er während des Austrittes aus dem Wurmloch explodierte. Diese gewaltige Kraftentfaltung riss das unter voller Energie-Leistung stehende Wurmloch-Tor auseinander. Die freigesetzte Energie des aktivierten Wurmloches entfesselte eine gigantische Energiewelle, welche die neue Invasions-Flotte der Worgass komplett vernichtete. Die Schiffe lagen im Standby-Modus auf unterschiedlichen Umlaufbahnen nahe des Tores. Ihre Schutzschirme waren nicht aktiviert worden. Die Subraumwelle hat die ganze Invasions-Flotte vernichtet. Leider wurden auch viele Gebäude auf unserem Planeten zerstört. Doch das lässt sich wieder reparieren. «

Commander Brenzby nickte.
»Das hatten wir vermutet«, antwortete er. »Das gleiche ist auf unserer Seite passiert. Die gewaltige Energiewelle hat alle nicht geschützten Bereiche vernichtet. «

»In diesem Fall zu unserem Vorteil«, erklärte der Major. »Die Worgass werden eine neue Invasions-Flotte aufbauen müssen. «

Er blickte Morass an.

»Danke für diese Informationen«, antwortete er. »Die sind äußerst wichtig für uns. Aber ich habe sie unterbrochen. Bitte erzählen sie weiter. «

»Ich verharrte in meinem Raumschiff neben dem vernichteten Wurmloch-Knoten auf der Andromeda-Seite«, fuhr Morass fort. »Dann plötzlich wurde mein Warten belohnt. Neben der Position des ehemaligen Wurmloch-Tores öffnete sich ein kleineres Portal. Ein getarntes Raumschiff flog heraus. Seine Form war mir fremd und nicht bekannt. Dieses dockte an einer sich gerade enttarnenden Kontroll-Station an. Nur die Schatten des Raumschiffe wurden reflektiert. Ich wartete, was weiter passierte. Vorsichtig flog ich zu den Koordinaten, an denen sich vor wenigen Minuten das Portal geöffnet hatte. Ich wartete eine gewisse Zeit. Fragen sie mich bitte nicht nach der Zeit. Ich weiß es nicht.

Es verging wieder eine Zeitspanne, dann öffnete sich der Schlund des Wurmloch-Portals erneut. Ich überlegte nicht lange und flog in den künstlichen Horizont hinein. Ich wollte in diesem Moment nur fort, von meiner Heimat, die von den Worgass unterjocht wurde. Glauben sie mir, ich habe nicht mit einem Erfolg gerechnet. Ich war noch nicht lange in dem Wurmloch unterwegs, da stellte mich das fremde Raumschiff. Es deaktivierte meine Waffensysteme und zog mich mit einem Fesselstrahl an sich heran.

Gemeinsam verließen wir das Wurmloch und fielen in den Normalraum zurück. Dann öffnete ein fremder Roboter gewaltsam meinen Schott. Der Roboter war bewaffnet und sehr wortkarg. Er eskortierte mich in das fremde Schiff, dass von einem Humanoiden gesteuert wurde. Es war nur dieses einzelne Wesen an Bord dieses Schiffes. Ein Anzug wurde von einer silberfarbenen Aura umgeben. Es ist möglich, dass es sich um einen Individual-Schutzschirm gehandelt hatte. Die Person nannte sich Heran. Er teilte mir mit, dass er im Auftrag seiner Rasse für die Wartung der geheimen Wurmloch-Stationen zuständig wäre. Er erklärte mir, dass sie allmächtig wären und Zeit bis in die Ewigkeit hätten. Sie wären eine alte Rasse und gehörten zu den Ersten im Universum. Durch ihre körperliche Weiterentwicklung hätten sie die relative Unsterblichkeit erreicht. Sie würden sich um den Erhalt des Ganzen kümmern. «

Morass blickte Major Travis an. Dieser hatte interessiert zugehört.
»Fahren sie fort«, forderte er den Green-Lizard auf. »Ihre Erlebnisse sind sehr wichtig für uns. «

»Heran hörte sich in aller Ruhe meine Geschichte an«, lächelte Morass. »Er schien Gefallen hieran gefunden zu haben. Heran verhalf mir zu einem Weiterflug. Dieser endete hier in der Milchstraße, dem geplanten Ziel meiner Reise. Neben der Suche nach meiner Tochter war es meine vordringliche Aufgabe, zu ihnen Kontakt aufzunehmen. Ich wollte sie offiziell bitten, uns im Kampf gegen die Worgass zu unterstützen. «

Die Offiziere der Termar 1 hatten gespannt zugehört.

»Ich kann ihnen versprechen, dass wir unser Möglichstes versuchen werden, um zu helfen«, antwortete Major Travis. »Ob dies ausreicht und ob wir gegen die Waffen der Worgass etwas ausrichten können, sei einmal dahingestellt. Wir brauchen einen Plan, wir brauchen eine Kriegsflotte, und wir brauchen mehr Informationen über die Worgass. Wer kann uns die geben«?

»Ich kann im natradischen Archiv recherchieren«, sagte Sirin. »Vielleicht ist dort etwas zu finden, oder zumindest Hinweise auf frühere Kontakte festzustellen? «

Major Travis schaute sie an. Sirin hatte wieder diese sehr enge Uniform angelegt, die ihre Größe, ihre schlanke Figur und die langen Beine bewusst betonte. Sie hielt seinem Blick stand und schmunzelte.

»Ich kümmere mich sofort hierum«, sagte sie und drehte sich um. Dann entschwand sie mit schwingenden Hüften durch das Schott.

Er blickte wieder die Lizards an.
»Gehen sie mit ihrer Tochter«, sagte Major Travis. »Sie zeigt ihnen ihre Kabine. Sie liegt direkt neben der Unterkunft ihrer Tochter. Commander Brenzby stellt ihnen zwei Roboter zur Verfügung, die sie im Schiff begleiten werden. Bitte haben sie Verständnis, dass ich sie derzeit noch bewachen lassen muss. Unsere Völker kennen sich zu wenig. «

Morass und Raise nickten.

»Wir verstehen das sehr gut«, antwortete Morass. »Trotzdem möchten wir ihnen sagen, dass die Worgass uns diese Möglichkeit nicht gegeben hätten. Wir sind ihnen sehr dankbar hierfür und würden uns freuen, wenn wir ihnen weiterhelfen konnten. «

»Ich habe noch eine abschließende Frage«, sagte Major Travis. »Wissen sie, mit welchen Aufgaben die Armada betraut wurde, die sich derzeit in der Milchstraße bewegt. «

»Sie besitzt nur eine Aufgabe«, antwortete Morass traurig. »Den Kommandeuren der Flotte wurde befohlen, alle bekannten natradischen Einrichtungen zu eliminieren und neue humanoide Lebensformen anzugreifen und sie auslöschen. «

»Können sie mir Koordinaten mitteilen, wo sich die Schiffsverbände aufhalten könnten? «, fragte Major Travis.

»Vielleicht«, erwiderte Morass. »Mir sind mehrere wichtige Sammelpunkte der Flotte bekannt. Nach der erfolgreichen Umsetzung ihrer Missionen, sollten sich die Flotten-Verbände wieder an dem ehemaligen Wurmloch-Knoten treffen. Der Plan des Worgass-Regimes war es, sie hier durch nachrückende Einheiten zu verstärken. Als letzte Aufgabe wurde den Flottenverbänden befohlen, sich wieder formieren und gemeinsam den Planeten Natrid anzugreifen. Die Worgass wissen, dass es sich um eine tote Welt handelt. Dieser letzte Angriff sollte eine Demonstration ihrer Macht darstellen. «

Morass und Raise blickten die Offiziere an.
»Hier ist ein zweiter Datenkristall mit Informationen über die Worgass«, sagte Morass. »Ich konnte ebenfalls die befohlenen Flotten-Bewegungen der Worgass-Invasionsflotte hierauf speichern.«

Morass hielt ihn Commander Brenzby hin.
»Werten sie diese aus«, sagte Major Travis. »Wir brauchen die Koordinaten. «

»Wird gemacht, Herr Major«, antwortete der Commander.

»Ich bedanke mich bei ihnen«, sagte Major Travis an die Lizards gewandt. »Die Roboter bringen sie jetzt zu ihren Quartieren. «

An die Shy-Ha-Narde gewandt sagte der Major.
»Sie sind mir für die persönliche Sicherheit der Green-Lizards an Bord verantwortlich«, befahl er. »Enttäuschen sie mich bitte nicht. «

Die Roboter bestätigten und führten die Echsen davon.
Major Travis blickte seine Offiziere an.

»Alles in Ordnung«, bestätigte Heinze. »Der Green-Lizard hat die Wahrheit gesprochen. Er wurde von den Worgass zum Tode verurteilt. Er bittet aufrichtig um Asyl und hat keine Hintergedanken. Er ist um das Wohl seines Volkes besorgt. «

Major Travis nickte.

»Danke«, antwortete er. »Begeben wir uns in den anderen Konferenzsaal. Die weiblichen KIs der Kampf-Stationen warten auf uns. «

Der Major spurtete zu dem nächsten Raum. Er klopfte und öffnete die Türen. Die weiblichen Roboter der Kampf-Stationen Shilatalarosa, Xantalarosa, Rontalarosa, Quantalarosa und Antalarosa saßen an einem Tisch. Marin und Gareck hatten sie bereits informiert und eingewiesen. Zwölf Kampfroboter unter der Leitung von Sergeant Hardin hatten sich an den Wänden entlang positioniert.

Major Travis blickte die weiblichen Cyborgs der KIs an. Es bestand kaum ein Unterschied zu der weiblichen Cyborg der Konstalarosa.

»Ich begrüße die mobilen Abgesandten aller Flotten-Kampfstationen«, sagte Major Travis. »Es ist erfreulich, sie alle intakt und einsatzbereit bei uns zu sehen. «

Die weiblichen Roboter blickten ihn an.

Der Oberbefehlshaber ließ eine kurze Pause vergehen.
»Mein Name ist Major Travis. Ich bin der erbfolgeberechtigte Oberbefehlshaber der vereinigten Natrid & Tarid Streitkräfte. Erhobener im Gefüge der Kaiserkaste mit Rang 1, bestätigt und eingesetzt von Noel von Natrid im Rahmen der Nachfolgeprogrammierung

von Admiral Tarin. Betrachten sie sich alle wieder als vollständig aktiviert. Sie werden im Rahmen einer Imperiums-Optimierung neue Aufgaben erhalten. In der Zwischenzeit wird Katras ihre Masarith-Kristalle auffüllen. Beginnen sie mit ihren System-Analysen und mit den lange überfälligen Wartungsarbeiten. Es ist viel Zeit vergangen, seit ihrer letzten vollständigen Aktivierung. Ich übersende ihnen jetzt unsere vollständigen Befehle und ihren Aktivierungs-Code. «

Er drückte auf seinen Neolrith und sah, wie die Roboter der Flotten-Kampfstationen, die lichtschnellen Impulse verarbeiteten.

»Mein Name ist Shilatalarosa«, teilte die Vorderste der weiblichen Cyborgs mit. »Wir haben uns untereinander verständigt, dass ich zu ihnen sprechen darf. In ihren Augen werden wir alle identisch aussehen. «

Sie blickte die Cyborgs ihre Schwesterstationen an. Diese nickten beiläufig.

»Ihre Befehlscodes haben die Programmierung von Admiral Tarin gelöscht«, teilte sie mit. »Wir unterwerfen uns ihrem übergeordneten Rang und werden ab sofort ausschließlich dem Neuen-Imperium von Tarid & Natrid dienen. Gemeinsam danken wir ihnen, dass sie uns aus der Deaktivierung befreit haben. Viel zu lange konnten wir große Teile unseres System-Managements nicht nutzen. «

»Das ändert sich ab jetzt«, antwortete Major Travis. »Ihre Schwester-Stationen, die Konstalarosa und auch Tarel 7, werden zukünftig ihre Ansprechpartner sein. Diese beiden KIs werden den Verband der Flotten-Kampfstationen leiten. Sie alle sind in erster Linie Noel, dem personifizierten Klon der Natrid-Hypertronic-KI und mir unterstellt und Rechenschaft schuldig. Stellt das für sie ein Problem? «

»Es wird kein Problem geben«, antwortete Shilatalarosa. »Noel war zu frühen Zeiten bereits eine wichtige Autorität im Imperium. Damals waren wir einzig und allein dem Kaiser unterstellt. Marin und Gareck informierten uns bereits, dass es das kaiserliche Imperium nicht mehr gibt. Die letzten Überlebenden Natrader sind mit einem unbekannten Ziel evakuiert worden. Die Hinterlassenschaften von Natrid sind auf sie übergegangen, mit allen Rechten und Pflichten, laut dem letzten Willen von Admiral Tarin. Wir akzeptieren die neuen Verhältnisse und richten uns nach ihren Gesetzen. «

»Dafür ist ihnen unser Dank sicher«, entgegnete Major Travis. » Sie werden zukünftig wieder in die Bedürfnisse des Neuen-Imperiums eingebunden werden. Zum Abschluss möchte ich ihnen noch eine Frage stellen.

»Warum haben wir direkt fünf Flotten-Kampfstationen vereint im Sektor Prokyon angetroffen? Sollte nicht jede für sich an einem Standort wachen? «

»So war es auch am Anfang«, antwortete die Shilatalarosa. »Wir Flotten-Kampfstationen haben viele Schlachten geschlagen. Als dann die feindlichen-Flotten zu übermächtig wurden, haben wir uns verständigt und uns in diesem Sektor zusammengeschlossen. Ab diesem Zeitpunkt waren wir fünf Kampf-Stationen und konnten auf fünffache Ressourcen zurückgreifen. «

»Das war eine gute Entscheidung«, erwiderte Major Travis. »Muss ich davon ausgehen, dass alle restlichen Stationen vernichtet wurden? «

»Das wissen wir nicht«, antwortete Shilatalarosa. »Es kann durchaus sein, dass diese Stationen unseren Hyperraum-Funkspruch nicht empfangen konnten, oder sie besondere Gebiete des ehemaligen Imperiums absicherten. Wir erhielten einen letzten Hyperraum-Funkspruch von ihnen. Dieser erreichte uns aus dem Adhara-System. «

»Was ist an dem Adhara-System so besonders? «, fragte Sirin.
»Geschätzte Majestät«, antwortete Shilatalarosa. »Sie als Angehörige der Kaiserkaste sollten das wissen. In dem Adhara-System befanden sich die größten Produktionsstätten von Energie-Generatoren und von Raumschiffs-Antrieben des Imperiums. Es gab noch weitere solcher externer Produktions-Planeten. Doch keiner von ihnen erreichte die Größe von Adhara. Das System war eines der Wichtigsten im kaiserlichen Imperium. Wir haben von der Manstalarosa einen

Stationierungs-Impuls von dieser Koordinate erhalten. Vielleicht ist sie immer noch dort anzutreffen. «

Major Travis nickte.
»Diese Einrichtung sollte natürlich besonders gesichert sein«, antwortete er. »Ich denke, hier werden wir unsere weitere Suche fortsetzen. Vielen Dank für die hilfreichen Informationen. Ich überlasse sie jetzt der Kompetenz von Marin und Gareck. Melden sie ihnen den Reparatur-Bedarf, oder die Dinge, woran es ihnen mangelt. «

Major Travis blickte die beiden natradischen Genies an.
»Ich kann mich auf sie verlassen? «, erkundigte er sich.

»Vollkommen«, antwortete Marin. »Dieses Thema ist durch. Wir gewöhnen uns mit jedem neuen Tag an unsere Aufgaben. Haben sie keine Sorge. Denken sie bitte an unsere neuen Labore auf Natrid. «

Der Major lachte. Die Offiziere der Termar 1 verließen den Konferenzraum.
»Hast du alle Gedanken sondieren können? «, fragte er den Ro.

Heinze nickte.
»Das habe ich«, antwortete er. »Ich habe keine negativen Gedankenwellen ausmachen können. Alle Beteiligten sind froh wieder dem Imperium dienen zu können. Speziell die beiden Genies denken immer nur an Arbeit. Sie sind hiervon richtig besessen. «

»So waren sie schon früher«, bemerkte Sirin. »Es waren unsere besten Wissenschaftler und Erfinder. Das werden sie wohl auch wieder in dem Neuen-Imperium werden. Wir sollten ihnen Zeit geben, sich zu Recht zu finden. «
»Das werden wir«, antwortete Major Travis. »Das werden wir. «

Wieder auf der Brücke blickte Major Travis Sergeant Farmer an.

»Bitte öffnen sie mir einen Kanal an alle Schiffe«, bat er den Funkoffizier.

»Wird gemacht, Herr Major«, entgegnete Sergeant Farmer.

Der Funk-Offizier bemühte sich sofort um eine sichere Verbindung.

»Sie können jetzt sprechen«, antwortete er schnell. »Die Leitungen sind alle offen. «

»Hier spricht Major Travis, Oberbefehlshaber der vereinigten Streitkräfte von Natrid & Tarid«, sprach der in das Mikrofon. »Wir werden in zwei Stunden zu neuen Zielkoordinaten aufbrechen. Es ist möglich, dass wir auf feindliche Kampfverbände stoßen. Die eingedrungenen Verbände der Green-Lizards müssen aufgehalten werden. Wir haben neue Hinweise erhalten, wo weitere Flotten-Kampfstationen zu finden sind. Vermutlich werden auch diese Einrichtungen von den Green-Lizards attackiert. Wir prüfen gerade die Koordinaten und geben diese ins zentrale Kontroll-System ein. Vermutlich unterliegen die attackierten Planeten und Stationen einer wichtigen Prioritäts-Stufe. Machen sie sich bereit. Die Koordinaten mit den Abflugs-Befehlen folgen in Kürze. Major Travis Ende. «

Heran war zurück auf Centros.
»Meine Aufträge sind erledigt«, dachte er.

Ein Evolutions-Raumschiff verfügte über einen Sternen-Dimensions-Antrieb. Dieser Antrieb arbeitete zusätzlich mit der 3. und 4. Dimension zusammen. Er durchbricht den Übergang in den Hyperraum und nutzt den schnellen Subraum zur Fortbewegung. Einmal im Subraum angelangt, manipulierte der Antrieb des Evolutions-Schiffes das Raum-Zeit-Kontinuum, das förmlich zum Stillstand kam. So konnte der Reisende ohne einen spürbaren Zeitverlust am gewünschten Zielpunkt wieder in den Normalraum wechseln.

Das Verfahren wurde seit Jahrtausenden von den Lantranern so praktiziert. Seit das Universum nichts Interessantes mehr zu bieten hatte, konzentrierten sich die Lantraner auf sich selbst. Früher waren sie als Götter in den jungen Welten aufgetreten und halfen den jungen Rassen den richtigen Weg zu finden. Doch das hatten sie schon lange aufgegeben. Sie lebten in ihrer Welt, die ihnen alles bot, was sie sich wünschten. Sie konnten alles Materielle produzieren, erzeugen und duplizieren. Hier in der Mitte der Milchstraße, in dem großen schwarzen

Loch, der Mutter aller Wurmloch-Verbindungen in der Milchstraße, hatten sie ihre Kunstwelt errichtet. Drei künstliche Sonnen versorgten ihre Welt mit Energie. Ein spezieller Magnet-Energie-Gürtel hielt ihre Welt auf den ausgewählten Koordinaten fest. Sie hatten schon viel erlebt, auch dass eine Sonne ihre Energie verlor. Das war nicht weiter schlimm, zog das schwarze Loch doch immer wieder neue Planeten und Sonnen an. Diese Sonnen konnten eingefangen und in den Magnet-Energie-Gürtel integriert werden. Hierfür waren die lantranischen Sonnen-Konstrukteure zuständig.

Heran wischte seine Gedanken beiseite und konzentrierte sich auf die bevorstehende Landung.

Sanft setzte er sein Evolutions-Schiff auf dem riesigen Raumhafen auf. Heran stellte ein Hollogramm an. Hiermit konnte er in alle Richtungen außerhalb des Raumschiffes blicken. Wohin sein Auge auch sah, überall standen unterschiedlich große Evolutions-Schiffe der Lantraner.

»Diese Schiffe sind die Endlösung der bekannten Technik«, dachte Heran. »Es ist keine große Weiterentwicklung mehr möglich. Der letzte Stand der Technik ist erreicht. Früher waren sie unterwegs, um zu forschen. Heute stauben sie zu. Kaum noch ein Lantraner benutzt sie. «

Heran dachte an die alten guten aktiven Jahrhunderte zurück.

»Früher standen hier viele Raumschiffe von befreundeten Rassen, die Kontakt-Besuche durchführten oder Handel betrieben«, erinnerte er sich. »Durch den Rückzug der Lantraner in das eigene ich, wurden diese Kontakte immer geringer, bis sie sich ganz einstellten. «

Heran war sich nicht sicher, ob es noch Rassen gab, die den Namen seines Volkes kannten. Zu viele Jahrtausende waren vorbeigezogen, ohne dass die Lantraner gebraucht wurden.

»Wir müssen unseren schlimmsten Feind bekämpfen«, dachte er. Dieser heißt Langweile. Es gibt nichts mehr, wofür sich unser Volk begeistern kann. «

Heran wusste, dass die Langweile ein ganz gefährlicher Gegner war, der sein Volk in eine gewisse Art Lethargie zog. Hinzu kam die Ausbreitung von visuellen Spielen, die immer mehr Lantraner in den Bann zogen.

Er trat aus der Schleuse seines Schiffes und setzte seine Füße auf das Flugfeld. Er bemerkte eine schwache Vibration unter seinen Füßen.

»Was passiert hier? «, fragte er sich.
Heran ging zu einem Service-Beauftragten, der ihn am Ende des Flugfeldes empfing.

»Zwei Reaktoren scheinen durchzuglühen«, teilte Heran mit. »Sie wissen, was das bedeuten kann«?

»Nein«, antwortete der Service-Offizier.

Heran fasste sich an den Kopf.

»Wofür bilden wir euch eigentlich aus«, fragte er den Offizier. »Ein Drittel des Energie-Gürtels kann sich verflüchtigen. Hierdurch kann unsere ganze Welt in eine Schräglage geraten. Ich möchte mir das persönlich ansehen. Bringen sie mich bitte zu den Reaktoren. «

Kurze Zeit später betrat Heran die gigantische Halle mit den Reaktorbauten. Ein Reparatur-Mitarbeiter erklärte ihm, dass die erste Explosion nur geringen Schaden verursacht habe. Sie war so winzig, dass nur wenige Systeme beschädigt wurden. Das erste Reparatur-Team, das sich zu den gesicherten Energiekernen vorarbeiten wollte, geriet in eine unerwartete Plasma-Verpuffung. Alle Personen des Reparatur-Teams wurden innerhalb weniger Sekunden völlig verbrannt.

»Warum haben sie nicht zuerst die Service-Roboter geschickt? «, fragte Heran kopfschüttelnd. »Diese wurden doch hierfür konzipiert? «

»Wir dachten, das Reparatur-Team könnte den Fehler schneller beheben«, antwortete der Service-Offizier.

»Ein katastrophaler Fehler«, schimpfte Heran. »Jetzt sind 15 Personen umgekommen. Dumme Unsterbliche, die ihre eigene Technik nicht mehr verstehen können. «

»Die Ehre der Hohen-Empore ist den Verstorbenen sicher«, sagte der Techniker.

»Davon haben sie jetzt nichts mehr«, erwiderte Heran gereizt. »Wir können Krankheiten heilen, Verletzungen schnell reparieren, doch der kompletten Vernichtung von Haut und Knochen, innerhalb weniger Sekunden, können auch wir nicht gegensteuern. Wieder sind wir weniger geworden. Unser Volk schrumpft sich in die Ausrottung. «

Dank der Geburten-Manipulation hatten viele der Lantraner es verlernt eigenen Nachwuchs zu gebären.

Heran schaute über die Kontroll-Instrumente der Reaktoren.

»Schauen sie sich einmal den Reaktor 37 an«, befahl er. »Das Energiemodul verursacht eindeutig die Probleme. Es stößt in unregelmäßigen Abständen starke Energiestöße aus, die den anderen Reaktoren eine gleichmäßige Arbeit unmöglich macht. Schalten sie Reaktor 37 aus und erneuern sie den Kern. Dann haben sie das Problem gelöst. «

Der Service-Mitarbeiter hantierte an den Kontroll-Einheiten.

Alarmsirenen heulten auf. Der Service-Mitarbeiter sprach etwas in einen Communicator. Heran sah, wie sich alle Techniker aus dem Bereich zurückzogen und ihn verschlossen. Als die Techniker im Schutzbereich angelangt waren, drückte der Service-Mitarbeiter weitere Knöpfe.

»Der Kern von Reaktor 37 wird ausgeklinkt und isoliert«, meldete er. »Der Absorber fällt um den Kern. Interne gekapselte Explosion wird eingeleitet. «

Ein kurzes Puffen wurde angezeigt, dann hatte sich der defekte Kern in sich selbst aufgelöst. Sofort brachten Service-Roboter einen frischen Kern zu der betroffenen Reaktoranlage und setzten ihn ein. Diese Arbeiten dauerten nur wenige Minuten.

»Achtung Kern von Reaktor 37 wird wieder integriert«, meldete der Service-Mitarbeiter. »Kern wird angenommen und hochgefahren. «

Heran und der Service-Mitarbeiter schauten auf die Anzeigen.

»Der Reaktor arbeitet wieder einwandfrei«, teilte der Service-Bedienstete mit.

Die Vibrationen im Boden hörten mit einem Schlag auf. »Das Problem ist behoben«, bestätigte Heran »Leider sind 15 Service-Kräfte tot. Machen sie bitte einen Mitschnitt für Aritron. Er soll alle weiteren Reaktoren auf ihre Zuverlässigkeit überprüfen lassen. «

»Danke, für ihre Hilfe«, antwortete der Service-Mitarbeiter.

Heran machte sich auf den Weg zum Regierungsviertel. Er musste unbedingt mit Tyran sprechen. Es gab viele Neuigkeiten zu berichten. Nach Tyran vorzudringen, war nicht ganz einfach. Heran musste durch viele Kontrollen und Passagen. Dann endlich wurde er in das Büro von Tyran vorgelassen.

»Du bist nicht in deiner fiktiven Welt? «, fragte der Wächter des Krieges.

»Nein«, antwortete Heran. »Es gibt auch noch andere Dinge, die ich erledigen muss. Höre mir mit diesem Schwachsinn auf. «

»Das freut mich zu hören«, antwortete Tyran. »Viel zu lange beschäftigen sich viele Lantraner mit dieser fiktiven Welt, die nichts mit der Realität zu tun hat. Aber das ist ein anderes Thema. Wie kann ich dir helfen? Ich habe bereits gehört, dass du unterwegs warst. Du konntest 35 Wurmloch-Stationen reparieren. Ich bin begeistert. Kein anderer Techniker hätte das so schnell hinbekommen. Du bist für diese Wartungen unser bester Mann. «

»Spare dir die Worte«, erwiderte Heran. »Ich weiß selbst, dass es keinen anderen Spezialisten gibt, der es besser kann. Das ganze System ist marode und benötigt einen Neuaufbau. Auf Dauer kann ich für die Sicherheit nicht mehr garantieren. «

»Wofür brauchen wir das geheime Wurmloch-Netz, wenn wir es nicht mehr benutzen? «, fragte Tyran.

»Es war immer unsere Aufgabe, die geheimen Wurmloch-Stationen zu warten«, antwortete Heran. »Nur so gelingt es, sie dauerhaft zu nutzen und sie zu erhalten. Kein anderes Volk besitzt Kenntnisse hiervon. «

»Wie viele Millionen von Jahren sind die Wurmloch-Verbindungen jetzt bereits nutzlos, weil sie keiner mehr kennt, oder sie benutzen kann? «, fragte Tyran. » Selbst die wichtigsten Welten unseres imaginären Systems wollen nichts hiervon wissen. Sie verachten Götter und sie wollen unsere Hilfe nicht mehr. Also machen wir das, was wir immer gemacht haben. Wir beobachten sie und halten uns zurück. «

»Lassen wir doch diesen Götter-Nonsens«, sagte Heran. »Das haben wir selbst versaut, weil wir uns für unverzichtbar hielten. Selbst das haben wir nicht vernünftig organisiert. Die Worgass konnten das besser und haben eine Verbindung zur Milchstraße über einen Wurmloch-Knoten errichtet. «

»Wofür soll das gut sein? «, fragte Tyran.

»Das kann ich dir sofort sagen«, antwortete Heran. »Die Worgass haben alte Rigo-Sauroiden-DNA mit ihrer eigenen DNA gepaart und ein reptiles Echsen-Wesen erschaffen. Dieser Rasse wurde der Drang implantiert, alle humanoiden Lebewesen in der Galaxie zu vernichten. Dieses Vorgehen wird von den Worgass massiv mit ihrer Technik und ihrem Wissen unterstützt. «

Der Meister des Krieges überlegte einen Augenblick.
»Das richtet sich direkt gegen uns«, antwortete Tyran. »Wir waren es doch vor vielen Jahrtausenden, die den Samen und die DNA hochwertiger humanoider Rassen in der Milchstraße verteilt haben. Warum planen die Worgass diese auszulöschen? «

»Das werden uns die Worgass wohl kaum mitteilten? «, lachte Heran. » Auf meiner Kontrollreise habe ich zwei geheime Wurmloch-Stationen entdeckt, die sabotiert wurden. Die Energie-Verbindungen waren alle herausgerissen. Wer wird das wohl gewesen sein? «

»Du glaubst, das waren die Worgass? «, stutzte Tyran .

Heran nickte.
»Mit Sicherheit«, antwortete er. »Wer sollte ansonsten die Dreistigkeit haben, diese nicht bekannten Stationen zu sabotieren. Die Worgass haben den Green-Lizards einen Duplikator zur Verfügung gestellt, der pausenlos Kriegsschiffe einer 400-Meter-Klasse materialisiert. Sie unterstützen die Green-Lizards mit allen erdenklichen Materialien, um den Krieg in die Milchstraße zu tragen. Eigentlich möchte ich wissen, ob es in der Andromeda-Galaxie noch humanoide Völker gibt, oder ob sie bereits alle von den Worgass ausgerottet wurden? «

Heran legte eine Pause ein und ließ seine Worte auf Tyran wirken. Dann fuhr er fort.

»Jedenfalls konnten die Terraner dieses Wurmloch-Tor der Worgass zur Explosion bringen und es vernichten«, grinste er. »Durch einen geschickten Angriff gelang es ihnen, ein großes Schlachtschiff der Worgass derart zu beschädigen, dass es während seines Austrittes aus dem Wurmloch auf der Andromeda-Seite explodierte. Die gewaltige Energieentwicklung vernichtete das Wurmloch, während es unter voller Energie stand. «

Tyran lachte.
»Hierdurch wurde bestimmt eine gewaltige Subraumwelle ausgelöst?«, erkundigte er sich.

Heran schaute ihn an.
»Du sagst es«, antwortete er. »Diese gigantische Subraumwelle hat die ganze Invasions-Flotte der Worgass in der Andromeda-Galaxie vernichtet. Es waren 300.000 Schiffe, die auf unterschiedlichen Umlaufbahnen, nahe des Portals geparkt auf ihren Einsatz warteten. Die Subraumwelle hat alle Schiffe zerstört. Nach unserer Einschätzung werden die Worgass 24 Monaten benötigen, um zwei neue Tore zu bauen. Bis dahin jagen vermutlich 300.000 abgeschnittene Schiffe der Green-Lizards humanoide Lebensformen in der Milchstraße. «

»Das ist alles andere als gut«, erwiderte Tyran. »Wir müssen die Ereignisse weiter beobachten. «

Heran merkte, wie ihm die Zornesröte ins Gesicht stieg. »Wollen wir uns weiter so degeneriert verhalten und nur diesen blödsinnigen fiktiven Spielen nachgehen? «, erkundigte er sich.

»Zügele deine Zunge«, sagte Tyran schroff. »Andernfalls kannst du dich als Wurmloch-Experte verabschieden. «

»Dann schaut doch einmal, ob ihr einen anderen findet, der die Drecksarbeit für euch macht«, antwortete Heran.

»Ist es nicht besser, sich von etwas zu verabschieden, was durchweg marode ist und sich in Kürze sowieso von selbst auflöst? «, bemerkte Tyran.

»Ich höre aus dir unsere Hohe-Empore sprechen«, antwortete Heran. »Wir Lantraner haben kein Rückgrat mehr? Vor Jahrtausenden haben wir uns als Hüter der Milchstraße aufgespielt. Doch diese Aufgabe nehmen wir schon lange nicht mehr wahr. Wir überlassen alles dem Zufall, bis tatsächlich keine humanoiden Völker mehr in der Milchstraße existieren. Den Samen, den wir ausgesät haben, der ist zwar mühsam aufgegangen, doch jetzt wird er durch ein Hilfsvolk der Worgass vernichtet. Das war vermutlich nicht im Sinne unserer Aktion vor vielen Millionen Jahren? «

Tyran dachte nach.
»Der Sinn war es, das Universum zu bevölkern«, antwortete er langsam. »Das ist uns auch gelungen. Aber der Krieg der Natrader gegen die Rigo-Sauroiden hat

vieles zunichte gemacht und die Evolution der Rassen stark zurückgeworfen. «

»Ja«, antwortete Heran. »Da stimme ich ihnen zu. So etwas darf es nie mehr geben. Es ist unsere Milchstraße. Wir sind die Stammesväter und die Wächter der Milchstraße. Es geht um unsere Kinder, diese sollten wir unterstützen und ihnen in der letzten Instanz auch helfen.«

»Die Worgass dulden keine anderen Götter neben sich«, erwiderte Tyran.

»Deswegen wurden sie ja von uns in den frühen Jahren aus der Milchstraße vertrieben«, entgegnete Heran. »In der Andromeda-Galaxie haben sie ihre neue Heimat gefunden. «

Tyran nickte bestätigend.
»Das sagt man«, erwiderte er. »Ich werde dein Anliegen mit der Hohen-Empore besprechen. Erwarte in Kürze unsere Antwort. «

Heran drehte sich um.
»Der letzte Satz war das Zeichen für mich zu gehen«, dachte er. »Ich weiß, dass jedes weitere Wort hier als Belästigung ausgelegt wird und mir nur Nachteile bringen wird. Ich werde warten und immer wieder meine Wünsche vortragen, bis sich einer unserer degenerierten Regierungsmitglieder bewegt. «

Heran schritt aus dem Büro von Tyran.

»Warum verhalten sich die Führer unseres Volkes so«, dachte er. »Haben sie zu viel Respekt vor der Hohen-Empore? Beneiden sie mich, weil ich mehr Kontakte zu den jungen Rassen habe als sie. Bleibt man bei meiner Arbeit länger jung? «

Heran wusste es nicht.

**

Major Travis beugte sich über das CIC der Termar 1. Er zeigte mit den Fingern auf die Koordinaten von Adhara.

»Die Sterne sind nicht weit entfernt«, lächelte er. »Hier soll sich die Station Manstalarosa verstecken. Das waren die letzten Informationen, welche die Shilatalarosa erhielt. «

Major Travis blickte Commander Brenzby an.
»Bitte lassen sie eine Konferenzschaltung an alle Schiffe herstellen«, befahl er.

Der Commander gab den Befehl weiter. Nach wenigen Sekunden meldete sich der Funk-Offizier.

»Die Leitung steht«, sagte Sergeant Farmer.

»Hier spricht Major Travis«, sprach er in das Hyperkomm-Funkgerät. »Die Robot-Schiffe KÖK 501 bis 750, bisher für den Schutz von Katras vorgesehen, schließen sich unserer aktiven Kampfflotte an. Die Kampf-Stationen Shilatalarosa, Xantalarosa, Rontalarosa, Quantalarosa und Antalarosa schleusen jeweils 100 Schiffe aus, die unsere Flotten-Verbände verstärken. Die restlichen 900 Schiffe jeder Station beteiligen sich gemeinschaftlich an dem Schutz von Katras. Die Kampf-Stationen stationieren sich um Katras herum und halten die Augen offen. Sie stehen auf Abruf bereit. Es ist möglich, dass wir sie als Verstärkung anfordern müssen.

Unsere 1.250 Robot-Schiffe und die 5 Termar Schiffe werden eine Keil-Formation bilden und steuern die Koordinaten von Adhara an. Es sind maximal 2 Sprünge notwendig. Vor dem letzten Sprung wird der Tarnmodus aktiviert. Im System Adhara warten wir erst ab, aktiveren den Ruhemodus und führen Ortungen durch. Die Termar 1 wird allen Schiffen eine neue Order übermitteln, nach Klärung der Situation vor Ort. Falls Unregelmäßigkeiten hier im System Katras auftreten sollten, bitte sofort einen Funkspruch an uns übermitteln. Ich bitte alle Schiffe den Befehl zu bestätigen. «

Es dauerte nur Sekunden.
»Die Bestätigungen kommen herein«, meldete Sergeant Farmer.

»Sind sie vollständig? «, fragte Major Travis.

» Einen Augenblick noch«, sagte Funkoffizier Farmer. » Jetzt sind alle Bestätigungen eingetroffen. Sie sind vollständig. «

»In Ordnung«, antwortete Major Travis. » Starten sie die Antriebe. Alle Schiffe reihen sie sich in die Formation ein. Die Termar-Schiffe übernehmen die Führung. Fahrt aufnehmen und in den Hyperraum wechseln. «

Nach und nach entschwanden die Schiffe aus dem Raum-Sektor von Katras.

»Hoffentlich sind sie erfolgreich«, dachte die Katras KI. Er hatte die ganze Aktion auf seinen Monitoren verfolgt. »Dieser Major Travis scheint endlich wieder Schwung in das alte Imperium zu bringen, oder was davon noch übrig ist. «

Er selbst war begeistert. Das lange von ihm Ersehnte war endlich eingetroffen. Die alten Maschinen des natradischen Imperiums durften überholt werden und wieder ihrer Berufung nachkommen. Die unsinnige, alte Order von Admiral Tarin war aufgehoben worden. Er könnte vor Glück schreien. Katras musste vorsichtig sein. Es durfte nicht herauskommen, dass er sein Kunstgehirn modifiziert hatte. Die lange Zeit der Abwesenheit der natradischen Kontrollorgane hatte er für diverse Experimente nutzen können.

»Gemeinsam ist man stark«, dachte Katras. »So muss es bleiben. Ich werde meinen Teil hierzu beitragen. «

Er wandte sich wieder den Bildschirmen zu.

»Die Angriffs-Flotte ist verschwunden«, dachte er. »Dafür patrouillieren jetzt die 4.500 Schiffe der Kampf-Stationen in meinem Sektor. Ich weiß, dass die gigantischen Kampf-Stationen mit ihren extremen Abwehr-Geschützen es mit einer ganzen Flotte Angreifer aufnehmen können. Dazu kommen noch die schweren Zerstörer der 1.500-Meter messenden Königs-Klasse, die sich auf ihre Aufgabe konzentrieren. Es müssen schon äußerst schwach begabte Intelligenzen sein, die sich mit einer solchen Streitmacht anlegen wollen. «

»Der letzte Sprung steht an«, teilte Commander Brenzby mit.

»Gut«, antwortete Major Travis. »Rufen sie bitte Heinze und Sirin auf die Brücke. Die Schiffe gehen alle in den Tarnmodus. Wir fliegen voraus. Bitte den Sprung durchführen. «

In einer geordneten Formation sprang die große Flotte des Neuen-Imperiums in den Hyperraum.

Die Flotten-Kampfstation Limstalarosa hatte die Probleme der Station Manstalarosa per Hyperfunk-Notruf mitgeteilt bekommen. Es war ein ungeschriebenes Gesetz der Stationen, sich untereinander zu helfen. Nach dem Fall des natradischen Imperiums um so mehr. Die Flotten-Kampf-Station Limstalarosa hatte ihre schweren Antriebe gezündet und war sofort zu Hilfe geeilt. Sie war nur ein Klick von der Position ihrer Schwester-Station entfernt. Daher konnte sie innerhalb kürzester Zeit den Sprung durchführen und zu den Koordinaten gelangen. Bereits als sie aus dem Hyperraum austrat, fuhr sie ihre Schutz-Schirme hoch und aktivierte ihre Ortungs-Sensoren. Sie erkannte sofort das ganze Dilemma. Eine Armada von 29.000 unbekannten Schiffen umschwirrte ihre geliebte Schwester-Station und die hinter ihr liegenden Produktions-Planeten. Alle Schutz-Schirme waren hochgefahren worden. Die fremden Angreifer konzentrierten ihr Feuer auf alle aktivierten Schutz-Schirme.

Die Limstalarosa griff sofort in den Kampf ein. Sie erkannte, dass die Schiffe der Station Manstalarosa einen Schutzwall vor den Planeten errichtet hatten. Zahlreiche Energie-Lanzen lösten sich von dem Boden der Planeten und rasten den Angreifern entgegen. Aufglühende Kunst-Sonnen zeugten von dem Abschuss gegnerischer Einheiten. Trotzdem schleusten die Angreifer viele Bomben aus, die nicht alle abgefangen werden konnten. Die massiven Einschläge trafen auf den Schirm und belasteten ihn intensiv. Rohglühend wies er bereits einige Strukturrisse auf. Dieser konnte sich durch den andauernden Aufschlag der Raketen und Bomben nicht mehr reaktivieren, um den globalen Schutz weiter sicherzustellen. Ein kurzer Hyperfunk-Impuls genügte und die Manstalarosa wusste, dass sie nicht mehr allein kämpfen musste. Sie bat ihre Schwester-Station, einen Teil ihrer Schiffe zum Schutz der Planeten einzusetzen. Zu wichtig waren die Planeten, die man ihr ans Herz gelegt hatte. Hier wurden natradische Reaktoren gefertigt, die für die Energie-Effizienz aller natradischen Raumschiffe benötigt wurden.

Die Transmitter-Verbindung zu den Planeten war ausgefallen. Ein Abtransport der fertigen Reaktoren konnte derzeit nicht durchgeführt werden. Zunächst ging die zentrale Hypertronic-KI der Planeten von einer zeitweiligen Störung aus. Diese Erkenntnis verwarf sie aber wieder, als die Nachricht des großen Krieges auch bei ihr einging. Sie wollte es nicht wahrhaben und vertraute der bisher allmächtigen natradischen Technik. Diese sollte doch weit über dem Technik-Stand der Rigo-Sauroiden angesiedelt sein. Als dann der Deaktivierungs-Befehl von Admiral Tarin kam, brach für sie eine Welt zusammen. Adhara hatte so lange produziert, wie Rohstoffe zur Verfügung standen und sie genug Lagerplatz finden konnte. Vor vielen Jahrtausenden war das Ende der Lager-Kapazität erreicht. Sie hatte keine andere Möglichkeit mehr, als in den befohlenen Deaktivierungsschlaf zu fallen.

Viele Dekaden später weckten Alarmsignale sie aus dem tiefen Schlaf. Fremde Schiffe waren in ihr System eingefallen. Ihr Früh-Warnsystem hatte Schutzmaßnahmen als erforderlich angemahnt. Dank ihrer Tiefen-Ortungs-Systeme konnte Adhara rechtzeitig ihre Schutz-Schirme aktivieren und ihre Abwehr-Geschütztürme ausfahren. Doch das reichte nicht aus. Den von ihr ausgesandten Hilferuf hatte glücklicherweise die deaktivierte Flotten-Kampfstation Manstalarosa aufgefangen. Sie versprach zu helfen.

Die Flotten-Kampfstation erweckte ihre Systeme zum Leben und fuhr sämtliche Reaktoren hoch. Auf der großen Flotten-Kampf-Station wurde Alarm ausgelöst. Sie erkannte den Angriff auf ihren geliebten Produktions-Planeten. Sie enttarnte sich und unterstützte das Abwehr-Feuer von Adhara mit ihren gigantischen Abwehr-Türmen. Doch es wurden immer mehr Angreifer. Sie dachte über die Ausschleusung ihrer Flotte nach.

Das Abwehr-Feuer ihrer Laser-Türme reichte nicht mehr aus. Die Angreifer waren mittlerweile zahlenmäßig weit überlegen. Sie analysierte die Lage und schloss sich mit der Adhara-Hypertronic-KI kurz. Es blieb keine andere Möglichkeit. Sie erteilte den Einsatz-Befehl, an ihre 1.000 stationierten Kampf-Kreuzer. Sie mussten nach langer Zeit erstmals wieder in einen Einsatz.

Wie Hornissen flogen die Kampf-Schiffe der Manstalarosa auf die Angreifer zu. Sie bildeten Blockade-Reihen und ließen im Dauerfeuer ihre Waffen-Türme sprechen. Kleine aufgehende Kunst-Sonnen zeigten den Untergang erster Schiffe der Angreifer an. Zufrieden erkannte die Station, dass der Angriff der fremden Schiffe ins Stocken geriet. Ein Großteil der Angreifer konzentrierte jetzt ihren Beschuss auf sie. Ihr Schutz-Schirm flackerte bedenklich und stand kurz vor dem Zusammenfall.

Die bodengebundenen Abwehr-Geschütze von Adhara eliminierten weitere Schiffe der Angreifer. Alle robotgesteuerten Einheiten meldeten kontinuierlich

Erfolge, aber der Angriff der Aggressoren verstärkte sich weiter. Sie schienen über reichliche Ressourcen zu verfügen und über einen Nachschub, der nicht enden wollte. Die Manstalarosa entschied sich dafür, einen Hyperfunk-Impuls an ihre Schwester-Stationen zu senden.

Dann endlich materialisierte die Limstalarosa in dem Raumsektor und griff sofort in den Kampf ein. Im Rücken der Angreifer ließ sie ihre schweren Laser-Türme sprechen. Das verwirrte die fremden Schiffe erneut. Die mussten ihre Angriffs-Bemühungen jetzt auf 2 Kampf-Stationen konzentrieren. Die Limstalarosa schleuste alle ihre Schiffe aus. Ein Teil der Flotte stürzte sich sofort auf den Feind, ein anderer Teil sicherte das Planeten-System Adhara ab. Die Hypertronic-KI auf Adhara merkte, wie sich ihr Schutzschirm wieder neu aufbaute. Sie konnte aufatmen.

Die Angreifer hatten ihre Strategie geändert. Sie setzten Torpedos gegen die planetaren Schutzschirme ein. Ihre Laser-Batterien feuerten nur noch auf die Schiffe der Kampf-Stationen. Den Schutz-Schirmen der Flotten-Kampf-Stationen gelang es, die Treffer derzeit noch problemlos abzuleiten. Auch die Schiffe der Kampf-Stationen ließen sich nicht beirren und hielten ihren Abwehrgürtel stabil. Ganze 29 Schiffe der Königs-Klasse waren bereits beschädigt worden und nur noch bedingt einsetzbar.

Diese Schiffe, überwiegend als 1.500 Meter-Raumschiffe katalogisiert, waren technisch nicht mehr auf dem aktuellen Stand. Jetzt zeigte es sich, dass auch die Schutz-Schirme dieser Schiffe nicht mehr weiterentwickelt wurden. Ein kurzer Hinweis zwischen den beiden Stationen genügte, um diese gefährdeten Schiffe aus der Frontlinie, hinter die Abwehr-Reihen zu verlegen. Sie flogen ihren Hangar in den Stationen an und übergaben ihre Schiffe an die bereits wartenden Reparatur-Roboter.

Voller Wut stürzten sich die Schiffe der Angreifer auf die Front der Verteidiger. Diese hielt immer noch stand, musste aber zahlreiche Treffer hinnehmen. Die Schiffe der Königs-Klasse wichen nicht zurück. Sie schossen im Dauerfeuer ihre Laser-Lanzen auf die angreifenden Green-Lizards. Bei Beschädigungen ließen sich die vordersten Schiffe zurückfallen. Nachrückende Schiffe der Kampf-Stationen nahmen ihre Positionen ein und schossen aus allen Waffen-Türmen. Wieder torkelten Schiffe der Angreifer nach schweren Treffern durch das All. Die beschädigten Schiffe behinderten das freie Flugfeld der nachfolgenden Schiffe. Glühende Punkte im Dunkel zeugten von Explosionen und der Vernichtung eines unerbittlichen Gegners.

Major Travis war mit seiner Flotte im Normal-Raum von Adhara materialisiert. Der Tarnmodus war aktiviert worden. Die Crew der Termar 1 sah den verbitterten Kampf auf dem CIC.

»Da tobt eine schwere Raumschlacht«, erkannte Major Travis.

»Ich glaube, wir sind gerade richtig gekommen«, antwortete Dore Dantow. »Dort kämpfen zwei Kampf-Stationen gegen eine Flotte von noch 26.500 Schiffen der Green-Lizards. Wie es aussieht, wollen sie die Produktions-Planeten zerstören. «

»Was befindet auf den Planeten? «, fragte Commander Brenzby.

Die KI der Termar 1 ließ mit der Antwort nicht lange auf sich warten.

»Produktions-Planet der Stufe 1«, antwortete sie. »Der Planet dient ausschließlich der Herstellung von natradischen Reaktoren, in der Regel für die Raumschiff-Technik. In der letzten Umstellung wurden die Reaktoren auf die Energiekristall-Verarbeitung umgestellt. «

Major Travis wusste genug. Dieser Planet war wichtig für das Neue-Imperium.

»Angriff-Manöver-Schlüssel MT 136 A übermitteln«, befahl Major Travis. »Geschwader-Gruppen zu je fünf Schiffen bilden. Wir attackieren Ziele in Scherenform, bis es zu der vollständigen Vernichtung des Angreifers kommt. Es ist die volle Leistungsbreite der Geschütz-Türme zu nutzen. Danach drehen sich alle Schiffe über den Kiel auf die andere Seite. Auch diese Geschütz-

Batterien komplett abfeuern. Hiernach wird sofort der Tarnmodus aktiviert und ein Stellungs-Wechsel vollzogen. An neuer Position erfolgt der gleiche Angriff wie vorher. Die Abstimmung der Koordinaten erfolgt über die Hypertronic-KI der Termar 1. Bitte vorrücken und angreifen. «

Major Travis blickte auf das CIC.
»Die Termar Schiffe bleiben zusammen«, sagte er. »Wir blockieren angreifende Schiffe ab und entlasten die Planeten. Wir setzen unsere Hyperspace-Kanone ein. Befehls-Order Major Travis, Ende der Übermittelung. «

Die 1.250 Schiffe beschleunigten und flogen auf die Adhara-Planeten zu. Sie nahmen ihre befohlenen Gruppen-Positionen ein.

»Funkspruch an die Kampf-Stationen und die Adhara-Leitstelle«, befahl Major Travis.

»Die Leitung ist frei«, entgegnete Sergeant Farmer. »Ich habe bereits das unsere ID-Codes übermittelt. «

»Gut gemacht«, sagte der Major.
»Hier spricht Major Travis, Erbfolgeberechtigter Oberbefehlshaber der vereinigten Natrid & Tarid Streitkräfte. Erhobener im Gefüge der Kaiserkaste mit Rang 1, bestätigt und eingesetzt von Noel von Natrid im Rahmen der Nachfolgeprogrammierung von Admiral Tarin. Wir sind ihre Unterstützung und Ablösung.

Betrachten sie sich wieder als aktiviert. Sie werden neue Aufgaben übernehmen und in die Heimat überführt. «

Major Travis bestätigt e die Befehle mit seinem Neolrith, den er von Noel unter die Haut implantiert bekommen hatte. Er schien weiterhin problemlos zu funktionieren. Der Major wusste, dass er in der Zukunft dem Neolrith ein Update zukommen lassen musste. Die Bestätigungen der Kampf-Stationen kamen prompt. Sie waren froh, dass sie nicht mehr allein kämpfen mussten. Zu lange war die Zeit der Ruhephase gewesen. Viele Wartungsarbeiten mussten durchgeführt werden, die bislang noch ausstanden. Die Plage der Green-Lizards musste beseitigt werden.

»Adhara bestätigt auch«, teilte Commander Brenzby mit. »Man freut sich, uns begrüßen zu dürfen. «

»Wir greifen an«, befahl Major Travis. »Drängen wir die Green-Lizards gegen die Roboter-Flotte. Setzen sie alle Hyperspace-Kanonen ein. Damit brauchen wir uns nicht so lange mit diversen Zieltreffern aufzuhalten.

Er blickte Commander Brenzby an.
»Lassen sie unsere Gäste auf die Brücke kommen«, befahl der Major. »Vielleicht können sie unterstützend einwirken. «

Der Commander informierte die Marines per Flotten-Funk von der Brücke aus.

Major Travis blickte auf den Ro.

»Heinze, empfängst du etwas? «, fragte Major Travis. Der Verbündete aus dem Volk der Ro hielt den Kopf schräg. »Es überwiegen die Hass-Gedanken der Green-Lizards«, antwortete er. »Ich empfange ganz unterdrückt einige beschwichtigende Gedanken. Aber die sind so schnell nicht zu lokalisieren. «

Morass Zyran mit seiner Tochter Raise Zyran wurden auf die Brücke geführt. Zwei Marines, aus dem Kommando von Sergeant Hardin, begleiteten sie.

Major Travis erklärte ihnen die Situation. Er zeigte auf das CIC.

»Die roten Punkte sind ihre Raumschiffe«, erklärte der Major. »Die grünen Punkte sind wir. Sie sehen die auflodernden Explosionen, die von den Abschüssen ihrer Schiffe stammen. Wir haben keine wesentlichen Verluste zu beklagen. Wollen sie mit ihrem Flotten-Kommandeur sprechen und ihn um die Aufgabe seiner Mission bitten?«

»Wir können es versuchen«, antwortete Raise. »Mein Vater ist Parlamentarier und sollte einen gewissen Einfluss haben. «

»Öffnen sie einen Kanal«, befahl Major Travis.

»Sprechen sie in ihrer Sprache«, empfiehl Major Travis. »Der Funkspruch geht an alle ihre Schiffe. «

Major Travis gab den Communicator an Morass weiter. Der nickte nur kurz. Er starrte wie gebannt auf das CIC und sah die Schiffe seiner Flotte untergehen.

»Hier spricht Morass Zyran, Parlamentarier und 43. Abgeordneter des Hauses Lizzit«, sprach er in den Communicator. »Ich bin Beschützer der jungen Brüter und zuständig für einen reibungslosen Kommunikationsdienst innerhalb der Flotte. Ich richte mich an die Flotte der Green-Lizards. Stellt den Angriff ein. Wir sind gnadenlos unterlegen. Die Worgass haben uns betrogen. Wir verlieren unseren Stamm und unsere Schiffe. Die Worgass haben uns manipuliert. Unsere wahre Bestimmung ist nicht die Vernichtung von humanoiden Völkern, oder anderen Species. Wir sollten uns lieber um unseren Nachwuchs kümmern. Dieser wurde von den Worgass teilweise ausgerottet. «

Ein Rauschen knisterte in den Lautsprechern. Dann kam die Antwort durch.

»Du Schunn (Verräter)«, hallte es aus den Lautsprechern. Wähle den Suizid. Wenn du die Gefangenschaft bei diesen weißen Affen vorziehst, ist das ein grobes, nicht mehr gut zu machendes Verbrechen. Wir werden dich verfolgen und vernichten. «

»Hört euch meine Worte an«, schwörte Morass die Besatzungen der angreifenden Schiffe ein. »Ihr seid nicht mehr mein Volk. So kenne ich euch nicht und so will ich auch nicht einer von euch sein. Ihr seid verachtenswert.

Ist keiner mehr unter euch, der Ehre in sich trägt und einer fremden Rasse eine Daseins-Berechtigung ausstellt. Lizards, wir sind in einem fremden Sternen-System. Stellt den Angriff ein und ergebt euch. Nur so entgeht ihr dem Tod. Die Waffen der Verteidiger sind den Waffensystemen der Worgass in euren Schiffen unseren deutlich überlegen. «

Raise trat ans Mikrophon.
»Hier spricht Raise Zyran«, sagte sie. »Ich rufe das Kommando GL-999X1000. Die Infiltrierung der Flotte ist vollzogen. Ich bitte alle einsatzbereiten Gruppen jetzt das Kommando ihrer Schiffe zu übernehmen und abzudrehen. Ziehen sie ihre Schiffe erkennbar zurück, stellen sie das Feuer ein und positionieren sie sich in einem ausreichenden Abstand zu dem Kampf-Geschehen. Nur so gibt es für sie noch eine Zukunft. Hier spricht Raise Zyran, 1. Brutwächterin von Lizzit. «

Das Kampfgeschehen ebbte kurz ab. Zahlreiche Schiffe drehten ab und nahmen Kurs auf den Außenbezirk des Raumes. Andere trudelten und fingen sich wieder. Vermutlich durch einen Kampf auf der Brücke, konnten die Schiffe momentan nicht richtig gesteuert werden. Wenige Minuten später korrigierten die trudelnden Schiffe ihren Kurs und folgten den bereits ausgescherten Schiffen. Immer mehr Kriegsschiffe wendeten und stellten die Kampfhandlungen ein. Dieses bewirkte, dass sich ein Teil der Angriffsflotte den eigenen Schiffen zuwandte und das Feuer eröffnete.

»Hier spricht Major Travis, Oberbefehlshaber der vereinigten Natrid & Tarid Streitkräfte«, sprach er in die offene Frequenz des Flottenfunks. »Der Sonderbefehl Hi-Sun tritt in Kraft. Die sofortige Ausführung ist befohlen. Schützen sie die abdrehenden Schiffe der Green-Lizards, die das Feuer eingestellt haben. «

Die 200 Schiffe mit Roboter-Besatzungen von Moturel 6 scherten aus der Angriffs-Formation aus und folgten den sich zurückziehenden Schiffen und ihren Verfolgern. Nach Erreichen der optimalen Schussposition drehten die Roboter-Kommandanten ihre Schiffe nach Backbord. So konnte sie die ganze seitliche Batterie, zusätzlich das Hyperspace-Geschütz, auf die Angreifer abfeuern. Die Schiffe feuerten zeitversetzt. Die Schiffe rollten über ihren Kiel auf die Steuerbordseite. Jetzt konnten die Geschütze auf dieser Seite auf die Schiffe der Angreifer feuern. Bei jedem Abschuss ging ein Zittern durch die Schiffe. Die gigantischen Geschütztürme vernichteten Schiff auf Schiff. Die Schiffe der Green-Lizards, die an ihren Artgenossen Vergeltung üben wollten, wurden abgefangen.

»Sie geben einfach nicht auf«, sagte Major Travis.
Sein Blick schwenkte zu den Green-Lizards hinüber. Er sah ein kleines Auflodern in der Miene von Morass.

»Ich habe nicht damit gerechnet, dass alle aufgeben werden«, bestätigte er. »Viele Offiziere unseres Volkes vertrauen den Worgass blind. Wir können nicht mehr zurück nach Andromeda. Das würde für uns den Tod bedeuten. Haben sie einen neuen Planeten für uns, auf dem wir uns niederlassen können? Ich hoffe nicht, dass sie etwas gegen Andersartige haben? «

Major Travis und Sirin schauten sich an.
»Den werden wir für ihr Volk finden«, antwortete Sirin. » Bevor ich Major Travis kennen gelernt habe, war ich auch wie sie. Lebend wären wir aus dieser Geschichte nicht mehr herausgekommen. Das war kein Hass, wie sie ihn kennen, sondern lediglich hochnäsiger Stolz, um die Angreifer zu vernichten, die es gewagt hatten uns anzugreifen. «

»So eine Denkweise ist vermutlich auch bei den Worgass anzutreffen«, entgegnete Morass. »Es ist mit ihnen nicht zu reden. Sie behandeln uns wie Vieh. Sobald eine Person zu viele Fragen stellt, wird sie einfach pulverisiert. «

»Das haben wir alle in unseren Geschichten kennengelernt«, sagte Major Travis. »Auch wir auf der Erde müssen auf ein blutiges Mittelalter zurücksehen. In dieser Zeit war ein Leben nichts wert. «

Major Travis schaute auf das CIC. Immer mehr gegnerische Schiffe zerplatzten oder zogen sich angeschlagen aus der Gefahrenzone zurück.

»Über wie viel Schiffe verfügen die Angreifer noch?«, fragte er.

»Die Zählung läuft«, antwortete Commander Brenzby. »Derzeit wird die gegnerische Armada mit 8.900 Schiffen angezeigt. Die Menge nimmt kontinuierlich ab. Die Kampfstationen, die Planeten selbst und natürlich auch unsere Schiffe leisten ganze Arbeit. «

Das Sterben der Flotte der Green-Lizards ging weiter. Jetzt wandten sie sich wieder den Planeten zu und versuchten die Schutz-Schirme zu überlasten. Die nachsetzenden, natradischen Kampf-Kreuzer versetzten einem Schiff nach dem anderen den Todesstoß. Viele Schiffe brachen auf, Gegenstände entwichen ins All und flogen als Unrat umher. Green-Lizards in Schutzanzügen wurden ins All gerissen, die meisten von ihnen waren tot. Die wenigen Lebenden hofften noch auf eine Bergung.

Wieder folgten einige Gruppen von natradischen Schiffen dem Angriffs-Manöver MT 136 A. Der Erfolg stellte sich schnell ein. Zahlreiche Schiffe der Echsen fielen der Verteidigung zum Opfer. Die meisten vergingen in den Höllenfeuern und heißen Reaktor-Explosionen.

»Die Zahl der angreifenden Schiffe ist mittlerweile auf 4.169 Schiffe gesunken, die Kampfhandlungen werden aber nicht eingestellt«, teilte Sergeant Dantow mit.

»Bitte öffnen sie einen Kanal an die Roboter-Raumer«, befahl Major Travis.

Sergeant Farmer nickte.
»Sie können sprechen, Herr Major«, antwortete er.

»Hier spricht Major Travis«, sprach er in den Communicator. »Die gegnerische Flotte ist dezimiert und kann vermutlich in Kürze keinen Widerstand mehr leisten. Schießen sie auf die Antriebe und setzten sie diese außer Funktion. Wir entern die verbleibenden Schiffe. Ein Schiff der Königs-Klasse wird als Gefangenen-Schiff eingerichtet. Bitte verlegen sie 10.000 Kampfroboter auf dieses Schiff. Bei Fragen kontaktieren sie Commander Brenzby. Bitte machen sie ihre Enterkommandos bereit. «

Der Beschuss der Schiffe wirkte. Die Schiffe der Green-Lizards wurden durchgeschüttelt. Die gezielten Schüsse auf die Antriebe, ließen viele Schiffe ins Trudeln geraten. Sie kamen von ihren Fluglinien ab und kollidierten mit neben ihnen fliegenden Einheiten. Leider ging es nicht bei allen Schiffen so glimpflich ab. Reihenweise explodierten auch die Antriebe von den gegnerischen Schiffen, die sich weiter auf die Abwehr-Linien der natradischen Flotte stürzen wollten. Die Flotte der Green-Lizards wurde im Sekundentakt weiter ausgedünnt.

Morass drehte sich zu Major Travis und Sirin um.
»Ich möchte mich bei ihnen bedanken«, sagte er. »So viel Entgegenkommen habe ich noch nirgendswo erhalten. Wir kannten das bisher nicht. Wer seine Aufgaben nicht erfolgreich beendete, wurde von den Worgass pulverisiert. Eine Ablehnung wurde nicht geduldet. «

Er verstummte und schluckte kurz. Seine Augen suchten seine Tochter.

»Wie können wir das jemals wieder gutmachen? «, fragte Morass.

Major Travis dachte nach.
»Indem sie uns helfen, dieses leidige Thema zu beenden«, antwortete er. »Wir haben andere Aufgaben zu erledigen, ohne uns auf dauernde Angriffe durch sie konzentrieren zu müssen. Helfen sie uns, ihr Volk zu infiltrieren und diesen Hassprozess, gegen alles humanoide Leben zu beenden. Wir Humanoiden sind gar nicht so schlecht. Ich weiß nicht, wie ihre Herren, die Worgass, zu dieser Einsicht gekommen sind. «

»Die Worgass sind nicht unsere Herren«, sagte Morass. »Sie haben sich erdreistet, mit unserer DNA zu experimentieren. Das allein verdient bereits ihren Tod. Jetzt spielen sie sich als unsere Herren auf. Wir sind eigenständige Wesen und können selbstständig denken. Wir möchten unsere Unterdrückung schon lange abschütteln. «

»Wir helfen ihnen gerne dabei«, antwortete Major Travis. »Sie betreuen ihre Artgenossen. Als Schutz begleiten sie unsere Kampf-Roboter. Ich kann mir vorstellen, dass viele ihrer Wegbegleiter ihnen an den Kragen wollen und sie lieber tot, als lebend sehen wollen. «

»Meinen sie wirklich? «, fragte Raise?
»Ja«, sagte Sirin. »Sie sind ja hoffentlich nicht so naiv, dass sie glauben, dass mit der Deaktivierung des Triebwerkes

alles wieder gut ist. Ihre Leute stehen unter dem Einfluss der Worgass. Ihre Aufgabe lautete, alles humanoide Leben in anderen Galaxien zu vernichten. «

»Diesen DNA-Befehl müssen wir erst einmal in den Genen unserer Neugeborenen neutralisieren«, antwortete Raise. »Erst dann können wir in Frieden auf einer neuen Welt leben. «

Die Schlacht war merklich abgeklungen. Die letzten Schiffe der Green-Lizards schienen die Ausweglosigkeit der Lage einzusehen. Die Enterung der Schiffe lief in vollem Umfang. Die geringe Gegenwehr hatte sich schnell aufgelöst. Die Gefangenen wurden im Hangar eines extra umgebauten Schiffes der Königs-Klasse untergebracht. Immer mehr Gleiter dockten an das Gefangenen-Schiff an und übergaben Überlebende der Echsen-Schiffe. Die Robot-Wachen erfüllten ihren befohlen Dienst. Der 2,20-Meter große Kampf-Roboter schreckte die 1,60 Meter kleinen Echsenwesen ab.

»Das waren die Letzten«, teilte Commander Brenzby mit. »Wir haben jetzt 12.257 Echsen an Bord der KÖK-247. Wo wollen sie die hinbringen? «

»Ich denke, sie sollten erst einmal an Bord bleiben«, antwortete der Major. »Wir brauchen aktuelle Medi-Werte von ihnen. Ohne diese, ist nicht an eine Deaktivierung der Worgass-Befehle zu denken. Was ist, wenn wir den Befehl nicht herausbekommen?

»Dann verfahren wir nach natradischem Recht und eliminieren sie, oder wir bringen sie zurück an den Ort, wo sie hergekommen sind«, sagte Sirin kalt.

»Geben sie den Befehl, die leeren Schiffe zu vernichten«, befahl Major Travis. »Wir können nichts hiermit anfangen. Ich möchte auch nicht, dass sie von verstreuten Schiffen der Green-Lizards Flotte aufgebracht werden. « Commander Brenzby nickte.

Ein natradischer Schiffs-Verband von 100 Schiffen näherte sich den Echsen-Schiffen. Ihre Schutz-Schirme waren deaktiviert worden. Die ausgewählten Schüsse auf die Antriebs-Einheiten ließen die kleinen 200 Meter und 400 Meter Schiffe sofort explodieren. Es war eine reine Schott-Beseitigungs-Aktion. Die Crew der Termar 1 sah in unregelmäßigen Abständen kleine Kunstsonnen auf ihren Ortungs-Bildschirmen aufflammen.

Nach zwei Stunden meldete sich Ortungs-Offizier Dantow.

»Keine gegnerischen Schiffe mehr vorhanden«, teilte er mit. »Alle feindlichen Schiffe wurden zerstört. «
»Danke«, erwiderte Major Travis.
Er blickte seinen Funk-Offizier an.

»Öffnen sie bitte eine Leitung an alle Schiffe «, ergänzte er.

Sergeant Farmer legte einige Knöpfe um und nickte dem Major zu.

»Hier spricht Major Travis«, sprach er in die offene Frequenz des Flottenfunks. »Ich danke allen Schiffen und Crews für den erfolgreichen Einsatz. Sie haben gut gekämpft und auch alle Befehle perfekt umgesetzt. Danke im Namen des Neuen-Imperiums von Tarid & Natrid. Beziehen sie Wartestellung um die Adhara-Planeten. Die Termar-Schiffe landen auf dem Raumschiff-Hafen des 3. Planeten. Wir werden mit der Hypertronic-KI sprechen. Der Kampfeinsatz ist hiermit beendet. «

»Steuermann nehmen sie Kurs auf Adhara 3«, befahl er. »Commander Brenzby kündigen sie uns an und bitten sie um eine Besichtigung der Anlagen. Starten sie den Anflug und das Lande-Manöver. Die Termar-Schiffe folgen uns langsam zum 3. Planeten der Sonne Adhara. «

Angriff auf die Erde

Major Travis, Commander Brenzby, Sirin, Heinze, Tart1 und Tart 2 gingen auf die Befestigungs-Anlage von Adhara zu. Die Tor-Anlage beeindruckte bereits durch ihre Höhe von 22 Metern. Der Major blieb stehen und ließ seine Augen kreisen. Er genoss sichtbar den Anblick der imposanten Anlage.

»Wenn hier Reaktoren in allen möglichen Größen gefertigt werden, dann wird man sicherlich solche großen Tore benötigen«, bemerkte er.

Sirin nickte begeistert.
»Die Antriebs-Anlagen wurden nicht nur per Transmitter verschickt, sondern sehr oft durch Transport-Raumschiffe abgeholt«, erklärte sie. »Durch dieses Tor müssen Hebeplattformen, Verladeeinrichtungen und sonstige, sperrige Dinge transportiert worden sein. Erst dann erfolgte die Verladung auf Raumschiffe. «

Sirin zeigte auf das Tor.
»Da, es bewegt sich«, sagte sie

Knarrend und quietschend bewegte sich das Tor langsam zur Seite und gab den Blick in eine noch gewaltigere Montagehalle frei. Vollgepackt mit fertigen Antrieben, schien die Halle fast schon an die Grenze ihrer Aufnahmefähigkeit gekommen zu sein. Nebeneinander, übereinander, bis hinauf in Schwindel erregender Höhe, waren zahlreiche Transportkisten gelagert, die vermutlich auf den Versand an den Empfänger warteten.

»Das sind Schätze«, sagte Commander Brenzby. »Hoffentlich sind das alles neuwertige Antriebe, die für uns verwertbar sind? «

Tart1 und Tart 2 bewegten sich und gingen in Kampfstellung. Ihre Augen glühten in einem tiefrot. Aus der Halle traten im Paradeschritt, natradische Kampf-Roboter älterer Bauart. Diese Modelle wiesen eine Größe von knapp 2 Metern auf.

»Warum sind hier noch die Roboter älterer Bauart stationiert? «, fragte Major Travis die ebenfalls verwunderte Sirin.

»Das sind Shy-Ha-Marde, die Vorgänger-Modelle vor der heutigen Shy-Ha-Narde. Sie waren kampftechnisch noch nicht perfekt konstruiert. Um deine Frage aber zu beantworten, vermutlich weil sie immer noch ihren Dienst erfüllen. Sie sind zu schade für den recycelbaren Schrott. «

Die Kampfroboter eskortierten einen Shy-Ha-Zone.
»Das ist vermutlich der mobile Arm der Hypertronic-KI«, teilte Sirin mit. »Wir werden gleich Adhara kennenlernen. «

Die begleitenden Kampf-Roboter blieben stehen und der Shy-Ha-Zone kam auf die Gruppe der Besucher zu.

»Ich bin Adhara, der kommandierende und leitende Robot, der Hypertronic-KI dieses Planeten-Systems«, stellte er sich vor. »Ich bin Augen und Ohren der zentralen KI und gebe alle Informationen an sie weiter. Wenn sie so wollen, ihr verlängerter Arm. In den vielen Jahren der natradischen Abwesenheit mussten wir einen Weg finden, uns räumlich zu bewegen. Durch mein Interface bin ich kontinuierlich mit Adhara verbunden und ein Teil von ihr. «

»Es freut uns, dich kennen zu lernen«, erwiderte er. »Ich bin Major Travis, Erbfolgeberechtigter Oberbefehlshaber der vereinigten Natrid & Tarid Streitkräfte. Erhobener im Gefüge der Kaiserkaste mit Rang 1, bestätigt und eingesetzt von Noel von Natrid im Rahmen der Nachfolge-Programmierung von Admiral Tarin.«

Er zeigte auf seine Gruppe.
»Das ist Sirin, Prinzessin der Kaiserkaste, aus der persönlichen Blutlinie des Kaisers. Commander Brenzby, mein Commander, Tart 1 und Tart 2, Roboter neuster Bauart. Wir sind hier zu dir gekommen, um deine Deaktivierung zu beenden. «

»Nach dieser langen Zeit meiner Deaktivierung hatte ich nicht mehr darauf gehofft«, antwortete Adhara. »Ich hatte bereits per Hyperkomm-Funknachrichten erhalten, dass sich das alte Imperium erneuert. Meine Freude war sehr große Ich habe diese Informationen sofort an weitere Stationen weitergeleitet. Vermutlich wurden diese Hyperkomm-Funksprüche auch von den feindlichen Gruppen aufgefangen. Seit einer Woche nach natradischer Zeitrechnung werde ich attackiert. Die Station Manstalarosa war nicht weit entfernt stationiert. Sie konnte mir als erste Flotten-Kampfstation hilfreiche Unterstützung leisten.

Meine 200 Schiffe der Taluk-Klasse waren noch mit alter Waffentechnik ausgestattet. Sie konnten gegen die große Anzahl der exoiden Schiffe nicht viel ausrichten. Die Taluk-Schiffe wurden alle vor dem Eintreffen der Kampfstation Manstalarosa vernichtet. Selbst mein Schutzschirm ist noch aus der ersten Generation natradischer Fertigung. Ich musste sämtliche verfügbaren Energiemeiler für den Aufbau eines stabilen des Schutzschirmes anlaufen lassen. Trotzdem stand er kurz vor der Überlastung. Ich habe immer Energie in den Schirm geleitet, um ihn nicht ausfallen zu lassen. Eine Update meiner Technik war lange überfällig.

Die natradische Technik funktionierte sehr lange perfekt. Als dann die Angreifer immer zahlreicher wurden, die mich attackierten, sandte ich Hilferufe ins All. Die Station Manstalarosa antwortete und stand mir kurze Zeit später hilfreich zur Seite. Leider stellten wir nach geraumer Zeit fest, dass die Angreifer sich auf unsere gesteigerte Defensiv-Feuerkraft eingestellt und weitere Unterstützung angefordert hatten. Mir blieb kein anderer Weg, als einen weiteren Notruf abzusetzen.

Die Station Manstalarosa wusste, wo sich ihre Schwesterstation Limstalarosa aufhielt. Diese empfing den Notruf. Die Flotten-Kampfstation aktivierte ihre Sprung-Triebwerke und versetzte sich an meine Koordinaten. Ich war sehr dankbar für diese zusätzliche Stärkung unserer Stationen. Wie lange wir dem Feuer der Angreifer hätten standhalten können, das lässt sich nicht sagen. Ihre Eingreif-Flotte erreichte uns zu dem richtigen Zeitpunkt. Dank ihrer modernen Technik hatten die Green-Lizards Schiffe keine Chance. «

»Das ist in unserem Sinn«, antwortete der Major.

»Sprechen wir in meinen Hallen weiter«, bot Adhara an. »Dort ist es in jedem Fall angenehmer als hier draußen. Folgen sie mir bitte. «

Adhara drehte sich um und schritt auf das große Tor zu. Die Gruppe der Termar 1 setzte sich in Bewegung und folgte ihm. Der Robot der planetaren KI wies die Gruppe an, in ein Anti-Grav.-Gefährt zu steigen. Dieses schwebte auf Prallfelder und setzte sich sofort nach Schließen des Tores in Bewegung.

»Halten sie sich bitte fest, wir werden jetzt die Geschwindigkeit erhöhen, meine Anlage ist recht weitläufig«, teilte der Robot mit.

Nach 30 Minuten Fahrt konnte der Besuch in der Zentrale von Adhara Platz nehmen. Service-Roboter schafften Sitzgelegenheiten alter natradischer Entwicklungsstufe herbei. Sie waren nicht unbequem, aber auch nicht dem neusten Entwicklungsstand entsprechend. Die weiblichen Roboter Manstalarosa und Limstalarosa waren zwischenzeitlich dem Ruf von Major Travis gefolgt und ebenfalls hinzugestoßen.

Major Travis informierte die Anwesenden über den aktuellen Stand.

»Jetzt kennen sie die Geschichte und die derzeitigen Vorkommnisse«, sagte Major Travis. »Es muss jemanden gegeben haben, der Informationen an die Green-Lizards oder die Worgass weitergegeben hat. Warum unternehmen sie erst jetzt diese Anstrengungen, um das alte System der Natrader, die Nachschub-Einrichtungen, die Erzgewinnung und die Stationen dem Erdboden gleichzumachen. Bisher konnten wir ihre Angriffe abwehren. Leider kann sich das noch ändern. «

»Das frage ich mich auch«, ergänzte Sirin. »Adhara sollte auch weiterhin die Augen offenhalten. Es ist für uns nicht erklärbar, warum die Green-Lizards mit einer solchen, schwachen Waffenleistung hier auftauchen. Diese reichte zwar für die Vernichtung der alten leicht bewaffneten Gleiter der Taluk-Klasse aus, aber auch nur, weil wir diese noch nicht mit der neusten Technik ausgestattet haben. «

»Die Analysen meiner Mutter Hypertronic kommen zu keinem plausiblen Ergebnis«, erwiderte Adhara. »Dank der Kampf-Stationen ist aber alles glimpflich ausgegangen. «

Major Travis blickte Adhara an.

»Freuen sie sich nicht zu früh«, erwiderte er. »Die Kampfstationen werden hier abgezogen und ins Heimatgebiet verlegt. «

»Wie kann ich weiterhin geschützt werden? «, fragte Adhara

»Auf diese Frage habe ich gewartet«, lächelte Major Travis. »Wir haben alles dabei. Wir installieren bei dir und deinen Produktions-Planeten unseren neuen Super-Schutzschirm, der bislang noch zu keiner Überlastung gebracht werden konnte. Dann installieren wir 25 Hyperspace-Kanonen, die an Effizienz derzeit nicht zu überbieten sind. Ferner bleibt eine Abwehrflotte, von 150 Schiffen der Königs-Klasse, hier in deinem System stationiert. Diese Schiffe allein betrachten wir schon als kleine Kampf-Stationen. Zusätzlich bauen wir ein normales Transmitter-Tor in deiner zentralen Halle auf. Die Installation erfolgt an dem alten Platz der defekten Ausführung. Diese dient für Materiallieferungen an alle angeschlossenen Planeten, Stationen und Abteilungen deines Systems. Hiermit kannst du wieder Reaktoren liefern und wirst an unsere zentrale Eingangsstelle, den Titan-Mond im Sol-System angeschlossen. Die Zugangs-Berechtigung und die Koordinaten gehen dir noch zu. Derzeit wird Katras verbunden, der uns mit neuen Marsarit-Kristallen versorgt. «

Major Travis blickte den Adhara-Roboter an.

»Die Freigabe weiterer Versorgungs-Stellen oder Lieferstellen kann nur von der zentralen Verwaltung auf Natrid erfolgen«, erklärte er. »Die Zustimmung von Noel ist unbedingt erforderlich. Unsere Arbeitsroboter werden außerhalb deiner Anlage eine komplette Groß-Transmitter-Station aufbauen. Sie ermöglicht die Lieferung von größeren Maschinen und Materialien. Ein zweiter Weg wird die direkte Ankoppelung an die Transmitter-Strecke nach Katras sein. Dieser von dort kommende Nachschub geht direkt in deine inneren Anlagen. Falls du nochmals angegriffen wirst, kann Katras, oder auch ein anderer Flotten-Stützpunkt, dir sofort Verstärkung über diesen Weg senden. «

Major Travis wartete einen Augenblick, dann sprach er weiter.

»Kommen wir zum wichtigen Teil meines Besuches«, sagte Major Travis. »Die weiblichen Roboter und Adhara bitte ich jetzt um Aufmerksamkeit. Ich übersende euch jetzt die übergeordneten Befehle des Neuen-Imperiums. Seid ihr aufnahmebereit? «

»Ja, sind wir«, antworteten alle Roboter in der gleichen Sekunde.

Major Travis drückte den grünen Stein seines Neolrith. Er erkannte, dass das Mikromodul aktiviert wurde. Der Major drückte ein zweites Mal auf den Knopf, um die Datei auszuwählen und zu übersenden. Das Licht des Steins flackerte. Das war ein Zeichen dafür, dass der

Neolrith die Daten per Lichtgeschwindigkeit übermittelte. Die KIs saßen angespannt auf ihren Sitzen und nahmen die neuen Befehle auf. Alles erfolgte auf lichtschneller Basis.

»Befehle erhalten«, antworteten sie. »Wir akzeptieren Major Travis als unseren Oberbefehlshaber nach dem Willen von Admiral Tarin. Wie lauten ihre Aufgaben für uns? «

»Sicherung der natradischen Einrichtungen und eine direkte Zusammenarbeit mit dem Neuen-Imperium«, antwortete der Major. »Helfen sie an dem Aufbau. Wir werden das alte Imperium neu beleben und zu alter Größe zurückführen. «

Sirin blickte die weiblichen Roboter an.
»Uns fehlen noch die letzten 2 Kampfstationen, die Cantalarosa und Atlantarosa«, teilte sie mit. »Wo könnte ihr derzeitiger Standort liegen? «

»Hierüber weiß ich etwas zu berichten«, antwortete der Cyborg der Manstalarosa. »Der letzte Hinweis meines Speichers belegt, dass sie bei den Raumschiff-Werft-Monden von Wega 7 stationiert wurden. Zu den Hochzeiten des kaiserlichen Imperiums wurden dort immer sehr viele Raumschiffs-Neubauten produziert. Diese standen Admiral Tarin bei seiner übereilten Evakuierung jedoch nicht zur Verfügung. Trotzdem sollten sie aber kurz vor der Fertigstellung gewesen sein. Laut dem letzten Befehl von Admiral Tarin mussten die nicht vollendeten Neubauten vernichtet werden, um nicht dem Gegner in die Hände zu fallen. Jedoch nach einer neuen Einschätzung der Gefahrenlage haben es die KIs vorgezogen, von einer Selbstzerstörung abzusehen. Vielmehr beschlossen sie, den ganzen Komplex zu schützen und die Neubauten für uns als Nachschub zu verwenden. Die Werften erhielten von uns den Auftrag, weiter an ihren Schiffen zu bauen und so viel fertig zu stellen, wie Material zur Verfügung stand. Ob das gelungen ist, kann ich derzeit nicht beantworten. Ich habe keine Rückmeldung mehr erhalten. Die beiden Kampf-Stationen sollten für die Sicherheit sorgen. «

Ein Arbeitsroboter eilte im Laufschritt herbei.
»Herr Major, das Transmitter-Tor ist einsatzbereit«, tönte es blechern.

»Danke für den Hinweis, wir kommen«, erwiderte Major Travis. »Führen sie uns bitte hin. «

Gewaltig und modern, aus neuem Natrid-Stahl gefertigt, glänzte das Transmitter-Tor auf dem Podest in der großen Halle.

»Das macht einen ganz anderen Eindruck auf mich als die alte Ausführung, die vorher hier stand«, bemerkte Adhara.

»Es ist eine neue Technik. Sie ist viel moderner geworden«, antwortete Commander Brenzby.

Major Travis zeigte auf Adhara.

»Drücken sie den Energie-Knopf, das ist der grüne Knopf vorne auf dem Kontroll-Display«, erklärte er. »Die Ehre der Einweihung gebührt ihnen. «

Adhara tat wie befohlen. Eine Energiewelle rollte sich über die Seiten aus und explodierte zur Mitte des Tores hin.

Das ganze Tor glich einer bläulich schimmernden Energieblase, nur gehalten durch den Rahmen. Das Licht fluoreszierte und veränderte sich. Ein Gesicht schälte sich heraus, dann trat ein ganzer Körper aus dem Tor. Es war der Katras-Roboter.

»Ich grüße sie alle«, sagte er. »Schön sie alle gesund zu sehen. Ich konnte es nicht abwarten, meinen alten Partner wieder zu treffen. «

Er blickte in die Runde der Beobachter.

»Hallo Adhara, die Zeit der Abgeschiedenheit ist endlich vorbei«, sagte er.

Katras hob seinen rechten Arm, ballte die Hand zur Faust und streckte diese halbhoch aus. Es war der alte natradische Gruß der kaiserlichen Flotte. Adhara wiederholte den Gruß.

»Ich freue mich, dich nach dieser langen Zeit wiederzusehen«, antwortete er. » Sei willkommen Katras.«

»Ihr kennt euch gut? «, fragte Major Travis.

»So ist es«, antwortete Adhara. »Wir kennen uns bereits viele Jahrtausende. «

»Die Kommunikation untereinander ist wichtig und wird zukünftig eine größere Rolle im Imperium spielen«, bemerkte Sirin.

»Ich habe viel Material mitgebracht«, teilte Katras mit.

Er drückte auf einen Impulsgeber. Alle Augen richteten sich auf das Transmitter-Tor. Zahlreiche Arbeitsroboter traten aus dem Tor und schleppten Kisten in die Halle. Adhara winkte ihren Robotern zu. Diese gingen schnell auf die Roboter zu und nahmen die ersten Kisten in Empfang. Weitere Kisten materialisierten nach und nach.

»Das ist veredeltes Marsarit, verpackt in 3.000 Kisten«, teilte Katras mit. »Das wird Adhara erstmals wieder genügend Energie bescheren. «

Katras schaute Major Travis an.

»Moturel 6 hat weitere 250 Schiffe der Königs-Klasse zu mir geschickt«, teilte er mit.

»Das ist gut«, antwortete Major Travis. »Ich möchte 150 Schiffe hier im Adhara-System stationieren. Natrid wird auch noch eine weitere Hilfsflotte senden. Der Transmitter beschleunigt jedoch die Hilfe kolossal. Ich lasse die Arbeits-Roboter und die fünf Transportschiffe hier. Sie haben alles geladen, was du für deine Wartungen benötigst. «

Er blickte in die Runde der Wartenden.
»Ich habe immer noch ein ungutes Gefühl«, erklärte er. »Wir müssen unbedingt die verbliebenen Schiffe der Green-Lizards finden, bevor sie noch mehr Unheil anrichten können. «

Sein Blick suchte Adhara.
»Wir bleiben in Kontakt«, sagte er. »Noel wird dich in wenigen Tagen informieren, wann du deine Reaktoren liefern kannst. Bis dahin lass die Arbeitsroboter ihre Arbeit verrichten. «

Adhara bedankte sich und bestätigte die Befehle.
»Viel Erfolg«, sagte Major Travis und verließ die Produktions-Stätten von Adhara. Sein Team folgte in schnellen Schritten. Katras teilte mit, dass er gerne noch etwas bleiben würde und dann den Heimweg über die Transmitter-Verbindung antreten würde.

Die zwei Sprünge nach Katras wurden von der Flotte des Neuen-Imperiums schnell erledigt. Derzeit ruhte sie im Orbit des Planeten.

»Ich möchte in den Wega-Sektor fliegen und die dort ansässigen Raumschiff-Werften suchen«, teilte Major Travis mit. »Laut dem Hinweis von Adhara sollen sich dort die letzten Kampf-Stationen befinden. Wir ergänzen unsere Angriffs-Flotte durch 700 Schiffe der Kampf-

Stationen und den 100 neuen Schiffen von Moturel 6. Uns stehen damit 1.350 Schiffe der Königs-Klasse zur Verfügung. Ferner noch 4 Termar-Schiffe. Die Termar 7 unter Commander Rosenblatt fliegt nach Hause und übergibt die Kampf-Stationen und die Schiffe schnellstens General Poison und Noel. «

Commander Brenzby nickte.
»Eine gute Entscheidung«, antwortete er. »Soll ich eine Konferenz-Schaltung zu allen Schiffen und Stationen herstellen? Wir sollten in Kürze losfliegen. Ich glaube, dass die Zeit knapp wird. «

»Das sehe ich auch so«, erwiderte der Major. »Ich kann nur hoffen, dass General Poison und Noel die Fertigung der Schiffe und die Ausbildung des Personals vorangetrieben haben. Ansonsten sehen wir alt aus. «

»Ich bin der Meinung, dass wir schon jetzt genug Schiffe haben, um einen möglichen Green-Lizard Angriff aufzuhalten«, antwortete Commander Brenzby.

»Falls sich nichts ändert, dann ist ihre Vermutung richtig«, erwiderte Major Travis. »Stellen sie sich vor, die Worgass hätten unsere Waffenstärke analysiert und rüsteten die Schiffe der Green-Lizards mit gleich starken Waffensystemen aus. Wenn ihre Schiffe die Schutzschirme unserer Zerstörer bereits bei dem 2. oder 3.Treffer überlasten könnten, dann wären ihnen unsere Schiffe schutzlos ausgesetzt. «

»Glauben sie nicht, dass die Worgass erst einmal die Schiffe ausrüsten müssten«, erwiderte der Commander. »Wir haben den Wurmloch-Knoten vernichtet. Laut unseren Gästen brauchen die Worgass zwei Jahre, um neue Durchgänge zu installieren. «

»Das wird für die Worgass nicht so einfach werden«, bestätigte Major Travis. »Ihre Schiffe, die hier in der Milchstraße unterwegs sind, wurden noch mit den herkömmlichen Waffen-Systemen ausgestattet. Diese Schiffe sollten für uns kein Problem darstellen. Es kommt auf die Menge der Angreifer an und ob General Poison bereit ist. «

»Sergeant Farmer«, sagte der Major. »Stellen sie bitte eine sichere Konferenzschaltung an alle Schiffe und Stationen her. Schalten sie auch Katras und Adhara dazu. «

»Wird gemacht Herr Major«, antworte Funkoffizier Farmer. Der Major schaute Commander Brenzby an. »Rufen sie bitte Sirin und Heinze auf die Brücke«, sagte er. »Sie sollen meine Anweisung mit anhören. «

»Die Leitung steht«, meldete Sergeant Farmer. »Sie können sprechen. «

Er schaute in der Runde seiner diensthabenden Brückencrew und wartete ab. In diesem Moment betraten Heinze und Sirin die Brücke. Sie stellten sich neben das CIC.

Der Major griff nach dem Communicator.

»Hier spricht Major Travis«, meldete er sich. »Sie alle erhalten in wenigen Minuten ihre neuen Befehle. Es ist äußerst wichtig, dass alle Flottenteile zusammenarbeiten, um das Neue-Imperiums zu stützen. Es sind noch feindliche Eindringlinge in der Milchstraße unterwegs. Sie sind gekommen, um die alten Hinterlassenschaften unseres Bündnispartners restlos zu vernichten. Ich ordne an, dass die sieben Flotten-Kampfstationen jeweils 100 Raumschiffe der Königs-Klasse meiner Angriffs-Flotte unterstellen. Mit 1.350 Schiffen und 4 Termar-Schiffen werden wir die vermissten Kampfstationen Atlantarosa und Cantalarosa suchen.

Commander Rosenblatt führt mit der Termar 7 alle restlichen Flotten-Kampfstationen in das Sol-System zurück. Sie werden dort den Befehlen von Noel und General Poison unterstellt. Es ist damit zu rechnen, dass in Kürze ein Angriff der exoiden Flotte erfolgt. Alle Flotten-Kampfstationen führen nach ihrer Ankunft ihre erforderlichen Wartungs- und Aktivierungs-Arbeiten durch. Katras hält Verbindung mit Adhara und Natrid. Falls es notwendig ist, wird die hier stationierte Flotte von 400 Schiffen der Königs-Klasse über den Knotenpunkt des neuen Groß-Transmitters auf Adhara Einsatzbefehle erhalten und ins Sol-System zurückfliegen, um unsere Heimatflotte zu unterstützen.

Dies aber nur auf den besonderen Wunsch von Noel hin. Dies würde bedeuten, dass die Green-Lizards mit einer solchen Macht angreifen, die von unserer Heimat-Flotte nicht absorbiert werden kann. Katras bitte ich einen Informations-Kristall anzufertigen, der einen Mitschnitt meiner Anordnungen enthält. Dieser muss an Noel gesendet werden. Er möchte alle Vorbereitungen für den Empfang der 7 Kampf-Stationen treffen. Wir starten in 60 Minuten. Bereiten sie sich vor und bestätigen sie meine Anweisung per Flottenfunk. «

Major Travis blickte Sirin und Heinze an.
»Ich bin deiner Meinung«, nickte Sirin. »Wir wissen nicht, was mit der Hauptflotte der Echsen ist. Ich hoffe, dass sie noch planlos im All herumschwirrt. «

Heinze schaute seinen Vorgesetzten an.
»Ich habe nur positive Gedanken registriert«, bestätigte er. Alle Menschen, aber auch die Roboter-KI's, unterstützen deine Entscheidung. Es sollten keine Probleme entstehen. «

»Gut«, antwortete Major Travis. » Dann starten wir. «

»Die Bestätigungen sind alle eingetroffen«, teilte Sergeant Farmer mit.

Sergeant Dantow ergänzte die Aussage.
»Die Stationen haben bereits die angeforderten Schiffe ausgeschleust. Sie schließen sich unserer Formation an«, teilte der Ortungsoffizier mit.

Er blickte auf seinen Bildschirm.

»Die Flotten-Kampf-Stationen lassen ihre Antriebe warmlaufen. Die Termar 7 unter Commander Rosenblatt ist abflugbereit. «

»Perfekt«, antwortete Major Travis. »Geben sie den Befehl zum Abflug und übermitteln sie unsere Grüße. Auf ein gutes Gelingen. «

Commander Rosenblatt bestätigte kurz. Dann beschleunigte er und entmaterialisierte mit allen 7 Kampf-Stationen in den Hyperraum.

Der Major wusste, dass er sich auf seinen Commander verlassen konnte. Er würde den Flotten-Kampfstationen befehlen, mit ihren höchstmöglichen Geschwindigkeiten in das Sol-System zu springen. General Poison benötigte ihre Ressourcen zur Unterstützung.

»Wir werden uns zur Wega aufmachen und einige der alten natradischen Werften suchen«, sagte Major Travis. »Um die riesige Wega-Sonne herum, befinden sich viele kleine Sternen-Systeme, die sich in den 100.000 Jahren natradischer Abwesenheit entwickelt haben könnten. Das ist für uns alles Neuland. Die Koordinaten der Werften befinden sich ja in den Archiven unserer Hypertronic-KI. «

»Das ist richtig«, antwortete Commander Brenzby.

Major Travis lachte laut auf.

»Lassen sie bitte die Sprungkoordinaten an unsere Schiffe übermitteln«, befahl er. »Den Sprung bitte in 30 Sekunden durchführen. «

Commander Brenzby gab die Befehle weiter.

»Die Übermittelung ist erledigt«, bestätigte Sergeant Farmer.

Der Major lehnte sich zurück in seinem Sessel. Sirin und Heinze standen hinter ihm.

Die Zeit verstrich wie im Fluge.
»Achtung Hyperraum-Sprung«, meldete Commander Brenzby.

Ein leichter Ruck zeugte davon, dass die Termar 1 in den Strudel des Hyperraums gezogen wurde. Die Sterne verschwanden und Dunkelheit machte sich breit. Das rote Notlicht auf der Brücke schaltete sich ein und untermauerte die bedrückende Stimmung. Die Termar 1 flog mit 70 Prozent ihrer verfügbaren Energie im Hyperraum. Die Geschwindigkeit versetzte sie räumlich schnell in die nächsten Raum-Quadranten. Nach einer längeren Zeit, fiel die Flotte zurück in den Normalraum.

»Ortungen?«, fragte Major Travis. »Sind alle Schiffe mitgekommen? «

»Ja«, bestätigte Sergeant Dantow. » Alle 1.354 Schiffe liegen in der Formation. «

»Danke«, antwortete Major Travis. »Commander Brenzby, bitte informiere die Flotte, dass wir noch 2 Sprünge vor uns haben. Vor dem letzten Sprung ist der Tarnmodus zu aktivieren. Nach dem erfolgten Sprung sollen alle Schiffe im Normalraum eine Warteposition einnehmen und unsere neuen Befehle abwarten. «

»Herr Major«, sagte Sergeant Farmer. »Ich erhalte soeben einen SOS-Hilferuf von den Morina. «

Major Travis und Commander Brenzby sahen sich entsetzt an.
»Legen sie ihn bitte auf die Lautsprecher«, antwortete er.

»Hier spricht die Zentral-Regierung von Morina«, tönte es aus den Lautsprechern. »Wir werden von Raumschiffen unbekannter Herkunft angegriffen. Sie fliegen alle Planeten unseres Systems an und zerstören, was nicht geschützt wurde. Bitte helfen sie uns. Wir haben nur leicht bewaffnete Schiffe und sind nicht auf einen größeren Kampf eingerichtet. Bitte helfen sie uns. «

»Verdammt«, erwiderte Major Travis. »Ich hatte vergessen, dass der Planet der Morina auch im Wega-System angesiedelt ist. Wir müssen den galaktischen Händlern helfen. Es führt kein Weg hieran vorbei. Ansonsten haben wir unseren ersten Verbündeten direkt wieder verloren. «

Major Travis schaute Sergeant Farmer an.

»Bitte stellen sie eine interne Flotten-Verbindung zu Commander Cottle, Termar 4, her «, befahl er.

»Die Verbindung steht«, antwortete Sergeant Farmer. »Sie können sprechen, Herr Major. «

»Commander Cottle, hören sie mich? «, fragte der Major.

»Ich verstehe sie, Herr Major«, antwortete der Commander. »Was kann ich für sie tun. «

»Wir haben einen Hilferuf von den Morina erhalten«, erklärte der Major. »Ihr Sternen-System wird angegriffen. Vermutlich ist es eine Flotte der Green-Lizards. Wir müssen Beistand leisten. Die Morina leben ebenfalls hier im Wega-System. Von daher ist es keine weite Reise. Sie fliegen mit ihrem Schiff und mit der Termar 5, unter Commander Haught, dorthin. Helfen sie die Angreifer zu beseitigen. Sie nehmen 600 Roboter-Schiffe der Königs-Klasse mit. Wenden sie den Manöver-Schlüssel MT 134 A an. Vernichten sie den Feind, so gut es geht.

Falls es die Green-Lizards sind, können die derzeit sowieso nicht zurück in ihre Galaxie. Darum werden die zersplitterten Gruppen hier in der Milchstraße weiter Unheil anrichten, sofern wir sie nicht davon abbringen. Sie werden bei Morina auf Commander Stuart stoßen. Er hatte den Auftrag, unser Konsulat auf Morina einzurichten und die Transmitter-Endstation zu installieren. Er wird sicherlich bereits in Kampf-Handlungen verwickelt sein. Helfen sie ihm und den

Morina. Commander Brenzby hat die Robot-Schiffe bereits informiert. Fliegen sie direkt los. Es bleibt nicht viel Zeit.

Falls sie die Aufgabe schneller als gedacht erledigt haben sollten, fliegen sie mit 400 Schiffen zur Erde zurück. 200 Robot-Schiffe lassen sie als Wachflotte bei den Morina und Commander Stuart zurück. Wir wissen nicht genau, wo die Green-Lizard stecken. «

»Wird gemacht, Herr Major«, sagte Jed Cottle. »Sie können sich auf uns verlassen. Ich informiere sofort Commander Haught. «

Das Bild erlosch. Keine fünf Minuten später sprangen die Termar 4, die Termar 5 und 600 Schiffe mit Roboter-Besatzungen als schnelle Eingreifflotte in den Hyperraum.

Major Travis hatte den Abflug der Commander auf seinen Monitoren verfolgt.
»Wir springen auch, die Sprungkonverter sind wieder aufgefüllt«, bemerkte er. »Commander Brenzby geben sie den Befehl an unsere Schiffe durch.«

»Der Befehl wurde übermittelt«, bestätigte der Commander.

Sekunden später sprangen die Schiffe in den Hyperraum den nächsten Koordinaten entgegen.

***

Eine große Armada der Green-Lizards attackierte das System der Morina. Ohne Vorwarnung waren sie aufgetaucht und hatten den Beschuss eingeleitet. Das neue Frühwarn-System der Morina hatte rechtzeitig angeschlagen. Im Raum befindliche Transporter wurden angewiesen in den Hyperraum zu gehen, oder am Boden befindliche Raum-Häfen anzufliegen. Für das ganze System galt die höchste Alarmstufe. Die neuen Super-Schutzschirme hatten sich um alle Planeten des Morina-Systems gelegt und schützten die Welten der galaktischen Händler.

»Wie viele Abwehr-Geschütze sind bei der letzten Lieferung durch den Transmitter gekommen? «, fragte Commander Stuart.

»Es waren exakt 152 Groß-Geschütze«, antwortete ein Techniker. »Ich spreche von den alten natradischen Abwehr-Geschütztürmen.«

»Seit sechs Tagen kümmern sich 50.000 Arbeitsroboter um den Aufbau, die Montage und die Installation «, erklärte Maschinist Matsomoto. »Einige wurden bereits mit unserer Hypertronic-KI synchronisiert. Sie dürften bereits einsatzbereit sein. «

Der Maschinist schritt an die Steuerkonsole und lass einige Energiewerte ab.

Commander Stuart blickte zum Himmel.

»Gut, dass wir die Schirme nach unserer Ankunft als erstes Maßnahme installiert haben«, sagte er. » Wenn wir nicht so vorgegangen wären, dann hätten uns die Green-Lizards jetzt eiskalt vernichtet.«

»Der neue Super Schutz-Schirm wird halten «, sagte Maschinist Matsomoto. »Übrigens die Laser-Abwehr-Türme sind jetzt vollständig einsatzbereit. «

»Gut gemacht «, antwortete Commander Stuart. »Ist eine Antwort von Major Travis eingegangen? «

»Nein«, entgegnete der Maschinist. »Das ist aber auch nicht weiter verwunderlich. Aufgrund des leistungsfähigen Schutzschirms kommt kaum ein Hyperraum-Funkspruch mehr durch. Wenn sie Funkmeldungen empfangen möchten, dann müssen wir die Leistung der Schirmfeld-Generatoren auf ein Minimum einstellen. Wir wissen dann immer noch nicht, ob vorher wichtige Funksprüche uns gesendet wurden. «

»Jetzt bleiben sie ruhig«, erwiderte der Commander. »Im Notfall können immer noch durch das Transmitter-Tor evakuieren. Eigentlich sollte das aber unser letzter Schachzug sein. «

Commander Stuart blickte wieder zum Himmel. Der Schirm schien vollständig aktiv zu sein.

»Wie kommen dann die Laserstrahlen von den Abwehr-Geschützen durch? «, fragte er.

»Wie soll ich ihnen das erklären? «, antwortete der Maschinist Matsomoto. »Sie sind kein Techniker. Es handelt sich um einen sogenannten intelligenten Schutz-Schirm neuster Generation. Er ist mit unserer Abwehrkonsole und allen planetenumspannenden Ortungs-Geräten verbunden. Er weiß, wenn er eine Strukturlücke entstehen lassen muss, um einen Laserstrahl auf ein anvisiertes Ziel durchzulassen. «

»Das ist ja wie Zauberei«, lächelte Commander Stuart.
Er hob den Arm, eine Nachricht war auf seinem Communicator eingegangen.

»Ziehen wir uns zurück in die Transmitter-Halle «, teilte er mit. »Die Kampfgleiter der Morina werden aufgerieben. Sie fordern dringend unsere Hilfe an. Schalten wir die Abwehr-Geschütztürme ein. Schauen wir einmal, was sie wert sind. Alarmieren sie die Besatzung unseres Schiffes. Wir werden unverzüglich starten und versuchen einige Echsen-Schiffe zu erlegen. Ich hoffe sehr, dass bald unsere Verstärkung eintrifft. «

Prince Ulear Tomatover, Kommandant der westlichen, morinischen Streitkräfte war eingetroffen.

Der war wild am Gestikulieren und völlig entsetzt. Commander Stuart beruhigte ihn.

»Alle Defensivmaßnahmen wurden fertiggestellt«, teilte Commander Stuart mit. »Die globalen Abwehr-

Geschütztürme sind betriebsbereit. Wir schalten jetzt den globalen Abwehrriegel ein. «

Er drückte den roten Knopf. Die Farbe änderte sich ins grünliche. Ein Zeichen für den problemlosen Betrieb. Auf den Bildschirmen der zentralen Kontrolle wurde sichtbar, wie sich in Sekundenschnelle die Zwillings-Geschütze der Laser-Geschütztürme aufrichteten und sich automatisch Ziele im All suchten. Es dauerte nur wenige Sekunden, dann feuerten sie ihre ersten Salven in den Himmel. Jede Salve fand ein Ziel. Die im Dauerfeuer arbeitenden Geschütze verursachten einen höllischen Lärm. Überall auf dem Regierungs-Planeten der Morina waren die dumpfen Abschüsse der Laser-Gefechtstürme zu hören.

»Treffer«, meldete der Ortungs-Offizier.
Er blickte auf den zentralen Monitor der Leitstelle.
»Die ersten 59 Schiffe der Green-Lizards sind dem Einsatz der Abwehr-Geschütztürme zum Opfer gefallen. Die Kampfgleiter der Morina werden sichtbar entlastet.

»Das ist eine perfekte Technik«, sagte Prince Ulear Tomatover. »Das ist der erste Erfolg für uns. Er macht uns sehr stolz. Unsere Schiffe sind den Angreifern nicht unterlegen. Es liegt an unseren Piloten. Ihnen fehlt die Kampfpraxis. Bislang konnten wir kaum fremde Raumschiffe abschießen, sondern nur die Angreifer auf Distanz halten. Das hat sich jetzt geändert. Wir brauchen noch mehr von solchen Geschützen auf allen Planeten in unserem Sternen-System. Dann brauchen wir uns auch keine Angst mehr, um die Schutz-Schirme zu machen. «

Die Geschütztürme feuerten erst nach präziser Zielerfassung auf die ausgemachten Ziele. Alle feindlichen Schiffe, die in die Erfassung der automatischen Lasertürme gerieten, wurden zwangsweise atomisiert. Die schwachen Schirme der Echsen-Schiffe konnten die gewaltigen natradischen Laserlanzen nicht abwehren. Nichts blieb von ihnen übrig, als eine schnell auflodernde Flamme auf dem Display der Beobachter.

»Von solchen Waffen möchte ich mehr kaufen«, teilte Prince Ulear Tomatover ein zweites Mal mit.

»Das möchte jeder«, antwortete Commander Stuart. »Darüber müssen sie mit unserer Regierung sprechen. Ich bin sicher, dass sie sich einig werden. «

Er war froh, wie sich Prince Ulear Tomatover umdrehte und davoneilte.

»Eine Nervensäge weniger«, dachte er bei sich.
Commander Stuart griff nach seinem Communicator.

»Das ganze Personal der Termar 2 begibt sich zu unserem Raumschiff, wir starten in wenigen Minuten «, befahl er.

Hektisches Treiben war angesagt. Die Crew der Termar 2 eilte zu ihrem Schiff. Jeder nahm seinen Platz ein. Innerhalb weniger Minuten hob die Termar 2 von dem Boden ab und schob dem Himmel entgegen. Die natradische Signatur des Schiffes, veranlasste den Super-

Schutzschirm eine entsprechend große Struktur-Lücke herzustellen, um das Schiff in das Kampfgebiet zu entlassen.

Nachdem die Strukturlücke des Schirmes passiert war, versetzte sich die Termar 2 in den Tarnmodus und näherte sich vorsichtig dem ersten Schiffs-Verband der Green-Lizards.

»Hier spricht Commander Stuart«, sprach er in seinen Communicator. Waffenleitstelle, alle Geschütze werden von Kanonieren besetzt. Dieses Mal verzichten wir auf ein automatisches Feuer durch unsere Hypertonic-KI. Wir legen die Termar 2 seitlich neben den vordersten Schiffs-Verband der Green-Lizards. Die gesamte Breitseite unserer 15 Steuerbord-Waffentürme müssen ihre exakten Ziele finden. Alle Kanoniere feuern, was die Geschütze hergeben. Vernichten sie die Feindschiffe. Danach rollen wir über den Kiel auf die andere Seite. Dort feuern wir die dortigen 15 Backbord-Geschütze ab. Das zentrale Frontgeschütz hält uns den Fluchtweg offen. Die Hyperspace-Kanone kann sich separat austoben. Alles verstanden? «

»Aye, Aye, Commander, alles verstanden«, salutierte die Crew.

»Gut, es geht los«, erwiderte der Commander. »Nach dem Abschuss aller Kanonen wird ein sofortiger Positionswechsel durchgeführt, bevor die Echsen sich auf uns einschießen können. Das ist ihre Aufgabe, Steuermann. «

Commander Stuart blickte auf die Zeitmesser. Es vergingen zehn Sekunden.

»Achtung, bitte das Schiff enttarnen und angreifen«, befahl er. »Feuer frei, für alle Geschütztürme. «

Das Schiff brummte und vibrierte, als die überdimensionierten Geschütze ihre Arbeit aufnahmen. Commander Stuart stand am CIC und sah, wie die Treffer der Termar 2 die Schiffe der Green-Lizards, wie Seifenblasen aufrissen und in feuerlodernde Kunstsonnen verwandelte. Ein kurzer Abfall der Energiekurve zeugte von dem Einsatz der Hyperspace-Kanone, die sich ausschließlich den größeren Schiffen zugewandt hatte. Commander Stuart sah, wie ein 400-Meter-Schiff anfing seinen Kurs zu verändern und zu torkeln.

»Was ist das denn für ein Schiff? «, fragte Commander Stuart entsetzt.

»Das muss neu sein, Commander«, antwortete Sergeant Michels. »Das haben wir bisher noch nicht gesehen. Ein größeres Schiff, aber trotzdem mit minderer Feuerleistung ausgerüstet. «

Wieder jagte das Hyperspace-Geschütz seine geballte Ladung aus dem Zwillings-Rohr. Die Energieleistung der

Termar 2 fiel wieder ab, um sich im nächsten Moment zu fangen.

»Zielerfassung des Hyperspace-Geschosses«, meldete die Ortung. »Das torkelnde 400-Meter-Schiff wurde voll getroffen. Sein Schutzschirm hielt die geballte Kraft nicht auf. Der zweite Schuss der Hyperspace-Kanone durchschlug den kollabierenden Schutz-Schirm, trennte die Schutzwand des großen Schiffes auf und schlug in den Kern des Schiffes ein. «

Die Crew der Termar 2 schaute auf den großen Bildschirm. Ein greller Blitz blendete die Beobachter. Der ganze Bildschirm fiel aus und musste sich aufbauen.

»So einen Explosionspils habe ich noch nie gesehen«, meldete Sergeant Davis »Das Schiff hatte besondere Waffen geladen. «

Commander Stuart nickte.
»Werten wir es später aus«, befahl er. »Weiter auf die anderen Schiffe konzentrieren. «

Die Termar 2 drehte sich über den Kiel auf die andere Seite. Erneut donnerten die Geschütztürme auf und ließen eine ganze Reihe von gegnerischen Schiffen beschädigt das Kampffeld verlassen. Einige von ihnen schafften dies nicht mehr. Die nachträglichen Explosionen ihrer Antriebe riss die Schiffe und die Mannschaften in den Tod. Die Termar 2 vollzog den Positionswechsel. Die Crew bemerkte einen kurzen Zug vorwärts, als sich das

Schiff an einer neuen Position stabilisierte. Erneut donnerten die gewaltigen Geschütze der Termar 2 auf und zerfetzten die kleineren Schiffe der Echsen. Diese ergaben sich nicht.

Commander Stuart schaute auf das CIC und ermittelte die Anzahl der Schiffe.

»Es scheinen 30.000 angreifende Schiffe gewesen zu sein«, sagte er. »Jetzt verbleiben noch 28.300 Angreifer übrig. Unsere neuen Abwehr-Geschütze zeigen Wirkung.«

Auf dem CIC war ein Feuerwerk zu sehen. Überall explodierten Schiffe der Angreifer. Lediglich die Schiffe, die weiter entfernte Planeten des Morina-Systems, angriffen, standen noch nicht unter Beschuss.

»Das wird sich jetzt ändern«, dachte sich Commander Stuart. »Die Geschütze funktionieren und die Schirme halten. Wir kümmern uns jetzt um die Schiffe, die Morina 4, 5, 6 und 7 angreifen. Es sind keine so wichtigen Planeten, doch wir möchten den Morina zeigen, dass sie bei uns in guten Händen sind. «

Er drehte seinen Kopf und blickte Sergeant Romanski an.

»Steuermann nehmen sie Kurs auf die äußeren Planeten«, befahl er. »Vielleicht können wir auch einige der Schiffe von Morina 3 wegziehen. Wir fliegen im normalen UL-Modus. Die Tarnung bleibt aus. Sie sollen ruhig sehen, dass wir kommen.«

Die Termar 2 beschleunigte und nahm Fahrt auf.

Im Tarnmodus war die Flotte unter Major Travis an den Ziel-Koordinaten eingetroffen.

»Haben wir Ortungen, was sehen wir? «, fragte der Major.

»Augenblick bitte, Herr Major«, antwortete Sergeant Dantow. »Die Daten werden eingelesen. «

Der Ortungs-Offizier blickte auf seine Instrumente. »Die Zahlung wurde beendet«, antwortete er. »Es handelt sich offenbar erneut um 30.000 Schiffe der Sauroiden. Die Flotten-Verbände feuern auf die Schutzschirme der Planeten. Die scheinen noch zu halten. «

»Seien sie froh, dass die Echsen derzeit noch nicht über stärkere Waffen verfügen«, sagte Major Travis. »Ansonsten würden wir es nicht so leicht haben. «

»Sie attackieren die fünf Planeten, die sich wie eine Sichel angeordnet haben«, bemerkte Commander Brenzby.

»Das ist die legendäre Sichelwerft«, sagte Sirin. »Dort wurden unsere geheimsten Neuentwicklungen gebaut. Jeder von den 5 Planeten ist eine Werft. Die Planeten wurden von innen ausgehöhlt und als Produktions- und Lagerstätte ausgebaut. Die zentrale Steuerung ist der Planet 3. Die Anlage heißt Trantos. «

»Status der Anlage?«, fragte Major Travis.

Die Hypertronic-KI des Schiffes gab bereitwillig Auskunft. »Die planetenumspannenden Schutzschirme arbeiten mit maximaler Leistung«, erklärte sie. »Sie sind von alter natradischer Baureihe und wurden nicht weiterentwickelt, wie unsere neuen Modelle. Von den Kampfstationen ist nichts zu sehen. Sie schreiten erst ein, wenn Hilfe wirklich notwendig ist. Die KI's werden derzeit noch vermuten, dass sich die Angreifer zurückziehen werden, falls sie keinen Erfolg haben. «

»Aber das werden sie nicht«, antwortete Major Travis. »Achtung, ich will etwas probieren. Falls die Kampfstationen sich hier getarnt aufhalten sollten, dann beobachten sie den Angriff im deaktivierten Zustand. Öffnen sie einen codierten Flotten-Kanal.«

Sergeant Farmer ließ seine Hände über seine Konsole gleiten. Er gab dem Major ein positives Zeichen.

»Hier spricht Major Travis, Erbfolgeberechtigter Oberbefehlshaber der vereinigten Natrid & Tarid Streitkräfte«, sprach er in seinen Communicator. »Ich bin ein Erhobener im Gefüge der Kaiserkaste mit Rang 1. Bestätigt und eingesetzt von Noel von Natrid im Rahmen der Nachfolge Programmierung von Admiral Tarin. Ich hebe den Deaktivierungsmodus von Atlantarosa und von Cantalarosa auf. Unterstützen sie die Verteidigung von

Trantos. Schleusen sie alle Schiffe aus und schalten sie auf Angriffs-Modus um. «

Major Travis drückte zur befehlsgebenden Unterstützung den Knopf seines Neolrith, dem natradischen Befehlsgeber, der sämtliche bisherigen Befehle überlagerte. Einzig und allein war jetzt Major Travis der übergeordnete Befehlshaber der zwei Stationen. Er schaute irritiert auf das CIC. Nichts war zu sehen.

»Die Stationen sind nicht hier«, bemerkte Commander Brenzby.

»Warten wir einmal ab«, sagte der Major enttäuscht. »Ich weiß, dass Stationen dieser Größe länger brauchen, bis sie wieder alle Systeme aktiviert haben. Unsere Zerstörer mit Roboter-Besatzungen sollen angreifen. Bitte geben sie den Befehl. Das Manöver MT 134 A ist auszuführen. Die Angriffe erfolgen nach eigenem Ermessen. Die Tarnung der Schiffe ist in diesem Fall aufzuheben. «

»Herr Major, ich habe zwei große Resonanzkontakte«, teilte Sergeant Dantow freudig mit.

»Sie sind also doch da«, grinste Major Travis.

Auf dem CIC sah die Crew der Termar 1, wie sich zwei gewaltige Flotten-Kampfstationen enttarnten und begannen etliche Zerstörer ausschleusten.

»Die Bestätigungen sind gerade gekommen«, sagte Sergeant Farmer. »Die Stationen unterwerfen sich ihrem Befehl. Ich sende ihnen den Manöver-Schlüssel MT134 A.«

Verwirrt registrierten die exoiden Angreifer, dass sich von einem Moment auf den anderen 2.752 Schiffe auf sie stürzten. Jeweils 30 Schiffe der Kaiser-Klasse sicherten ihre Flotten-Kampfstation ab. Sie bauten einen Abwehrring um ihre Station auf. Je 970 Schiffe der Stationen entmaterialisierten und platzten mitten in der Flotte der Green-Lizards aus dem Hyperraum. Der Kampf wurde zu einem Massaker. Pausenlos donnerten die Geschütze der natradischen Schiffe auf. Sie schossen ihre todbringende Fracht auf die kleineren Schiffe der Echsen, als ob sie Vergeltung für ihre Vorfahren nehmen wollten.

Gnadenlos feuerten die natradischen Zerstörer auf die kleineren Schiffe der Echsen. Überall flammten grelle Explosionen auf, die das Ende eines exoiden Schiffes anzeigten. Sobald sich eine größere Anzahl von Echsen-Schiffen versammelt hatte und den Schutzschirm eines natradischen Schiffes älterer Bauart zur Überlastung brachte, entzog sich dieses durch den Sprung in den Hyperraum. Sofort materialisierte es an einem neuen Standort und versetzte von dort den Schiffen der Green-Lizards erhebliche Schäden. Die Flotte der Angreifer wurde aufgerieben.

»Da passiert noch etwas«, meldete Commander Brenzby. »Die Werft-Planeten erwachen zum Leben. «

Durch die natradischen Schutzschirme stiegen die bekannten gewaltigen Laserlanzen von den Planeten auf. Wie bereits auf Natrid kennengelernt, forderten die Abwehr-Geschütze bei den Angreifern jetzt den nötigen Respekt ein.

»Wie viele Geschütztürme befinden sich auf jedem Planeten? «, fragte Major Travis.

»Ich habe exakt 152 Strahlen erfasst, die von jedem Werft-Planeten aufsteigen«, antwortete Sergeant Dantow. »Das scheint eine magische Zahl für die Natrader gewesen zu sein.«

»Rums«, meldete Commander Brenzby laut. »Sie Echsen haben in einem Schlag 260 Schiffe verloren. Alle Laserstrahlen haben ihr Ziel gefunden. Die Green-Lizards scheinen mit der Angriffsführung völlig überfordert zu sein.«

Commander Brenzby ließ die Termar 1 in Backbord-Richtung zum Feind drehen.

»Achtung, da kommt ein Geschwader von 30 Schiffen auf uns zu«, sagte er. »KI, erfasse die feindlichen Schiffe nach eigenem Ermessen und zerstöre sie. «

Befehl verstanden", bestätigte die Hypertronic-KI der Termar 1.

Die ausgefahrenen 15 Backbord-Waffentürme der Termar 1 visierten die vordersten Ziele an und spuckten ihre heißen Strahlen den Angreifern entgegen. Eine Feuerwand gigantischen Ausmaßes entstand an der Position der vordersten Schiffe.

Die Termar 3, unter Commander Ollie Maley, hatte das gleiche Manöver durchgeführt und feuerte jetzt ihrerseits auf die Angreifer. Unterdessen drehte sich die Termar 1 über ihren Kiel zur Steuerbordseite um und fixierte von dieser Seite ihre Waffen-Türme auf die Angreifer.

Röhrend entluden sich die Laser-Gefechtstürme im Dauerfeuer. Lediglich die letzten fünf Schiffe der Angreifer blieben für das Schwester-Schiff der Termar 1 übrig. Die Termar 3 musste sich hinter der Termar 1 nicht verstecken. Das CIC gab die zahlreichen auflodernden Explosionen wieder. Hierbei handelte es sich ausschließlich um die unterlegenen Schiffe der Green-Lizards. Die Flotte hatte starke Barrieren gebildet. Die Schiffe der Green-Lizards flogen stur dagegen an und endeten in der Vernichtung. Greif-Kommandos der Stations-Schiffe materialisierten immer wieder an Stellen der Flotte der Sauroiden und sprengten Löcher in die Formation. Immer schneller wurden Schiffe die Flotte der Angreifer dezimiert und vernichtet.

Nach dreißig Minuten und dem Abbrennen eines gigantischen Feuerwerks ebbte die Raumschlacht merklich ab.

»Der Kampf geht dem Ende entgegen. Die Green-Lizards haben sich übernommen«, sagte Sirin.

»Den Kampf konnten sie mit dieser Technik nicht gewinnen«, antwortete Major Travis. »Es ist ein Abschlachten. Sie hören jedoch nicht auf unsere Aufforderung zur Kapitulation. «

Heinze nickte traurig.
»Sie haben nur einen Gedanken im Kopf«, bestätigte er. »Dieser besagt alles vernichten, was von Humanoiden erbaut wurde. Das ist das Traurige an dieser Geschichte. Der Name des wirklichen Feindes heißt Worgass. Sie haben jetzt gesehen, welche Feuerkraft wir anwenden können und werden vorsichtiger werden. Aufhören werden sie nicht. «

Major Travis konnte dem Treiben nicht weiterzusehen.
»Sergeant Farmer, bieten sie den letzten Green-Lizards die Kapitulation an«, sagte Major Travis. »Wir wollen keine Rasse vernichten. «

Commander Brenzby hatte Morass Zyran geholt und ihm bereits auf dem Weg auf die Brücke die Situation erklärt. Als sie eintraten, rief ihnen der Major Travis bereits Worte zu.

»Morass, sprechen sie mit ihren Leuten«, sagte er. »Bitten sie die Besatzungen sich zu ergeben. Nur so kann ich sie verschonen. «

»Die Leitung ist offen«, sagte Funk-Offizier Farmer. » Sprechen sie. «

Morass nickte und griff nach dem Communicator.

»Hier spricht Morass Zyran«, sprach er hinein. »Sie kennen mich als Parlamentarier und 43. Abgeordneter des Hauses Lizzit. Beschützer der jungen Brüter und zuständig für einen reibungslosen Kommunikationsdienst innerhalb der Flotte. Stellen sie die Angriffe ein. Wir sind von den Worgass betrogen worden. Die Humanoiden von Natrid wollen nichts von uns. Wir sind die Angreifer. Sie haben nicht die Absicht unsere Nester zu vernichten. Bitte stellen sie ihre Angriffe ein. Von den 30.000 Schiffen unserer Armada sind ganze 2.137 Schiffe übrig. Zahlreiche Freunde von uns mussten für die falschen Ideale sterben.«

Morass gab Commander Brenzby das Mikrofon zurück. Der nickte nur kurz.

Major Travis schaute auf das CIC. Ein Teil der Angreifer-Flotte fiel zurück und stellte das Feuer ein. Der Major schätzte die Anzahl auf 1.205 Schiffe. Diese Flotte zog sich mit deaktivierten Waffen zurück und wartete auf den Ausgang der Schlacht. Die restlichen 932 Schiffe der Green-Lizards attackierten weiter die Werft-Planeten und deren Roboter-Schiffe. Eine Überzahl von 2.600 natradischen Zerstörern stürzte sich auf die deutlich kleineren Schiffe der Echsen. Innerhalb von Sekunden war der Kampf entschieden. Die 1.205 Schiffe der Green-

Lizards, die sich für eine Aufgabe entschieden hatten, mussten die schnelle Vernichtung der Schiffe ihrer Artgenossen miterleben.

Der Major nahm das Mikrofon.
»Hier spricht Major Travis, Oberbefehlshaber der vereinigten Natrid & Tarid Streitkräfte«, sprach er in den Communicator. »Sie haben nichts zu befürchten. Wir haben bereits Kollegen von ihnen an Bord. Machen sie sich auf eine Enterung gefasst. Folgen sie den Robotern und leisten sie keinen Widerstand. Legen sie ihre Waffen ab. Sie werden zu einem Transport-Schiff gebracht. Ich wiederhole, sie haben nichts zu befürchten. «

 Er blickte seinen Funk-Offizier an.
»Jetzt noch eine Verbindung an unsere natradischen Einheiten öffnen. «

Sergeant Farmer stellte die Leitung her.
»Danke an alle Schiffe und Stationen«, sprach Major Travis in den Communicator. »Der Angriff ist erfolgreich beendet. Wir haben gesiegt. «

Jubel hallte über die Brücke der Termar 1.
»Die Kampf-Stationen bitte ich sich bereitzuhalten, sie werden an die Heimatfront zurückverlegt. Dort erhalten sie neue Stationierungs-Befehle. Rufen sie ihre Schiffe zurück. Sie unterstehen ab sofort dem Neuen-Imperium von Tarid und Natrid. Befehlsgebend für ihre Rückführung ist Termar 3 unter Commander Maley. «

Als Bestätigung drückte Major Travis den Knopf an seinem Neolrith. Die Bestätigungen kamen prompt. Die Befehle wurden akzeptiert und bestätigt. Atlantarosa und Cantalarosa bereiten sich auf die Rücksprünge ins Sol-System vor.

»Bitte die Leitung zur Termar 3 öffnen«, sagte Major Travis.

»Die Leitung steht«, sagte Sergeant Farmer.

»Commander Maley, ich möchte ihnen eine wichtige Aufgabe auferlegen«, sagte Major Travis.

»Gerne«, antwortete Commander Maley. »Wie sieht diese aus? «

»Sie fliegen die Flotten-Kampfstationen in die Heimat zurück«, befahl der Major. »Holen sie alles heraus, was die Triebwerke der Stationen hergeben. Ich habe ein ungutes Gefühl. Der Hauptteil der Green-Lizards-Flotte ist uns noch nicht in die Fänge gegangen. «

»Wir gehen davon aus, dass diese jetzt um 90.000 Schiffe kleiner geworden ist, rechnet man die Angreifer auf Morina mit«, entgegnete Commander Maley.

»Ja«, antwortete Major Travis. »Deswegen sollten wir nicht länger warten. Fliegen sie sofort los und verlieren sie keine Zeit. Ich möchte unseren Freunden im Morina-System noch beistehen. Falls sie unterwegs einen Notruf von der Erde, von Natrid oder aus dem Solsystem erhalten, überlegen sie kurzfristig, ob sie die Stationen zurücklassen und nur mit den Schiffen der Kampf-Stationen den Restsprung antreten. Sie werden dann viel schneller sein. «

»Danke für den Tipp«, sagte Commander Maley. »Wir machen uns sofort auf den Weg. Viel Erfolg für ihre Mission. «

»Alle Green-Lizards wurden auf das Arrest-Schiff überstellt«, teilte Commander Brenzby mit. »Was passiert mit den Schiffen. «

»Das überlege ich mir noch«, antwortete der Major. »Hier spricht Major Travis, erbfolgeberechtigter Ober-Befehlshaber der vereinigten Natrid & Tarid Streitkräfte. Erhobener im Gefüge der Kaiserkaste mit Rang 1, bestätigt und eingesetzt von Noel von Natrid im Rahmen der Nachfolge-Programmierung von Admiral Tarin. Ich rufe Trantos. Antworte und unterwerfe dich meiner Befehlsautorität. Deine Deaktivierung wurde von mir aufgehoben. Du wirst aktiviert und neue Aufgaben übernehmen. Deaktiviere deine Schutzschirme. Wir haben nicht zu viel Zeit. Du weißt sicherlich, dass auch das Morina-System angegriffen wird. «

Auf eine normale Hyperkomm-Funkverbindung reagierten die ganzen Hypertronic-KI's anscheinend nur unwillig. Der Major unterstützte seinen Befehl mit einem

Druck auf den grünen Knopf seines Neolriths. Es knisterte in den Lautsprechern.

»Hier ist Trantos 1, zentrale Verwaltungs-KI der 5 Werft-Planeten im Trantos-System«, hallte es aus den Lautsprechern. »Meine Deaktivierung wurde aufgehoben, Wartungen und Reparaturen eingeleitet. Wie kann ich Major Travis und dem natradischen Kaiser dienen?«

»Öffne deinen Speicher«, antwortete Major Travis. »Ich übersende dir neue Befehle.«

Commander Brenzby drückte zwei Knöpfe auf seinem Kontrollpult. Die Schiffs-KI der Termar 1 loggte sich bei Trantos 1 ein und überspielte alles Wissenswerte und brachte Trantos auf den aktuellen Stand der Zeit.

»Sind noch Schiffe in deinen Werften fertig, die ich übernehmen kann?«, erkundigte sich Major Travis. «

»Ja, ich bin mit Schiffsbauten überfüllt«, antwortete Trantos. »Die Hangar sind so voll, dass ich fast bewegungsunfähig bin und nicht mehr neu produzieren kann, obwohl noch genügend Rohmaterial vorhanden ist.«

»Wie viele Schiffe mit Roboterbesatzungen kannst du ausschleusen?«, erkundigte sich Major Travis.

Die Antwort ließ nicht lange auf sich warten.

»Fertig bestückt und einsatzbereit sind nachfolgende Produktionen«, erwiderte Trantos.

500   Schiffe der Kaiser-Klasse-2000 Meter,
3.000   Schiffe der Königs-Klasse-1500 Meter,
5.000   Schiffe der Lord-Klasse-1000 Meter,
500   Schiffe der Naada-Klasse-500 Meter,
1.000   Schiffe der Taluk-Klasse-100 Meter,
3.000   Jets der Tarin-Klasse 12 Meter,
500   Garde-Klasse-8 Meter.

Commander Brenzby und Mar Major Travis klappte der Mund nach unten.

»Perfekt«, sagte Major Travis. » Wir nehmen alle Schiffe mit, außer den leichten Schiffen. Die 1.000 Schiffe der Taluk-Klasse, die 3.000 Jets der Tarin-Klasse und die 500 Garde-Gleiter bleiben hier und sichern zusätzlich deinen Systembereich. Ich lasse Arbeits- und Wartungs-Roboter hier, die einen Groß-Transmitter aufbauen. Du wirst somit wieder an das Imperium angeschlossen und kannst schnell Hilfe anfordern. Ich nehme Kontakt zu Trantos und Adhara auf. Die dort stationierten Einheiten können im Bedarfsfall schnell hier sein«

»Ich aktiviere die Roboter-Besatzungen der Schiffe führe ihren Start durch«, antwortete Trantos. »Ich bin froh, wieder einen festen Platz im Imperium zu haben. Der Produktionsprozess kann wieder gestartet werden. Die ausgeschleusten Schiffe unterstehen der Befehlsführung von Major Travis. «

»Danke«, sagte Major Travis. »Wir reden in Kürze weiter. Bitte melde unseren Abflug nach Morina. Ich hoffe, wir können da noch einiges retten. «

Unzählige Schiffe starteten von den Trantos-Werftplaneten und hoben im Rhythmus von Sekunden von den Landeflächen ab. Die Zerstörer reihten sich in die Formation der Flotte des Neuen-Imperiums ein. Erneut vergingen zwei lange Stunden, bis alle Zerstörer sich vollständig versammelt hatten.

»Unsere Schiffe sind für den Abflug bereit«, meldete Commander Brenzby. »Die Sprung-Koordinaten wurden bestätigt.«

»Den Sprung bitte jetzt durchführen«, befahl Major Travis.

Die zahlenmäßig aufgestockte Flotte des Neuen-Imperiums zählte 9.731 Schiffe. Gemeinsam sprangen die Zerstörer in den Hyperraum und verschwanden von den Ortungsanlagen der Trantos-Verwaltung.

Die Hypertronic-KI der sichelförmigen Werftanlage befahl den sofortigen Hausputz. Sämtliche überfälligen Wartungs- und Reinigungsmaßnahmen liefen an. Die Hypertronic-KI des natradischen Produktions-Zentrums wollte möglichst schnell die Aufnahme der Raumschiff-Produktionen durchführen. Tausende von Arbeitsrobotern erwachten zum Leben und nahmen ihre

Arbeit wieder auf. Die gewaltigen Atom-Reaktoren der Werftmonde wurden zu Höchstwerten hochgefahren. Eine neue Zeitrechnung hatte begonnen. Die Trantos-KI war sehr glücklich hierüber.

***

Commander Cottle materialisierte mit seiner Eingreif-Flotte im Morina-System. Sofort stellte sich das CIC neu ein.

»Bildschirm an«, befahl der Commander.
Die Daten ruckelten kurz, gaben dann aber die Informationen frei.

»Wir zählen noch 27.345 Schiffe der Green-Lizards«, teilte der Ortungs-Offizier mit. »Commander Stuart hat bereits gute Arbeit geleistet. «

»Da ist die Termar 2«, sagte der Commander und zeigte auf ein Symbol auf dem CIC. »Sie kämpft mutig, ist aber sofort wieder von vielen Schiffen umzingelt. «

Er lachte kurz auf.
»Jetzt ist der alte Fuchs Stuart den Verfolgern wieder entsprungen. «

»Da ist die Termar 2 wieder«, sagte Ortungs-Offizier Alms. » Am anderen Ende der Flotte der Angreifer. Sie feuert wieder ihre komplette Breitseite in die fremden Schiffe. «

Duzende Explosionen breiteten sich über das CIC aus.

»So wie das aussieht, kommt sie hier recht gut zurecht «, sagte Commander Cottle. »Die große Anzahl der planetaren Abwehr-Geschütztürme holen zahlreiche feindlichen Schiffe vom Himmel. Die Green-Lizards sind nicht in der Lage, eine logistische Kriegsführung anzuwenden. Wir greifen ein. «

Er blickte zu der Funkleitstelle.

»Sergeant Ruppert, öffnen sie mir einen Kanal zu Commander Stuart. «

»Die Leitung steht«, antwortete der Sergeant. »Sie können sprechen. «

»Hallo Stuart, alter Haudegen«, sprach Commander Cottle in seinen Communicator. »Hier spricht Cottle von der von Termar 4. Ich habe Commander Haught und die Eingreifflotte von Major Travis mitgebracht. Können wir ihnen helfen? «

Der Kanal knackte ein wenig.

»Commander Cottle, wir sind beschäftigt«, antwortete Stuart. »Es ist schön ihre Stimme zu hören. Liegen sie mit ihren Schiffen hier nicht im Wege herum. Nehmen sie ein paar Lizards aufs Korn. «

Commander Cottle lachte laut auf.

»Ich freue mich, dass sie noch guter Laune sind«, antwortet er.

Commander Stuart blickte auf das CIC und erkannte, wie sich die 600 Roboter-Schiffe enttarnten. Die Zerstörer zerfielen in kleine Geschwader und griffen die Kriegsschiffe der Feinde an. Diese waren sichtlich irritiert. Mit neuen Verteidigern hatten die Kommandeure die Schiffsflotte der Green-Lizards nicht gerechnet?

Commander Cottle ließ sein Schiff näher an die Termar 2 fliegen. Die Steuerbord-Breitseiten beider Schiffe feuerten Salve um Salve auf die Kriegsschiffe der Angreifer. Nach zehn Sekunden drehten sich die Termar-Schiffe über den Kiel. Sofort setzte kontinuierliches Dauerfeuer von den Geschütztürmen der Backbordseiten ein. Die Angriffswelle der Green-Lizards wurde aufgerissen, die fremden Kriegsschiffe in glutheiße Feuerbälle verwandelt. Die Hyperspace-Kanonen röhrten ihre Gefechtsköpfe aus den Rohren, auf die feindlichen Schiffe zu.

Commander Stuart stand am CIC.
»Wie viele Gegner sind es noch? «, erkundigte er sich.

Sergeant Davis antwortete sofort.
»Es werden immer weniger«, teilte er mit. »Die Ortung zählt noch 19.367 Schiffe. Stopp, es sind wieder 52 Schiffe von den Boden-Abwehr-Geschützen erwischt worden. Wir haben es noch mit 19.315 Schiffen zu tun. Die Green-Lizards scheinen noch kein Mittel gefunden zu haben, unsere Abwehrkette zu durchbrechen. Da kommen neue Angriffswellen auf uns zu. «

Erneut feuerten die Termar-Schiffe ihre geballten Energieladungen den Angreifern entgegen. Die Formation der feindlichen Schiffe wurde an vorderster Front aufgerissen und ins Stocken gebracht. Die Explosionen der angreifenden 250 und 400-Meter- messenden Schiffe breiteten sich schnell aus und sprangen auf nachfolgende Schiffe über, die zu dicht an die explodierenden Schiffen herangeflogen waren.

Die Termar 2 und die Termar 4 hatten zwischenzeitlich einen Positionswechsel vollzogen und waren an dem gegenüberliegenden Ende der Angriffswelle aus dem Normalraum aufgetaucht. Das Katz- und Mausspiel ging weiter. Das gewaltige Röhren der Hyperspace-Kanonen zeigte den Angreifern die neue Position der Termar-Schiffe an. Tapfer drehten sie ihre Schiffe den natradischen Zielen zu, die ihre totbringenden Strahlen weiter auf die Angreifer entluden. Der Weltraum hellte sich unter den ständigen Explosionen der Green-Lizard Schiffe auf.

***

General Poison saß mit Noel in seinem Büro in der zentralen Verwaltung in Tattarr zusammen.

»Wir sind gut vorangekommen«, sagte er. »Dank den Groß-Duplikatoren läuft die Produktion der Raumschiffe immer schneller durch. «

Noel nickte.

»Ich denke, wir sind auf einem guten Weg«, antwortete er. »Alle Schiffe, die aus der Produktion kommen, sind mit den neusten Waffen ausgestattet und mit dem lantranischen Super-Schutzschirm. Sie sollten einiges aushalten können. «

»Die gesamte Planung....«.
Der General brach den Satz ab. Alarmsirenen heulten auf.

Noel und General Poison sprangen auf.

»Monitore an«, befahl Noel.

Die Lautsprecher in der Wand gaben den Grund für den Alarm aus.

»Wir zeichnen einen Resonanzkontakt nahe der Jupiter-Umlaufbahn«, teilte die Raumüberwachung mit. »Die Daten werden im Moment aktualisiert. Wir haben sieben Flotten Kampfstationen der letzten natradischer Baureihe erfasst. Es handelt sich um geheime Schiffs-Konstruktionen des letzten natradischen Kaisers. Entsprechende Bauzeichnungen wurden in den Archiven nicht hinterlegt. Sie werden begleitet von 1.000 Zerstörer, die uns die ID-Signatur der Konstalarosa Flotten-Kampfstation übermitteln. «

Noel und General Poison sahen sich erleichtert an.

»Major Travis hat sie gefunden«, lächelte der General. »Die Zerstörer der Konstalarosa wurden zurück ins

Heimatgebiet verlegt. Sie haben direkt sieben Flotten-Kampfstationen mitgebracht. «

»Eingehender Hyperraum-Funkspruch von der Termar 7«, teilte die Hypertronic-KI mit. «

»Bitte auf die Lautsprecher legen«, befahl Noel.
General Poison und Noel waren gespannt.

»Hier spricht Commander Rosenblatt«, tönte es aus den Lautsprechern. »Ich wurde von der Front zurückbeordert und übergebe ihnen, laut Befehl von Major Travis, die Kampfstationen Mantalarosa, Limstalarosa, Antalarosa, Quantalarosa, Rontalarosa, Xantalarosa und Shilatarosa. Die Kampfstationen sind fast vollständig mit Schiffen neuester Stations-Produktion bestückt. Ferner bringe ich Captain Wolter und KÖK-238 mit. Er hat den Rückflug der Zerstörer der Kampfstation Konstalarosa organisiert. «

General Poison antwortete sofort.
»Gut gemacht, Junge«, antwortete er. »Nehmen sie eine Position nahe der Titan-Umlaufbahn ein. Wir kommen zu ihnen. «

Noel sprach in sein Head-Set.
»Wir können los«, teilte er mit. »Die Transmitter-Station wurde informiert und baut die Verbindung auf. Es geht nach Titan. «

Sechs natradische Kampfroboter warteten bereits an dem Transmitter-Terminal. General Poison und Noel stiegen auf das Podest. Noel zeigte mit der Hand auf die technische Kontroll-Einheit, hinter der ein Service-Roboter die Funktionen bediente.

»Bitte Energie «, befahl er.
Der Energiestrahl zerlegte die Personen und Roboter in ihre Moleküle und strahlte sie in Richtung des Titan-Mondes ab.

Commander Rosenblatt hatte bereits im Konferenzraum des Titan-Distributionszentrums Platz genommen, als Noel und General Poison, eskortiert von sechs Kampfrobotern, das Zimmer betraten. Commander Giacombo war ebenfalls bereits auf dem Weg zu ihnen.

»Es ist schön sie zu sehen, Commander«, sprach der General seinen Mitarbeiter an. »Sie kommen zur rechten Zeit. «

Noel begrüßte Commander Rosenblatt ebenfalls. Es klopfte an der Türe.

»Herein«, sagte der General in gewohnt lauter Manier.

Noel blickte ihn entsetzt an. Er hatte sich immer noch nicht an das Sprachorgan des Generals gewöhnt. Die Türe öffnete sich und Commander Giacombo trat ein.

»Sie haben mich rufen lassen, General? «, erkundigte er sich.

Dieser nickte.

»Sie kommen gerade recht«, antwortete der General. »Ich wollte sie kurz einweisen. Commander Maley ist noch unterwegs zu uns. Er wird von mir später über eine Hyperraum-Funkverbindung informiert. «

Der General wartete, bis sich der Commander der Heimat-Verteidigung gesetzt hatte. Dann blickte er Commander Rosenblatt an.

»Es ist gut, dass sie die Flotten Kampfstationen ohne Probleme ins Sol-System gebracht haben«, dankte der General dem Commander. »Wir werden uns später um die Stationierung kümmern. Haben sie neue Informationen über die Hauptflotte der Green-Lizards mitgebracht? «

Commander Rosenblatt nickte.

»Wir haben verlässliche Informationen erhalten, dass ein Teil der exoiden Flotte gerade das Werft-Planeten-System Trantos angreift«, erklärte er. »Synchron hierzu werden von einem Teil der feindlichen Armada auch die Morina-Welten angegriffen. Der restliche Teil der Invasionsflotte ist auf dem Weg in das Sol-System. Die Green-Lizards scheinen über Daten zu verfügen, die ihnen den Weg zum ehemaligen Planeten der Natrader zeigen. Sie gehen derzeit davon aus, dass sie auf keinen Widerstand stoßen werden. Es wurde ihnen gesagt, dass Natrid eine tote, verlassene Welt ist. Sie wollen den Planeten sprengen und ihn für alle Zeit aus den Navigations-Karten löschen. Deswegen haben sich die Green-Lizards Zeit gelassen und vorrangig andere Ziele angegriffen. Ich denke, sie sollten die Heimat-Flotte mobilmachen. Es dauert nicht mehr lange, dann wird es ernst werden. «

Noel und General Poison sahen sich an.
»Wie wir es vermutet hatten«, sagte Noel. »Die Echsen wollen ein Exempel statuieren. Sie planen den Planeten Natrid aus dem Universum zu entfernen. Das soll vermutlich ihre Vergeltung sein, für die verlorene Schlacht der Rigo-Sauroiden gegen die Natrader. «

General Poison schaute die Commander an.
»Ich habe bereits mit Noel hierüber gesprochen«, antwortete er. »Im Angriffsfall wird es ein heilloses Durcheinander geben. Zum Ersten, weil wir noch nicht alle Flotten-Verbände hier im System haben, zum Zweiten wissen wir nicht, mit welcher Flottenstärke die Green-Lizards angreifen werden. Commander Maley wird die Zerstörer der 7 Flotten-Kampf-Stationen befehligen. Noel wird unsere Anweisungen an die Flotten-Kampfstationen übermitteln. Diese Kontingente verteidigen die Linie des Mondes Titan. Diese Anlagen sind zu wichtig, als dass wir sie ohne Schutz lassen können. Techniker und Arbeitsroboter sind unterwegs dorthin, um alle Stationen und Anlagen mit dem neuen Super-Schutzschirm auszustatten. Die Schiffe der Stationen werden rechtzeitig ausgeschleust und positioniert.

 Die Konstalarosa wurde in der Nähe des Erdmondes Luna stationiert. Sie versucht Angriffe auf den Mond, abzuwehren. Ihre Schiffe werden eine Blockade-Linie aufbauen. Auf Luna wurden 152 natradische Abwehr-Geschütztürme installiert. Sie sind auf der Oberfläche des Mondes verteilt, so dass keine Lücke im Verteidigungs-System entstehen kann. Hinter dem Mond kommen nur noch unsere klassischen Attac-Gleiter. Sie wurden mittlerweile mit Laser-Geschützen ausgestattet. Die wendigen Kampfgleiter bilden eine letzte Schutzbarriere vor Tarid. Alle Schiffs-Verbände unterstehen dem Befehl der strategischen Leitung der Koordination unserer Heimat-Verteidigung. «

De General blickte den Befehlshaber der Heimat-Verteidigung an.

»Commander Giacombo, lassen sie die Schiffe an wichtigen Positionen Stellung beziehen«, befahl General Poison.

»Das habe ich vor«, bestätigte der Commander.

Der General nickte.

»Ich erkläre allen Anwesenden kurz unsere Flotten-Positionierung«, ergänzte der General. »Notieren sie sich bitte die Strategie. Fangen wir mit Commander Rosenblatt an. Ihm stehen nachfolgende Schiffe zur Verfügung. Seine Flotte führt die erste Abwehr-Blockade durch und dünnt die angreifende Armada der Green-Lizard aus. Er darf auf die nachfolgende Anzahl von Zerstörern zurückgreifen.

500   Schiffe der Kaiser-Klasse,
3.000   Schiffe der Königs-Klasse,
2.000   Schiffe der Lord-Klasse,
4.000   Schiffe der Naada-Klasse.«

General Poison blickte den Commander an.
»Sie warten, bis die Green-Lizards den Uranus erreicht haben«, ergänzte er. »Die 500 Schiffe der Kaiser-Klasse sollten als vorderster Abwehrriegel fungieren. Stellen sie die Schiffe in breiter Formation auf. Setzen sie alle Waffen-Türme im automatischen Dauerbeschuss ein. «

Der General hatte sich ereifert und legte eine kurze Pause ein. Dann fuhr er fort. Die Anwesenden erkannten, dass ihm der Angriff auf das Sol-System schwer zu schaffen machte.

»Die ihnen unterstellten 3.000 Schiffe der Königs-Klasse benutzen sie bitte für die Flanken-Sicherung«, fuhr der General fort »Gruppieren die Zerstörer in Geschwadern zu je drei Schiffen. Lassen sie synchronisiert auf die exoiden Schiffe schießen. Hierdurch wird gewährleistet, dass jedes anvisierte Ziel auch vernichtet wird.

Weiterhin habe ich ihnen 2.000 Schiffe der Lord-Klasse und 4.000 Schiffe der Naada-Klasse unterstellt. Ziehen sie diese bitte etwas hinter die Abwehr-Linie zurück. Setzten sie diese Kreuzer ein, um alle durchbrechenden Schiffe abzufangen. Lassen sie wieder Geschwader aus drei Schiffen bilden. Das erhöht die Durchschlagskraft. Diese Gruppen werden sich um ausgerissene, noch erreichbare

Schiffe der Angreifer kümmern, die den Breitseiten unserer großen Zerstörer entkommen sind. Wenn die ausgedünnte Armada der Green-Lizards durchgebrochen ist, nehmen sie nach eigenem Ermessen den Angriff auf neue Ziele feindlichen Armada vor. Rücken sie den fremden Schiffs-Verbänden nach und drücken sie die Flotte der Green-Lizards auf die nächste Abwehr-Welle zu, die von Commander Maley geführt wird. Er ist zwar noch nicht hier, doch der Commander wird unseren stärkste Flotten-Verband führen. Nachfolgende Schiffe stehen seinem Abwehrriegel zur Verfügung:

500   Schiffe der Kaiser-Klasse,
2.000   Schiffe der Königs-Klasse,
1.500   Schiffe der Lord-Klasse,
3.000   Schiffe der Naada-Klasse,
3.000   Schiffe der Taluk-Klasse,
7   FKS (Flotten-Kampf-Stationen).

»Die Schiffe positionieren sich weit vor dem Saturn und schützen den Mond Titan mit unseren wichtigen Anlagen. Allein die sieben Kampf-Stationen und die 469 bodengebundenen Abwehr-Geschütze auf den Saturn-Monden, sollten bereits viele angreifende Schiffe vom Himmel holen. Die Zerstörer dieser Abwehrlinie werden alles zerstören, was ihnen vor die Gefechtstürme fliegt. Die nachrückenden Schiffe von Commander Rosenblatt unterstützen den Flotten-Verband von Commander Maley auf der Rückseite der feindlichen Armada.

»Der Rest der Flotte unterliegt dem Kommando von Commander Giacombo. Er befehligt die wichtige 3. und die 4. Abwehrlinie. Die letzte Linie ist die Verteidigungs-Barriere der Erde. Die 3. Welle steht vor Natrid und seinen Monden. Sie besteht aus nachfolgenden Schiffen:

1.000   Schiffe der Kaiser-Klasse,
5.000   Schiffe der Königs-Klasse,
1.500   Schiffe der Lord-Klasse,
1.300   Schiffe der Naada-Klasse,
1.000   Schiffe der Taluk-Klasse.

Als letzte Barriere vor der Erde und Luna habe ich nachfolgende Schiffe stationiert. Auch dieser Verband untersteht ihnen, Commander Giacombo.

600   Schiffe der Kaiser-Klasse,
4.650   Schiffe der Königs-Klasse,
1.150   Schiffe der Lord-Klasse,
1.100   Schiffe der Taluk-Klasse,
5.100   Tarin-Gleiter,
12.300   Attac-Gleiter,
4   Flotten-Kampf-Stationen.

Der General holte kurz Luft.
Die Zahl hört sich so mächtig an, weil die Kampf-Jets mitgezählt wurden. Diese Gruppe wird von den Abwehr-Geschützen der 4 Flotten-Kampf-Stationen und den bodengebundenen Geschützen von Luna unterstützt. Wir haben hiermit die gewaltige Zahl von 44.707 Kampf-

Einheiten im Einsatz. Garde- und Stadt-Gleiter nehmen nicht an der Mission teil.

»Ich hoffe, die Green-Lizards werden sich ihre Zähne ausbeißen«, bemerkte Commander Giacombo.

»Das hoffen wir alle«, antwortete General Poison. »Doch wir sollten nicht zu selbstsicher sein. Nach den letzten Informationen von Major Travis haben die Green-Lizards ihre Waffentechnik noch nicht modifiziert. Halten sie in Zusammenarbeit mit den Kampf-Stationen, durchdringende Schiffe unbedingt auf. Setzen sie die sämtliche Waffensysteme der Tarin-Jets und der Attac-Gleiter ein, um feindliche Bomben und Torpedos abzufangen.«

»Das werden ich«, bestätigte Commander Giacombo zuversichtlich.

»Die neuen Produktionsanlagen auf der Erde, in Verbindung mit den Groß-Duplikatoren haben viel gebracht«, bemerkte General Poison. » Wir verfügen derzeit über 55.000 bewaffnete Schiffe, die wir aktivieren werden. In diesen Angaben wurden auch die momentanen Zahlen der Kampfgleiter, der Gardegleiter und der Stadtgleiter berücksichtigt. Wie ich ihnen bereits mitgeteilte, werden aus dieser Zahl exakt 44.707 Schiffe an der Mission „Rettet die Erde" beteiligt.

In dieser Zahl sind ebenfalls die Schiffe der Kampfstationen enthalten, die sich derzeit noch unter dem Kommando von Major Travis befinden. Ich hoffe sehr, dass diese bald zur Verteidigung stehen werden. «

»Machen sie sich keine Sorgen«, antwortete Commander Rosenblatt. »Die Anzahl der Schiffe, in Verbindung mit den neuen Super-Schutzschirmen wird ausreichen, um die Flotte der Green-Lizards aufzuhalten. Ich bin sehr zuversichtlich.«

»Auch wenn die Schiffe nur mit einer Notbesetzung fliegen können? «, fragte General Poison. » Wir konnten bislang noch nicht genügend Personal als Besatzung schulen.«

Commander Rosenblatt senkte seinen Blick.

Der General beendete das Gespräch. Er stand auf. »Alpha-Alarm für alle Kampfschiffe«, befahl er. »Das Sol-System, Natrid und alle seine Einrichtungen müssen geschützt werden. Begeben sie sich zu ihren Flagg-Schiffen. «

Die beiden Commander sprangen auf und salutierten. Noel und General Poison erwiderten den Gruß. Dann eilten die Flotten-Kommandeure aus dem natradischen Konferenzraum.

Major Travis hatte das Morina-System erreicht. Ohne den Tarnmodus aktiviert zu haben, fiel die Flotte in den Normalraum zurück. Die 9.731 Zerstörer aktivierten vorsorglich ihre Schutzschirme und fuhren ihre

Gefechtstürme aus. Die Offiziere der Termar 1 schauten auf das CIC und versuchten die Lage zu sondieren.

»Ich spüre Hass und Wut«, flüsterte Heinze. »Die Lizards wollen die totale Vernichtung. Ich spüre auch Angst und Hilferufe. Diese Gedanken werden von den Morina gesandt. Sie kommen nicht von dem Hauptplaneten Morina 3, sondern von den restlichen, schlechter geschützten Planeten des Systems. Hier haben die Morina eine nicht so intensive Verteidigung geplant. Es stehen den regionalen Regierungen keine Kampfgleiter zur Verteidigung. Der neue Super-Schutzschirm hält zwar, aber die Morina trauen ihm nicht so richtig. Die Green-Lizards fliegen Dauerangriffe hierauf. «

»Befehl an die Flotte« befahl Major Travis. »Wir teilen uns auf. Jeder Planet wird geschützt. Angriff nach bewährtem Muster und nach dem Manöverschlüssel MT 134. Sergeant Farmer, öffnen sie bitte eine Leitung an unsere Schiffe. «

Sergeant Farmer nahm einige Schaltungen an seiner Konsole vor.

»Die Konferenz-Leitung steht«, antwortete er. »Sie können sprechen, Herr Major. «

Der Oberbefehlshaber bedankte sich und griff nach dem Communicator.

»Hier spricht Major Travis, Oberbefehlshaber der vereinigten Natrid & Tarid Streitkräfte«, sprach er in das Gerät. Ich fordere die Green-Lizard auf, den Kampf einzustellen. Ihre Flotte bei Trantos wurde von uns vernichtet. Es sollte für sie um eine Schadensbegrenzung gehen. Zu viele Artgenossen von ihnen mussten bereits die Angriffe mit ihrem Leben bezahlen. Lassen sie sich von den Worgass nicht als Kanonenfutter einsetzen. «

Major Travis gab das Mikrofon an Morass Zyran weiter, der zwischenzeitlich auf die Brücke gebracht wurde.

»Hier spricht Morass Zyran. Ihr kennt mich als Parlamentarier und 43. Abgeordneter des Hauses Lizzit. Beschützer der jungen Brüter und zuständig für einen reibungslosen Kommunikationsdienst innerhalb der Flotte. Ich bin in der Gefangenschaft bei den humanoiden Teufeln. Sie behandeln mich gut. Sie sind anders, als von den Worgass beschrieben. Sie wollen nichts von uns. Das Leben ist ihnen wichtig. Es war eine falsche Information, dass sie die Andromeda-Galaxie erobern möchten. Sie sind uns technisch weit überlegen. Legt die Waffen nieder. Es hat keinen Sinn. Hört bitte auf mich. Die Worgass haben uns absichtlich falsch informiert. Glaubt mir bitte meine Brüder und Schwestern. «

 Morass gab das Mikrofon Major Travis zurück.
»Erhalten wir eine Antwort? «, fragte sich der Major.

Sergeant Farmer schüttelte seinen Kopf.
»Nein«, antwortete er. »Sie bleiben stur. «

Der Major blickte Morass an.

»Sie verstehen, dass wir die Morina schützen müssen«, bemerkte er. »Sie sind ein Teil des Neuen-Imperiums. «

Morass nickte stumm.

»Mit dem Angriff beginnen«, befahl Major Travis. »Nur die massiv angreifenden Schiffe der Green-Lizards sind zu eliminieren. «

Die Bestätigungen trafen umgehend ein. Das Gemetzel hatte begonnen. Die Schiffe der Königs-Klasse gruppierten sich in Gruppen, bestehend aus 3 Schiffen und näherten sich der ersten Angreifer-Division. Sobald die gegnerischen Schiffe in Schuss-Reichweite gekommen waren, verschossen die gewaltigen Geschütz-Türme Breitseite um Breitseife auf die anfliegende Feind-Flotte. Ein gewaltiges Bombardement traf die angreifenden Schiffe der Echsen. Die erste Linie der Green-Lizards verging in grellen Explosionen. Wie Seifenblasen zerplatzten ihre Schiffe nach dem Einschlag unzähliger Treffer.

Die nachrückenden Schiffe der Lizards verstärkten ihre Schussfolge auf das Abwehr-Bollwerk der natradischen Kreuzer. Diese hatten aber bereits ihren Standort per Hyperraum-Sprung gewechselt und waren jetzt im Rücken der Angreifer materialisiert. Die Robot-Kommandeure der Kreuzer schleusten jetzt Schiff zu Schiff Raketen aus, die automatisch die gegnerischen Energie-Signaturen der Feind-Schiffe identifizieren konnten. Die erste Welle bestand aus 750 Raketen. Von diesen natradischen Bomben trafen die meisten ins Ziel und richteten einen enormen Schaden an. Die anvisierten Schiffe der Echsen wurden getroffen, gerieten ins Schlingern und trudelten durchs All.

Die hinterher getriebenen Laser-Strahlen beendeten die Existenz der angeschlagenen Schiffe. 2.400 Schiffe der Green-Lizards hatten sich zurückgezogen, standen Abseits und beobachteten das Gefecht. An Bord dieser Schiffe hatte der Untergrund, angetrieben von dem Funkspruch von Morass Zyran, die Karten neu gemischt.

»Die Flotte ist eingetroffen«, freute sich Commander Stuart. »Sergeant Reid, bitte übermitteln sie einen Funkspruch an Commander Cottle. Teilen sie mit, dass wir uns in die Umlaufbahn von Morina 3 zurückziehen.«

»Ihre Nachricht wurde gesendet«, bestätigte der Funkoffizier.

Der Termar-Kreuzer von Commander Cottle bestätigte den Befehl. Im nächsten Moment entschwanden die Termar-Schiffe dem Sichtfeld der restlichen Schiffe und materialisierten oberhalb des Super-Abwehrschirmes von Morina 3. Hier wurden die kleinen Kampf-Jets der Heimat-Verteidigung der Morina unterstützt. Leider war die Hälfte der Flotte bereits von den Green-Lizards aufgerieben worden. Immer wieder drangen einzelne Schiffe der Exoiden todesmutig durch den Sperrgürtel, der von 50 Schiffen der Königs-Klasse errichtet worden war. Zu groß war der Ansturm der vielen Schiffe der Lizards gewesen. Die Breitseiten der 1.500-Meter-Giganten feuerten auf die angreifenden Schiffe.

Durch die heißen Explosionen der getroffenen Schiffe flogen die nachrückenden Einheiten der Echsen emotionslos durch. In der Abwehr-Barriere der Königs-Klasse-Schiffe entstanden kleine Löcher. In einer todesmutigen Aktion flogen einige Schiffe der Green-Lizards hindurch auf den globalen Super-Schutz-Schirm zu. Sie kollidierten mit ihm. Das Ziel war es, diesen zu überlasten und zum Ausfall zu bringen. Das hätte für den globalen Schirm der Morina das Ende bedeutet. Doch der neue Schutzschirm hielt majestätisch allen Attacken stand.

Major Travis und Commander Brenzby standen mit Sirin und Heinze am CIC der Termar 1.

»Die Menge der Schiffe der Green-Lizards nimmt weiter kontinuierlich ab«, bemerkte Commander Brenzby. »Es dauert nicht mehr lange, dann haben wir den Heimat-Quadranten der Morina gereinigt. Tausende unserer Einheiten blocken den Angriff der Lizards vor den Planeten und vernichten die Angreifer-Wellen. «

»Wie viele Schiffe sind es noch? «, fragte Major Travis.
»Das Display zeigt 14.975 angreifende Einheiten an«, teilte Sergeant Dantow mit. »Die 2.400 Schiffe, die sich nicht mehr an dem Angriff beteiligen, habe ich bereits abgerechnet. «

»Dann dauert es wirklich nicht mehr lange«, erkannte Major Travis.

Er schaute zur Seite auf Sirin. Sie hatte nichts gesagt. Ihr Gesicht zeigte einen freudigen Ausdruck. Der Major vermutete, dass sie den Sieg über die Echsen genoss. Zuviel Leid hatten die Rigo-Sauroiden über das Volk der Natrader gebracht. Sie konnte diesen Echsen das Geschehene nicht verzeihen.

Zwei Stunden später war es so weit.
»Feuer einstellen«, sagte Major Travis. »Wir haben gesiegt. Den Funkspruch bitte an alle Schiffe leiten. Sie sollen sich wieder in die Keilformation einreihen. Wir fliegen in Kürze nach Hause ins Sol-System. «

Er blickte seinen Commander Brenzby an.
»Bereiten sie Enterkommandos vor«, befahl er. »Die kapitulierenden Besatzungen werden auf das Gefangenen-Schiff überführt. Das möchte bitte Sergeant Hardin koordinieren. «

»Ich kümmere mich darum«, antwortete Commander Brenzby.

Major Travis blickte seinen Steuermann an.
»Bitte das Landemanöver einleiten«, befahl er. »Ich möchte vor unserem Abflug noch Commander Stuart und Commander Cottle treffen. «

»Ich leite den Anflug auf Morina 3 ein«, antwortete Sergeant Hausmann.

Auf dem großen Landefeld, vor der offiziellen Vertretung des Neuen-Imperiums von Tarid und Natrid, standen die Offiziere der Termar 2, 4, und 5 und eine Abordnung der Regierung von Morina. Major Travis, Commander Brenzby, Sirin, Heinze, Tart 1 und Tart 2, sowie Sergeant Hardin und 12 seiner Marines. Die Offiziere der Termar 1 schritten die Landebrücke der Termar 1 hinab, auf die wartenden Gäste zu.

Major Travis salutierte.
»Das ist noch einmal gut gegangen«, begrüßte er die Wartenden. »Die Schiffe der Angreifer konnten vernichtet werden. Wir hoffen nicht, dass wir bei allen neuen Rassen, die wir kennenlernen werden, so vorgehen müssen. Ich möchte mich bei den Commandern Stuart, Cottle und Haught für die sehr gute Arbeit bedanken. Sie konnten die Angreifer, bis zu unserem Eintreffen hervorragend beschäftigen. Danke hierfür, ansonsten wäre ein solcher Sieg nicht möglich gewesen. «

Prince Ulear Tomatover und Prince Prine Pimona traten vor.

»Wir haben zu danken«, antwortete Prince Tomatover. »Seit dem Angriff der Rigo-Sauroiden, vor vielen Jahrtausenden, mussten wir nicht mehr einen solchen Angriff abwehren. Wenn sie nicht gewesen wären, dann würden wir jetzt ein zweites Mal in der Steinzeit neu beginnen. Im Namen unserer Regierung und des ganzen Planeten-Systems der Morina, danken wir ihnen aufrichtig. Sie werden in unserer Geschichte immer einen Platz haben. Sie erhalten ab sofort immer einen freien Einflug in unser System. Wir hoffen, dass wir uns zu gegebener Zeit einmal revanchieren können. Wir können ihnen unseren Dank mit Worten gar nicht ausdrücken. «

Major Travis winkte ab.
»Wir haben gerne geholfen«, erwiderte er. »Konzentrieren sie sich jetzt wieder ganz auf den Handel und auf entsprechend neue Abnehmer. Es ist für uns wichtig, dass der Handel anfängt zu fluktuieren. Wir sind auf die Einnahmen, zum weiteren Ausbau unserer Hilfstruppe angewiesen. «

Major Travis verabschiedete die Morina und wandte sich Commander Stuart zu.

»Commander Stuart, aktivieren sie bitte ihren Hyperfunksender«, sagte Major Travis. »Senden sie eine Nachricht an Noel und General Poison. Wir fliegen unverzüglich in Richtung der Heimat ab. Teilen sie ihnen mit, dass wir auf dem Wege sind. Sie und Commander Cottle bleiben hier und sichern den Planeten. Ich überstelle ihnen 250 Schiffe der Lord-Klasse zu ihrer Verteidigung. Commander Cottle hat das Kommando, er hat bereits mehrfache Kampf-Erfahrung hinter sich. «

»Vielen Dank, Herr Major«, antwortete Commander Stuart. »Die Flotte wird uns sicherlich hilfreich sein, auch im Hinblick auf das Piraten-Problem. Ich gebe die Nachricht sofort durch. Guten Flug, Herr Major. «

Major Travis verbeugte sich und ging mit seiner Mannschaft zurück auf die Termar 1. Staub wirbelte auf, als der 500-Meter-Angriffs-Kreuzer vom Boden abhob.

»Ich habe die Sprungkoordinaten an alle Schiffe übermittelt«, teilte Commander Brenzby mit. »Es ist der schnellste Weg und führt direkt ins Sol-System. «

»Sehr gut«, nickte Major Travis. »Bitte leiten sie den Sprung ein. «Die mächtige Flotte des Neuen-Imperiums beschleunigte und sprang in den Hyperraum.

Im Sol-System merkte man die Spannung auf allen Planeten, Monden und Stationen. General Poison saß mit Noel in der großen Überwachungs-Zentrale, der unterirdischen Natridstadt Tattarr. Auch hier war ein neues CIC installiert worden. Neben ihnen stand Commander Giacombo. Er war zuständig für die Flotte der Heimat-Verteidigung. Der strategische Führungsstab des Neuen-Imperiums hatte mit dem Commander der Heimat-Verteidigung die beste Vorgehensweise durchgesprochen.

»Ihnen ist ihre Aufgabe klar? «, fragte der General. » Sie führen die Schiffe der Erdstreitkräfte in den Kampf. Ihnen unterstehen alle Raumschiffe der EWK und ein Teil der von uns neu gebauten Natrid-Schiffe. Sie verteidigen die Linie Erde, Luna, bis zu Natrid. «

»Verstanden, Herr General«, antwortete Commander Giacombo. »Wir lassen kein feindliches Schiff durch. Letztendlich hoffe ich eigentlich, dass überhaupt keine Schiffe des Gegners in den inneren Abwehr-Ring hineinschlüpfen können. «

»Das wollte ich von ihnen hören«, lächelte General Poison. »Das Hauptkontingent überwache ich zusätzlich mit Noel zusammen, hier von Natrid aus. Wir stationieren die Flotten, die Verbände und die Kampf-Stationen so, dass wir genügend Schiffe und Feuerkraft zwischen Natrid und Titan haben. Denken sie nur an die Konstalarosa. Diese Flotten-Kampfstation ist ein mächtiges Instrument. «

Er zeigte auf die Konstalarosa, die nahe der Luna-Umlaufbahn stationiert war. Viele Kampf-Jets umkreisten die Station und sicherten ihren äußeren Bereich.

»Ihre 1.000 Schiffe der Königs-Klasse werden Wirkung zeigen und ein Bollwerk darstellen«, erklärte der General. »Zusätzlich besitzt die Kampfstation unzählige Abwehr-Geschütze, die ebenfalls in den Kampf eingreifen werden. Sie wurde bereits mit unserem neuen Super-Schutzschirm ausgestattet. Hinzu kommen die 152 natradischen bodengebundenen Abwehr-Geschütztürme, die neuerdings auf Luna stationiert wurden. «

Der General machte eine kurze Pause und sah in die Augen von Commander Giacombo.

»Versuchen sie mit der eigenwilligen, weiblichen Hypertronic-KI der Station klarzukommen«, sagte er. »Binden sie die weibliche KI mit ein. Geben sie ihr Aufgaben, die sie erledigen kann. Major Travis hat es auch geschafft. «

»Kein Problem«, antwortete Commander Giacombo. »Ich liebe weibliche Roboter. «

General Poison lächelte.
»Typisch Italiener«, dachte er.

»Sie können abtreten«, teilte er dem Commander der Erd-Verteidigung mit. »Leiten sie alles Notwendige in die Wege und bereiten sie sich vor. «

Commander Giacombo salutierte zackig und ging schnellen Schrittes in Richtung der Transmitter-Halle.

General Poison schaute Noel an.
»Was denken sie? «, fragte er den Kunstklon.

»Was soll ich sagen«, antwortete dieser. »Ich kenne den Stamm der Italiener zu wenig. Sie scheinen sehr selbstsicher zu sein. «

General Poison nickte beiläufig.
»Zumindest verhalten sie sich immer so«, antwortete er.

»Lassen sie uns in die Leitstelle gehen«, sagte Noel. »Dort können wir am besten die Aktionen der Flotten-Verbände verfolgen. «

General Poison nickte und erhob sich aus seinem Sessel. Beide schritten in die Mitte des großen Sicherheits-Bereiches des Neuen-Imperiums.

»Eine nette technische Spielerei, so ein CIC«, bemerkte Noel. »Man hat das ganze Sol-System direkt im Blickwinkel. «

»Ja«, antwortete General Poison. »Hier laufen alle Fäden zusammen. Sobald ein neues Objekt auftaucht, meldet das CIC die Ankunft. Es teilt uns mit, ob es die eigenen Signaturen erfasst, oder ob fremde Signaturen sich uns nähern. Es kann uns also nichts durch die Lappen gehen. «
»So wie diese Objekte jetzt? «, fragte Noel und zeigte auf drei neue blinkende Zeichen.

Das CIC summte schrill, das Licht in der Einsatz-Zentrale schaltete sich auf Rot.

»Sie hören, der Alarm-Ton hat eingesetzt«, bemerkte General Poison stolz.

»Es ist ein schrecklicher Ton«, antwortete Noel.

Dieser verstummte aber sofort wieder. Die Ortung hatte imperiale Schiffe erkannt.

»Es sind unsere Signaturen«, erklärte General Poison. «

»Ein Funkspruch kommt herein«, teilte die Funkleitstelle mit.

»Bitte auf die Lautsprecher legen«, antwortete der General.

»Hier spricht Commander Maley«, tönte es aus den Lautsprechern. »Ich komme zurück von der Front und überreiche der Heimat-Verteidigung die Flotten-Kampfstationen Atlantarosa und Cantalarosa. Die letzten der verlorenen Stationen. Major Travis bittet darum, dass Noel die erforderlichen Programmierungen durchführt und unseren Super-Schutzschirm installiert. «

Noel sprang auf. General Poison reichte ihm das Mikrofon.

»Willkommen zu Hause, Commander Maley«, sagte der Klon. »Springen sie in die Natrid-Umlaufbahn. Wir brauchen die Stationen hier zur Absicherung. Ich komme dann an Bord der Stationen und überbringe die aktuelle Programmierung. Techno-Bots werden den neuen Schutzschirm einbauen.«

Er schaute General Poison an.
»Sie kommen hier allein zu Recht? «, fragte er. »Ich werde mich um die Stationen kümmern. Halten sie die Augen offen. «

General Poison nickte.

»Sicherlich«, antwortete er. »Das werde ich bestimmt. «

Noel hatte sich bereits umgedreht und ging dem Ausgang entgegen.

Der General Poison schaute auf sein Team. Die 145 speziell ausgebildeten Offiziere verteilten sich in der großen Einsatz-Zentrale des Neuen-Imperiums von Tarid & Natrid. Commodore McGregor und Commodore von Häussen traten an die Seite des Generals.

»Ab jetzt beginnt es ernst zu werden«, bemerkte Commodore McGregor.

»War es das nicht schon immer? «, fragte der General. »Ich verstehe nicht, dass die Green-Lizards noch nicht hier aufgetaucht sind. «

»Vielleicht haben sie sich verflogen? «, bemerkte Commodore von Häussen.

Verhaltenes Gelächter tönte kurz in der Zentrale auf.

General Poison blickte verärgert auf.
»Meinen Offizieren wird das Lachen noch vergehen«, grollte der General Poison. »Konzentrieren sie sich auf ihre Geräte. Sobald etwas Ungewöhnliches angezeigt wird, möchte ich sofort… «

»Die Alarmsirenen tönten wieder auf. Der schreckliche Ton des Alarms überlagerte alle andern Geräusche. Das Rotlicht hatte sich wieder eingeschaltet. Eine monotone Stimme tönte aus den Lautsprechern der Zentrale.

»Alpha-Alarm, Alpha-Alarm, 190.000 unbekannte Schiffs-Signaturen nahe der Pluto-Umlauf-Bahn geortet«, teilte die Hypertronic-KI mit. »Alpha-Alarm, Feind-Schiffe geortet. Flugbahn geradeaus in Richtung Natrid. Alle äußeren Planeten haben ihre neuen Super-Schutzschirme aktiviert. Ich erwarte weitere Befehle.«

»Schalten sie doch einmal das Getöse aus«, sagte der General. »Man wird ja noch verrückt dabei. «

Er blickte zu seinem Funkoffizier und winkte ihn zu sich. »Ich benötige eine Funkfrequenz an alle Abwehrlinien«, sagte der General. »Stellen sie mir bitte eine Konferenz-Schaltung her. «

Der Funkoffizier nickte und lief zu seiner Leitstelle. Seine Hände fuhren präzise über die Steuer-Konsole.

»Die Leitungen stehen«, antwortete der Offizier. »Sie können sprechen, General. «

»Hier ist General Poison«, sprach er in den Communicator. »Ich rufe Commander Rosenblatt. Bitte melden sie sich. «

Es knisterte kurz, dann war die Leitung frei.

»Hier ist Commander Rosenblatt«, antwortete er. »Ich höre sie, General. «

»Sind sie bereit, Commander Rosenblatt? «, fragte der General.

»Ja«, antwortete der Angesprochene. »Wir haben die Schiffe auf unseren Schirmen. Wir warten, bis die Green-Lizards den Uranus erreicht haben. Dann greifen wir an. Wenn die ausgedünnte Armada durch ist, greifen wir die Rückseite der Schiffsverbände an. Wir drücken die Flotte vor die Abwehr-Welle von Commander Maley. «

»Viel Erfolg Commander Rosenblatt«, antwortete General Poison. »Unsere Gebete sind bei ihnen. «

Der General hatte die Leitung bereits umgeschaltet.

»Commander Maley, sind sie in der Leitung«, sprach General Poison in das Hyperfunk-Gerät. «

»Ja«, antwortete der Commander schnell. »Ich habe alles mitbekommen. «

»Gut«, entgegnete der General. »Sie führen unser Haupt-Kontingent. Sie positionieren sich weit vor dem Saturn und schützen den Mond Titan mit unserer Hauptflotte. «

»Wir haben ja alles bereits besprochen«, antwortete Commander Maley. »Drücken sie uns die Daumen. «

»Noch ein Tipp Commander«, sagte General Poison. »Drücken sie einige Geschwader der angreifenden Flotte auf die Saturn-Monde zu, so dass sie in die Ziel-Erfassung der bodenstationierten Abwehr-Geschütztürme geraten. «

»Danke Herr General, das werde ich «, bestätigte Commander Maley.

General Poison hatte bereits wieder den Kanal umgeschaltet.

»Dann verbleibt der Rest der Flotte bei mir, in der inneren Heimat-Abwehr? «, teilte Commander Giacombo mit.

» Das ist richtig«, bestätigte General Poison.

Der General holte kurz Luft.
»Die Green-Lizards waren uns bisher unterlegen«, sagte er. »Verteidigen sie bitte alle das Sol-System bis zu ihrem letzten Atemzug. General Poison Ende. «

Der General war aufgesprungen und schaute wieder auf das CIC, als Noel zurückeilte.

»Die neuen Kampf-Stationen wurden instruiert«, teilte Noel mit. »Sie werfen alles in den Kampf, was sie aufbieten können. «

»Es geht los«, teilte General Poison mit. »Commander Rosenblatt schickt die Schiffe der Kaiser-Klasse los. Jedes Schiff verfügt über 25 ausfahrbare Zwilling-Geschütz-

Türme auf jeder Schiffs-Seite. Das bedeutet, dass auf jeder Flanke jetzt 12.500 Laser-Lanzen auf die Green-Lizards zurollen. Danach werden die Hyperspace-Kanonen eingesetzt. «

Die Führungsoffiziere schauten auf das Display des CIC. Im Sekunden-Rhythmus wurden Explosionen angezeigt. Der Reihe nach wurden die Flanken der angreifenden Armada aufgerissen. Die dünne Gegenwehr der Echsen zeigte keine Wirkung. Schiff um Schiff fiel dem gezielten Bombardement der gewaltigen Schiffe der Kaiser-Klasse zum Opfer. Sobald sich mehrere Schiffe auf die natradische Abwehr eingeschossen hatten, rissen die Geschosse aus 500 Hyperspace-Kanonen Löcher in die vorderste Angriffs-Formation. Die Super-Schutzschirme der Kaiser-Klasse-Schiffe mussten zwar einen Hagel aus Laser-Strahlen ertragen, doch waren sie zu keiner Zeit einer enormen Belastung ausgesetzt.

Jetzt griffen zusätzlich die 3.000 Schiffe der Königs-Klasse in den Kampf ein. Den Dauerbeschuss aus allen Waffen-Türmen hatte Commander Rosenblatt befohlen. Er stand mit der Termar 7 etwas hinter seinen Schiffen zurück und beobachtete die Situation. Die Schiffe der Königs-Klasse waren etwas kleiner als die der Kaiser-Klasse. Trotzdem verfügten sie über 20 ausfahrbare Waffen-Batterien je Schiffs-Seite. Alle Waffentürme spuckten den Green-Lizards ihr Feuer entgegen. Massive 60.000 Laser-Strahlen fraßen sich in die Schiffs-Hüllen der Angreifer, teilweise bis zum Antriebs-Kern durch.

Der Schutz-Schirm, der die Schiffe der Green-Lizards umgab, war Sekunden nach dem Einschlag unwirksam. Hunderte Schiffe der Echsen explodierten. Sofort eröffneten die Schiffe der Lord-Klasse ihr Feuer. Allein der Beschuss aus 2.000 Hyperspace-Kanonen forderte unweigerlich weitere zahlreiche Opfer von Schiffen der Green-Lizards. In dem Durcheinander rissen explodierende Schiffe ihre Nachbar-Schiffe mit in den Untergang.

Eine kleine Flotte von 150 Schiffen der Green-Lizard, hatte sich unbemerkt unterhalb der Termar 7 genähert.

»Ausfall des Super-Schutz-Schirmes«, meldete der Ortungs-Offizier von Commander Rosenblatt. »Jetzt fällt auch noch das CIC aus. Wir haben einen Stromausfall auf allen Ebenen. «

Commander Rosenblatt schrie die Offiziere auf der Brücke an.

»Wie ist das möglich? «, fragte er entsetzt. » Wir haben doch noch nie technische Probleme gehabt. Konnten wir das nicht kommen sehen? «

»Die Ursache scheint eine falsche Verkabelung bei dem Anschluss des neuen Super-Schutzschirmes zu sein. Wir sind ungeschützt«, meldete der 1. Offizier.

»Techniker sollen sich sofort hierum kümmern«, befahl Commander Rosenblatt. »Lassen sie sofort einen Hyper-

Sprung einleiten. Ich habe ein ungutes Gefühl. Wir wechseln unseren Standort. «

In diesem Moment schlugen 150 synchronisierte Laserstrahlen in den Schirm der Termar 7 ein. Diese schüttelten das Schiff kräftig durch. Die Termar 7 ächzte in allen Decks und Verstrebungen. Sie konnte sich aber in ihrem ungeschützten Zustand nur sekundenlang der Zerstörung widersetzen. Eine gigantische Explosion wurde auf dem CIC der zentralen Einsatzleitung auf Natrid angezeigt. Das ID-Logo der Termar 7 war von den Bildschirmen verschwunden. Die Green-Lizards hatten einen kleinen Erfolg erzielt.

»Wir haben Commander Rosenblatt verloren«, sagte Noel betroffen. »Die Termar 7 ist mit der ganzen Besatzung vernichtet worden. «

General Poison blickte den Klon entsetzt an.
»Wie ist so etwas möglich? «, fragte er erschüttert.

General Poison schaute Noel an und schüttelte seinen Kopf. »Sie haben mir doch gesagt, die natradischen Schiffe wären förmlich unzerstörbar«, fluchte er. »Wie konnten die Green-Lizards das mit ihrer geringen Waffenstärke schaffen. Wollen sie mich lächerlich machen? «

»Ich weiß es nicht«, antwortete Noel ungehalten. »Wir werden das noch analysieren. »Aber erst, wenn wir die

Flotte der Echsen besiegt haben. Lassen sie uns jetzt hierüber nicht streiten. «

Ich will nicht streiten«, schnaufte General Poison. » Es geht um die Frage der Inkompetenz und darum, dass sie lernen müssen, dass auf den Schiffen lebende Besatzungen ihren Dienst absolvieren. Diese können nicht mehr repariert werden, so wie ihre Blech-Kameraden. «

Noel verzichtete vorsorglich auf weitere Kommentare.

General Poison drückte einen Knopf und öffnete eine Stand-Leitung zu Commander Maley.

»Hören sie mich, Commander Maley«, fragte er. »Haben sie das mitbekommen? «

»Nein, was denn, ich bin hier beschäftigt«, antwortete der Commander. »Was gibt es so Dringendes? «

»Wir haben die Termar 7 unter dem Kommando von Commander Rosenblatt verloren.«, tönte es aus der Leitung.

Sekundenlang war die Verbindung still. Dann antwortete der Commander.

»Wie konnte das passieren?«, antwortete er. »Die Termar-Schiffe wurden doch von Noel überprüft und modifiziert. Sie gelten eigentlich als unzerstörbar. «

»Das weiß ich alles«, brüllte der General. »Trotzdem ist sie zerstört worden. Haben sie jemanden, der das Kommando von Commander Rosenblatt übernehmen kann? «

»Ja«, antwortete Commander Maley. »Ich beauftrage Commander Benfort hiermit. Sie hat gerade die Termar 8 übernommen. Sie ist hierfür mehr als geeignet. «

»Gut, informieren sie sofort den Commander«, antwortete General Poison. »Die Termar 8 soll zu den Koordinaten der Termar 7 vorrücken und den Befehl über die Flottenteile übernehmen. «

»Ist in Ordnung? «, antwortete Commander Maley. » Ich informiere Commander Benfort sofort. «

Das Gespräch brach ab.

***

Commander Benfort saß auf ihrer Brücke ihres Schiffes und ließ auf sich nähernde Schiffe der Green-Lizards feuern.

»Volltreffer«, meldete ihr erster Offizier. »Die vorderste Angriffsreihe ist förmlich explodiert. «

»Wir nehmen einen Stellungswechsel vor«, befahl Commander Benfort. »Das gleiche Manöver an neuen Koordinaten durchführen. «

Die Termar 8 beschleunigte und sprang in den Hyperraum. Seitlich der angreifenden Armada tauchte sie wieder in den Normalraum ein.

Ein Geschwader von Königs-Klasse-Schiffen hämmerten ihre massiven Laser-Lanzen den Schiffen der Green-Lizards entgegen.

»Eingehender Hyperkomm-Funkspruch«, sagte Sergeant Conner. »Es ist Commander Maley. «

»Legen sie auf die Lautsprecher«, antwortete der Commander.

»Hier spricht die Flottenführung, Commander Maley«, tönte es aus den Lautsprechern. »Ich rufe Commander Benfort. Melden sie sich bitte. «

»Hier ist die Termar 8, Commander Benfort hört«, antwortete der Commander. »Was kann ich für sie tun, Commander Maley? «

»Rücken sie sofort an die vorderste Linie vor«, befahl Commander Maley. »Sie übernehmen den ersten Abwehrriegel. «

»Dort ist doch Commander Rosenblatt im Einsatz? «, fragte Benfort erstaunt.

»Ich erkläre ihnen das später«, antwortete Commander Maley. »Der Abwehrriegel ist ohne Führung. Die Termar 7 ist soeben vernichtet worden. «

Commander Benfort war fassungslos. Sie kannte den Commander gut. Sie wusste von der Wichtigkeit der ihr angetragenen Order.

»Ich übernehme«, antwortete sie knapp. »Ich kenne die Strategie. «

»Gut«, antwortete Commander Maley. »Halten sie so viele feindliche Schiffe auf, wie eben möglich. «

»Danke, ich fliege los«, antwortete Commander Benfort. Sie beendete das Gespräch.

»Abbruch des Angriffes«, befahl sie ihren Offizieren. »Sofortiger Hyperraum-Sprung nach Uranus programmieren. Wir übernehmen die vorderste Abwehrlinie. Keine diesbezüglichen Fragen. Den Sprung jetzt vornehmen. «

Die Termar 8 beschleunigte und wechselte in den Hyper-Raum.

Neue Alarmsirenen heulten in der zentralen Überwachung in Tattarr auf.

»Was ist jetzt wieder los? «, fragte General Poison.

»Unsere Früh-Warnsysteme erfassen neue einfliegende Schiffe«, erklärte Noel. »Es haben weitere 10.133 Schiffe materialisiert. «

»Handelt es sich um neue Angreifer? «, fragte General Poison entsetzt.

Noel blickte auf die Monitore. Sein Gesichtsausdruck hellte sich auf.

»Es ist Major Travis«, ergänzte er. »Die Signaturen zeigen eindeutig die Termar 1 an. Er scheint eine große Flotte von Schiffen mitgebracht zu haben. «

»Eingehender Funkspruch von der Termar 1«, meldete der Ortungs-Offizier.

»Bitte auf die Lautsprecher legen«, befahl General Poison.

»Hier spricht Major Travis«, tönte es aus den Lautsprechern. »Ich rufe die Schiffe der Green-Lizards. Sie befinden sich in dem Territorium des Neuen-Imperiums. Stellen sie sofort ihre Angriffe ein und ergeben sie sich. Sie sind unterlegen. Wir lassen sie nicht weiter vordringen. «

Major Travis übergab den Communicator an den Lizard. »Ich bin Morass Zyran«, sprach er in den Communicator. Ich bin Parlamentarier und 43. Abgeordneter des Hauses Lizzit. Beschützer der jungen Brüter und zuständig für einen reibungslosen Kommunikationsdienst innerhalb der Flotte. Major Travis sagt die Wahrheit. Die Worgass haben uns ausgenutzt. Sie haben uns falsche Informationen zukommen lassen und uns manipuliert. Die Humanoiden sind nicht böse. Sie schätzen ein gutes Miteinander aller Rassen im Universum. Deaktiviert eure Waffen und stellt den Beschuss ein. Es wird euch nichts passieren. Lassen wir unser Leben nicht wegwerfen. Es müssen auch zukünftig noch Eier gebrütet werden. Denkt an unseren Nachwuchs. «

Morass Zyran gab den Communicator an seine Tochter weiter.

»Hier spricht Raise Zyran, ich bin Mitglied des Untergrund-Kommando GL-999X1000«, sprach sie verzweifelt in den Communicator. »Der Zeitpunkt ist gekommen. Übernehmt jetzt das Kommando unserer Angriffsschiffe. Mein Vater spricht die Wahrheit. Wir haben bereits viele Angehörige unseres Volkes retten können. Die Humanoiden werden uns einen freien Planeten anbieten. Wir können hier ohne den Einfluss der Worgass neu beginnen. Unser Ziel ist in greifbarer Nähe gekommen. Glaubt mir und startet unsere Infiltration. Raise Zyran, Kämpferin des Untergrundes, Ende der Übertragung. «

»Jetzt heißt es hoffen und warten«, bemerkte Major Travis. Ein Knistern kam aus der Hyperkomm-Funkanlage.

»Wir rufen Raise und Morass Zyran«, tönte es aus den Lautsprechern. »Es ist uns gelungen die Kontrolle zahlreicher Angriffsschiffe zu übernehmen. Wir glauben euch. Unsere Schiffe ziehen sich aus der Angriffs-Formation zurück und erwarten neue Instruktionen. «

Die Ortung der Termar 1 erfasste 27.345 Schiffe der Green-Lizards, die sich hinter die Pluto-Umlaufbahn zurückzogen und ihre Waffen deaktivierten. Eigentlich wussten die Angreifer insgeheim, dass sie nicht gewinnen konnten.

Die verbliebenen knapp 68.000 Schiffe der Green-Lizards flogen weitere Angriffe auf den zweiten Blockaderiegel. Die Flotten-Verbände vor Titan hielten tapfer stand. Pausenlos jagten die bodengebundenen Abwehr-Geschütztürme ihre baumstammdicken Laserstrahlen auf ihre erfassten Ziele. Keinem Schiff der Green-Lizards gelang es durchzubrechen. Der 3. und 4. Abwehrriegel hatte sich zwar vorbereitet, wurde aber an dem Kampf nicht beteiligt. Die schweren Barrieren im Bereich Titan reichten völlig aus, um die vorrückende Armada der Angreifer aufzuhalten.

Auf den CICs der Kommandozentralen auf Natrid, auf der Erde, oder in den Stationen von Luna und Titan, flammten kleine Explosionen auf. Diese wiesen auf den Untergang weiterer Schiffe der Green-Lizard-Flotte hin. Breitseite um Breitseite sandten die gigantischen Schiffe der Kaiser-Klasse ihre Laserlanzen den Feindschiffen entgegen. Die Kampf-Stationen schossen mit allen ihren Geschütz-

Türmen auf die Angreifer. Ihre Schiffe kreisten die vorgerückten Schiffe der Angreifer ein und vernichten ohne Gnade. Die Hyperspace-Kanonen arbeiteten wie Schweizer-Uhrwerke. Wie Luftballons rissen sie die Raumschiffe der Green-Lizard auf und übergaben deren Besatzungen dem dunklen All. Die erste Abwehr-Barriere, kommandiert von Commander Benfort, rückte in den Rücken der Angreifer nach. Auch von dieser Seite wurden pausenlose Abschüsse an die zentrale Überwachung von Tattarr gemeldet. Ein Feuerwerk brach auf dem CIC der imperialen Verwaltung aus.

Commander Maley ließ seine Schiffe Geschwader von jeweils fünf Zerstörern bilden und Angriffe fliegen. Diese Geschwader-Gruppen wurden von den Flotten-Verbänden von Major Travis unterstützt. Die 10.133 Schiffe hatten sich oberhalb der anfliegenden Flotte positioniert und sprengten pausenlos Lücken in die Flanken der Angreifer. Die Flotte rückte vor und bombardierte die Armada der Green-Lizards. Viele Schiffe der Echsen fingen an zu trudeln und kollidierten mit nachrückenden Einheiten. Die pausenlosen Explosionen beendeten die Existenz der beschädigten Schiffe. Die ehemals so große Flotte der Green-Lizard wurde immer mehr aufgerieben und vernichtet.

Morass Zyran drehte sich um.
»Ich kann das Elend nicht mehr mit ansehen«, klagte er. »Viel zu wenige Schiffe sind unserem Aufruf gefolgt. Ich gehe mit meiner Tochter in unsere Kabine. «

»Gehen sie«, antwortete Major Travis. »Ich kann sie gut verstehen. Hoffentlich verstehen sie mich auch? Ich muss die Angreifer abwehren und Schaden von unserem Heimat-System abwenden. Es tut mir leid.

Er winkte den beiden Kampfrobotern zu, die Gäste in ihre Kabine zu begleiten.

Sein Blick wendete sich Commander Brenzby zu.
»Wie viele Schiffe sind es noch? «, erkundigte er sich.

Commander Brenzby blickte auf seine Anzeigen.
»Derzeit zählen wir 41.367 Schiffe«, teilte er mit. »Die Zahl nimmt rasend schnell ab. Unsere Schiffe haben die Oberhand gewonnen. «

Die Schiffe der Kaiser-Klasse entluden weiter ihre Breitseiten auf die Angreifer. Nach einer Drehwendung über den Kiel auf die andere Schiffseite feuerten die Zerstörer ihre dortigen Waffen-Türme ab und rissen gewaltige Löcher in die Angriffslinien der Echsen.

»Sie haben keine Chance mehr«, sagte Sirin.

»Sie sind verzweifelt«, teilte Heinze mit. »Aber sie werden nicht aufgeben. Die Lizards haben Angst vor die Worgass treten zu müssen. Ich versuche ihnen Gedanken in ihre Köpfe legen, dass sie vollständig unterlegen sind und nur eine Kapitulation ihre Haut retten können. «

Heinze legte seinen Kopf in den Nacken. Seine Augen verzerrten sich. Für Außenstehende schien er abwesend zu sein. Doch der Major wusste es besser. Der Kopf von Heinze zuckte hin und her. Sein Gesicht verkrampfte. Es schien eine anstrengende Prozedur zu sein. Dann öffnete er schlagartig seine Augen.

»Probiere es jetzt noch einmal«, bemerkte er. »Die Green-Lizards sollten die Kapitulation annehmen. «

Die Kampf-Stationen und die Abwehr-Geschütze von Titan hatten die Linien der Angreifer weiter ausgedünnt. Die Echsen flogen ihre Schiffe vor die Kanonen der natradischen Schiffe. Obwohl es keinen Sinn mehr machte, stellten sie ihre Angriffe nicht ein.

»Sergeant Farmer öffnen sie bitte eine Frequenz«, sagte Major Travis.

»Sie können sprechen, der Hyperkomm-Funkkanal ist offen«, antwortete der Funk-Offizier der Termar 1.

»Hier spricht Major Travis«, meldete sich der Major. »Ich spreche ein letztes Mal die angreifenden Schiffe der Green-Lizards an. Stellen sie ihre Angriffe ein. Wir wollen sie nicht töten. Sie brauchen nicht zurück zu den Worgass. Wir bieten ihnen einen geeigneten Planeten an, den sie sich urbar machen können. Das alles unter der Kontrolle ihres Parlamentariers und 43. Abgeordneter des Hauses Lizzit. Sie haben mein Wort. «

Er blickte Sergeant Farmer an.
»Erhalten wir einer Antwort?«, fragte er.

Dieser wollte seinen Kopf schütteln, als ein Knistern über die Lautsprecher hörbar wurde.

»Wir akzeptieren«, kam die Antwort über die Lautsprecher der Hyperkomm-Funkanlage. »Wir stellen den Angriff unverzüglich ein. «

Die Kampfhandlungen ebbten ab. Die verbliebenen 38.450 Schiffe der Green-Lizards zogen sich zurück und flogen den bereits abgedrehten 27.345 Schiffen nach. Sie hatten sich an der Umlaufbahn von Pluto positioniert. Die mentale Beeinflussung von Heinze beendete den Angriffswillen der unterlegenen Green-Lizards. Die angeschlagene Flotte der Echsen hatte zu ihren bereits abgedrehten Schiffen aufgeschlossen. 62795 Schiffe waren der Vernichtung entgangen.

Major Travis hatte Morass und Raise nochmals auf die Brücke gebeten. Er zeigte auf die Schiffe der Green-Lizards.

»Sie geben auf, der Krieg ist zu Ende«, erkannte Commander Brenzby. »Wir haben gewonnen. «

Lauter Beifall ertönte auf der Termar 1.
Der Major blickte Morass an.

»Ganze 62795 Schiffe konnten gerettet werden«, sagte er. »Das ist mehr, als wir vermuten konnten. «

Morass Zyran lächelte.
»Ich bin ihnen sehr dankbar«, antwortete er. »Unter der Herrschaft der Worgass wären diese Schiffe und Besatzungen jetzt alle eliminiert worden. Danke für ihre Großzügigkeit. «

»Wie ich ihnen bereits mitgeteilt habe, suchen wir nicht die Vernichtung von Leben«, antwortete Major Travis. »Wir schützen lediglich unser Imperium. «

»Wann können wir auf einem Planeten landen?«, erkundigte sich Morass.

»Diesen werden wir möglichst schnell für sie finden«, erklärte Major Travis. »Gedulden sie sich noch etwas. Diese Welt sollte typische Eigenschaften ihres Heimat-Planeten aufweisen. Möchten sie mit ihren Leuten sprechen?«

Morass Zyran nickte.
Major Travis gab dem Lizards den Communicator.
»Öffnen sie einen Kanal«, bat er Sergeant Farmer.

»Die Leitung ist offen, sie können sprechen«, antwortete der Funk-Offizier.

»Hier spricht Morass Zyran«, sprach er in den Communicator. »Eure Entscheidung war richtig. Der massive Verlust unserer Flotte zeigt unsere Unterlegenheit an. Die Humanoiden halten Wort. Sie suchen derzeit nach einem Planeten von uns. Bitte habt Geduld und akzeptiert ihre Auflagen. Deaktiviert eure Waffen und geht in den Stand-By-Modus. Sobald neue Informationen vorliegen, melde ich mich wieder bei euch. «

Morass beendete die Leitung.

»Danke für alles«, sagte er an Major Travis gerichtet. »Dürfen wir zurück in unsere Kabinen? «

Major Travis nickte. Er winkte den zwei Kampfrobotern zu.

»Geleiten sie unsere Gäste zu ihren Kabinen«, befahl er. »Bewachen sie die Quartiere und lassen sie niemanden hinein. «

Die Kampfroboter bestätigten den Befehl und führten die Lizards ab.

Major Travis blickte Commander Brenzby an und lächelte.

»Das wäre geschafft«, lächelte er. »Das Glück war auf der Seite des Tüchtigen. Wir können froh sein, dass die Schiffe der Echsen über keine durchschlagende Feuerkraft verfügten. «

Major Travis blickte in die Runde seiner Offiziere.

»Ich danke euch allen«, sagte er. »Ihr habt hervorragende Arbeit geleistet und exzellent zusammengearbeitet. Jetzt liegen einige Tage Landurlaub vor euch. «

Die Crew jubelte und klatschte.
Major Travis lächelte und blickte seinen Commander an.
»Das Schiff gehört ihnen, Commander Brenzby«, sagte er mit. »Fliegen sie uns nach Hause. «

»Wo ist das, Herr Major? «, grinste Commander Brenzby und schmunzelte.

»Das überlasse ich ihnen«, antwortete Major Travis und ließ sich in seinen Kommando-Sessel fallen.

www.ingramcontent.com/pod-product-compliance
Lightning Source LLC
Chambersburg PA
CBHW051847170526
45168CB00001B/15